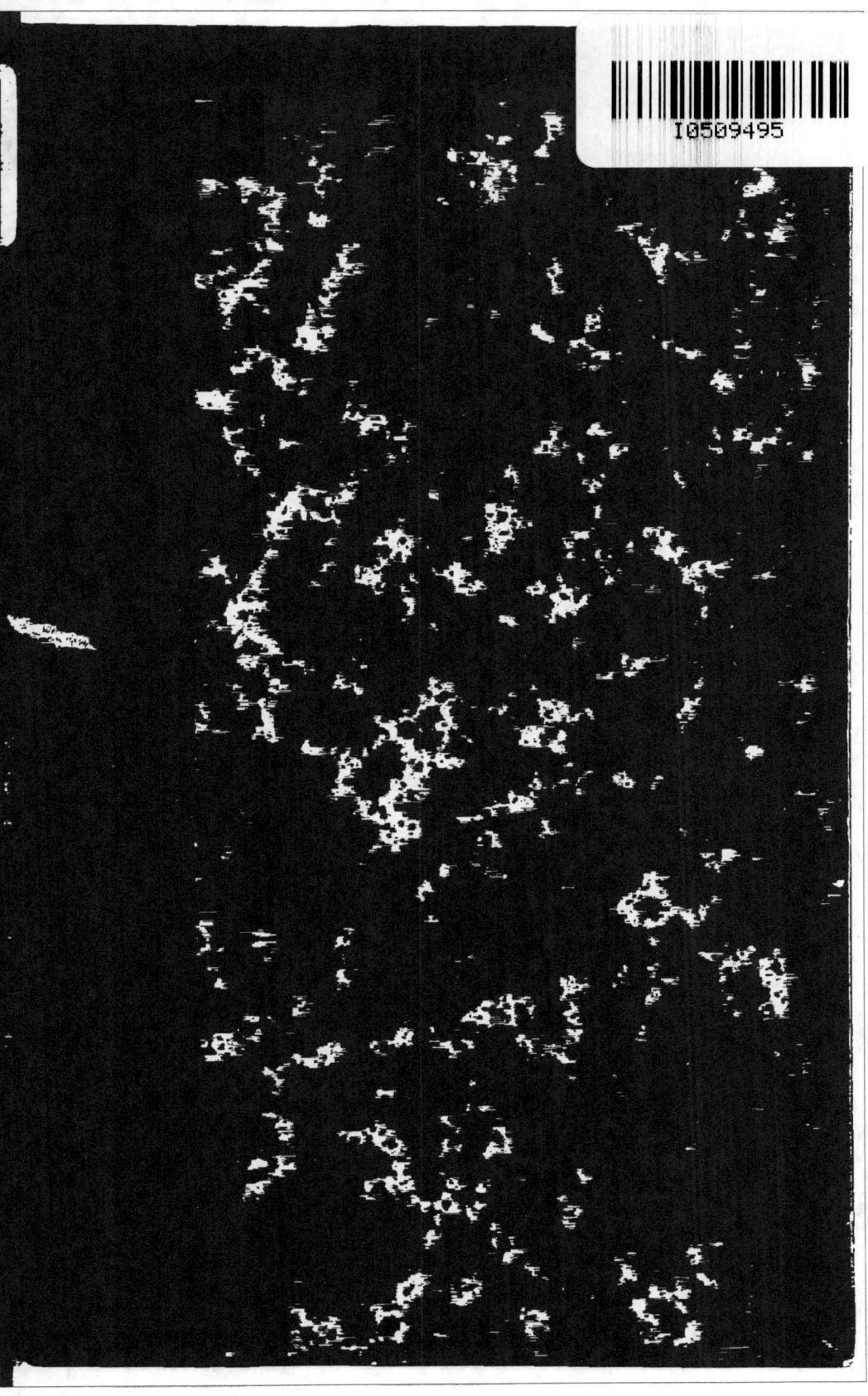

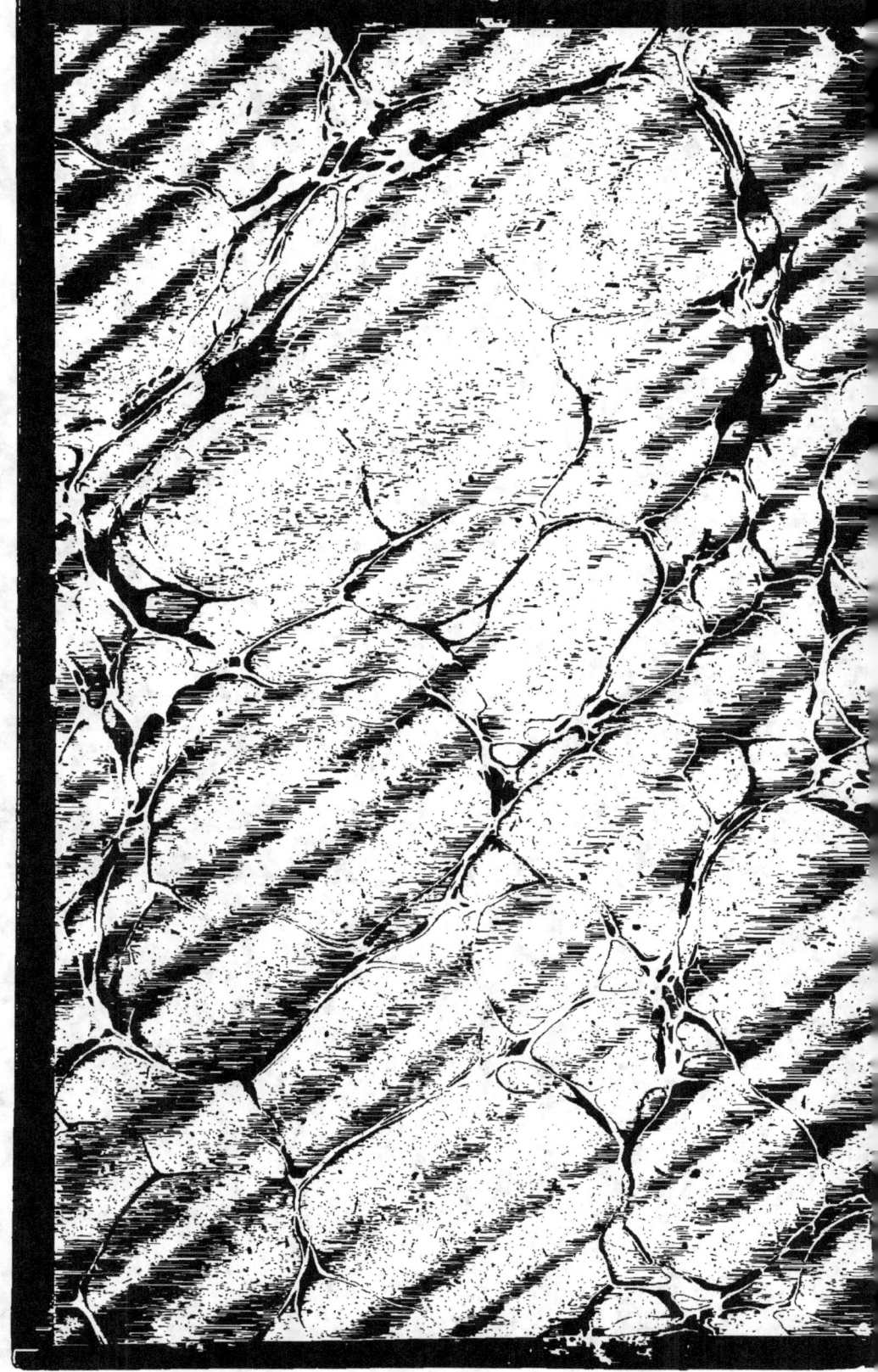

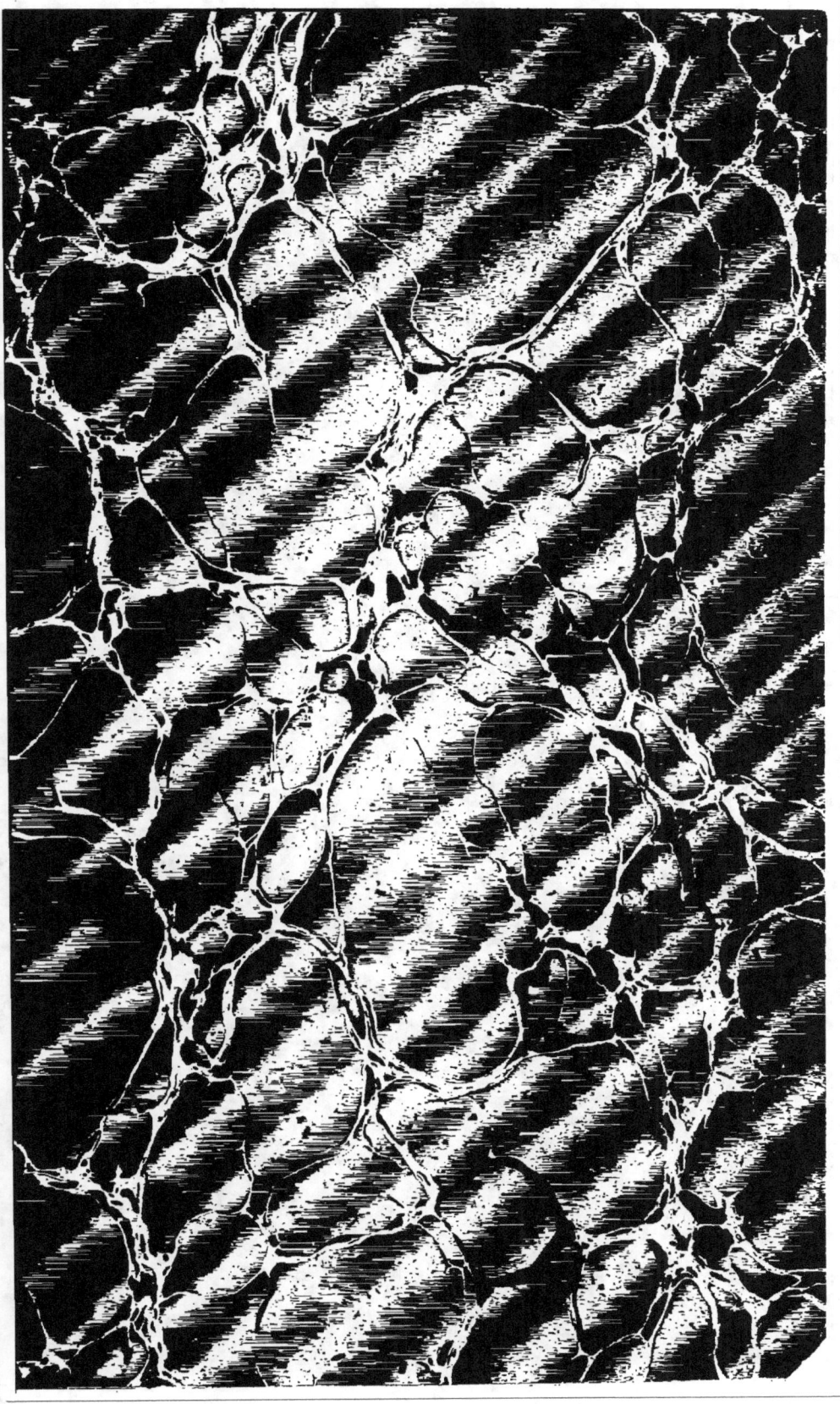

27536

Librairie Scientifique, Industrielle et Agricole

E. LACROIX, ÉDITEUR

LIBRAIRE DE LA SOCIÉTÉ DES INGÉNIEURS CIVILS

15, quai Malaquais.

L'AGRICULTURE
EN 1862
EXPOSITIONS ET CONCOURS

PAR

EUGÈNE GAYOT

Un volume in-12. — Prix : 3 francs

PRÉFACE DE L'OUVRAGE

Ce livre devait s'appeler *A travers champs*, titre qui nous appartient vieille date, et sous lequel nous avons souvent écrit..... D'autres, ii sont venus depuis, ont cru pouvoir se l'approprier sans se douter, ut-être, qu'ils commettaient un larcin.

Quoi qu'il en soit, nous y renonçons pour le moment.

Aussi bien n'aurait-il été, dans la circonstance, qu'une enseigne incomète. Plus de précision nous convient mieux aujourd'hui. *A travers amps*, aurait pu se dire le lecteur, qu'est-ce que cela ? une œuvre fantaisie, un prétexte à causeries quelconques sur les mille et llé choses de l'agriculture qui courent les rues et la campagne. C'est op ou trop peu, et il eût sans plus de façon détourné les yeux. ci ne ferait pas notre affaire.

Si nous écrivons, c'est avec la pensée bien affermie d'être utile à quel- e chose et à plusieurs. Pour cela, nous choisissons avec soin le sujet nos études. Nos études ne s'attachent qu'à des questions d'actualité de réelle importance ; elles tendent toutes à une solution nettement finie.

Si profitable qu'il doive être, le progrès n'avance qu'en boitant, partout contrarié, incessamment attardé dans sa marche par toutes sortes d'*impedimenta*. Nous allons droit aux obstacles que la routine, l'oubli, l'indifférence ou des intérêts opposés dressent avec effort devant lui, pour tenter de les abattre ou pour montrer comment on pourrait les tourner. Cela étant, A *travers champs* eût pris, sous notre plume, une tout autre signification ; il eût contenu cette pensée, par exemple : que nos vues resserrées dans les limites d'une saine application, que nos études soigneusement condensées, que nos conclusions toujours mûries s'en aillent, sous le souffle puissant de la publicité, aux quatre points cardinaux ; que, chemin faisant, elles aient la bonne fortune de tomber, çà et là, au beau milieu de terres riches et fécondes, au sein desquelles elles puissent trouver les éléments d'une large fructification.

Et maintenant, que les vents leur soient propices !

EXTRAIT DE LA TABLE DES MATIÈRES

Les concours d'animaux de boucherie; — *Les concours régionaux;* — La prime d'honneur ; — Les animaux reproducteurs ; — Instruments et machines ; — Les produits agricoles ; — *Les concours hippiques;* les courses plates au galop ; un concours hippique régional ; la région normande ; un concours hippique international ; — *L'Exposition ornithologique du Jardin d'acclimatation.* — *L'agriculture à l'Exposition universelle de Londres;* — Les animaux ; — Les machines et les instruments ; — La vapeur dans la grange et dans les champs ; — Les instruments de culture ; les instruments de la récolte ; les instruments d'intérieur ; — Drainage et irrigations. — Les produits. — La conservation des grains ; — La vigne, les vins, les eaux-de-vie de vin. — Les landes de Gascogne. — Le domaine de Théneville. — Le chanvre, le lin, le coton. — Le duvet de cachemire et la chèvre d'Angora. — Le ver à soie de l'ailante. — De tout un peu. — L'enseignement agricole. — A TRAVERS CHAMPS. — Les pupilles de l'agriculture. — Les vivants et les morts.

Cet ouvrage sera expédié franco contre la réception d'un mandat de 3 fr. 50 cent. adressé à l'éditeur, M. Eugène Lacroix, 15, quai Malaquais, à Paris.

AVIS

M. E. Lacroix a toujours, outre les livres de son fonds, un assortiment aussi complet que possible de toutes les publications qui intéressent MM. les Ingénieurs et Architectes, MM. les Chefs d'usines industrielles et d'exploitations agricoles, MM. les Élèves des Écoles polytechnique et professionnelles.

Il envoie son Catalogue complet contre la réception de 1 fr. en timbres-poste.

Il expédie, soit en France, soit à l'Étranger, toutes les demandes accompagnées d'un mandat sur la poste ou d'un effet à vue sur Paris.

Il publie tous les trois mois la Bibliographie de tous les ouvrages de sciences industrielles et d'agriculture imprimés pendant le semestre écoulé, en France et en Belgique.

Prix du numéro, 25 c.

Paris. — Imprimerie de P.-A. Bourdier et Cie, 30, rue Mazarine.

L'AGRICULTURE

EN 1862

Paris — Typographie HENNUYER, rue du Boulevard, 7.

L'AGRICULTURE

en 1862

EXPOSITIONS ET CONCOURS

PAR

EUGÈNE GAYOT

PARIS

LIBRAIRIE SCIENTIFIQUE, INDUSTRIELLE ET AGRICOLE

E. LACROIX, ÉDITEUR,

Libraire de la Société des Ingénieurs civils,

15, QUAI MALAQUAIS, 15.

1863

Tous droits réservés.

PRÉFACE.

Ce livre devait s'appeler A TRAVERS CHAMPS, — titre qui nous appartient de vieille date, et sous lequel nous avons souvent écrit... D'autres, qui sont venus depuis, ont cru pouvoir se l'approprier sans se douter, peut-être, qu'ils commettaient un larcin.

Quoi qu'il en soit, nous y renonçons pour le moment.

Aussi bien n'aurait-il été, dans la circonstance, qu'une enseigne incomplète. Plus de précision nous convient mieux aujourd'hui.

A TRAVERS CHAMPS, aurait pu se dire le lecteur, qu'est-ce que cela ? — Une œuvre de fantaisie, un prétexte à causeries quelconques sur les mille et mille choses de l'agriculture qui courent les rues et la campagne. C'est trop ou trop peu, et il eût sans plus de façon détourné les yeux.

Ceci ne ferait pas notre affaire.

Si nous écrivons, c'est avec la pensée bien affermie d'être utile à quelque chose et à plusieurs. Pour cela, nous choisissons avec soin le sujet de nos études.

Nos études ne s'attachent qu'à des questions d'actualité et de réelle importance ; elles tendent toutes à une solution nettement définie.

Si profitable qu'il doive être, le progrès n'avance qu'en boitant, partout contrarié, incessamment attardé dans sa marche par toutes sortes d'*impedimenta*. Nous allons droit aux obstacles que la routine, l'oubli, l'indifférence ou des intérêts opposés dressent avec effort devant lui, pour tenter de les abattre, ou pour montrer comment on pourrait les tourner.

Cela étant, A TRAVERS CHAMPS eût pris, sous notre plume, une toute autre signification ; il eût contenu cette pensée, par exemple :

Que nos vues, resserrées dans les limites d'une saine application, que nos études soigneusement condensées, que nos conclusions toujours mûries s'en aillent, sous le souffle puissant de la publicité, aux quatre points cardinaux ; que, chemin faisant, elles aient la bonne fortune de tomber, çà et là, au beau milieu de terres riches et fécondes, au sein desquelles elles puissent trouver les éléments d'une large fructification.

Et maintenant que les vents leur soient propices !

TABLE DES MATIÈRES.

EXPOSITIONS ET CONCOURS.

Pages.

Un mot de Montesquieu. — Ignorance et apathie. — Avant de compter sur autrui. — Les déficits et les excédants. — La vie à bon marché. — Mauvais labours, faibles rendements. — Un détail. — Les intelligences engourdies. — Qui trop embrasse mal étreint. — L'immuabilité. — Peu de bruit et moins de besogne. — Les grandes expositions de l'agriculture. — Les concours régionaux. — Les récompenses en loterie — L'absence des idées en l'absence des principes — Tout est à la débandade. — Les concours d'animaux de boucherie. — Le but est manqué. — Les concours départementaux. — Les réunions locales. — Qui ne sut se borner ne sut jamais encourager. — Les primes insignifiantes. — L'union, c'est toujours la force. — Les spécialistes ont du bon. — Ne tuez pas la poule aux œufs d'or. — Programmes et jurys. — Ceux qui ne changent pas assez et ceux qui changent trop — La confusion partout. — Où est l'utilité? — Un commentaire à la place d'une définition. — Les concours de 1862.

LES CONCOURS D'ANIMAUX DE BOUCHERIE.

I. La création. — Un problème offert à l'agriculture. — Les prodigues et les précoces. — Science de la production de la viande. — La zootechnie et l'économie publique. — Une démonstration. — Indifférence pour les institutions sérieuses, engouement pour les choses futiles. — Un cercle trop étroit. — Un enseignement qui ne se vulgarise pas. — Nécessité fait loi. — L'agriculture et les fausses sollicitations. — Les exigences passagères et l'approvisionnement continu. — L'engraissement rationnel et l'engraissement de circonstance. — L'œuvre de quelques-uns et l'œuvre de tous. — Un petit et un grand côté. — Les libéralités du programme. — Un défaut de concordance. — Les concours fixes et les concours nomades. — Réforme nécessaire — Les beaux discours — Un peu de statistique. — Des améliorations qui ne lèsent personne et qui servent tous les intérêts — Les phénomènes d'engraissement. — Les rendements différentiels. ... 14

II. Les concours de l'année. — Ce qui s'est fait hier. — Il y a vingt ans que cela dure — Deux siéges pour un. — Castor et Pollux. — Une demi-mesure qui ne satisfait pas à moitié. — La mort d'un maréchal de France. — Curiosité et indifférence. — Les Parisiens mangent du poisson, les Anglais sont plus charnels. — Où est le véritable public des concours. — Le bœuf gras. — Une question de priorité. — La raison aura toujours raison. — Le beau langage. — Un problème de zootechnie élevé à la septième puissance. — Une solution complète et une solution attendue. — Fermons la période des essais, et ouvrons l'ère des applications sérieuses. — Budget et parties prenantes. — Les Anglais à Poissy. — Ayons confiance en nous et gardons nos écus. — Les conditions imposées — La supériorité réelle et la supériorité apparente. — Désappointement et dépit — L'Angleterre n'est pas le pays de l'égalité. — Les institutions ont leur destin. — L'action privée et l'intervention administrative — Oubli ou calcul? — Centre-Bretagne. — La reconnaissance n'est pas un vain mot. — Un bienfait n'est jamais perdu. — Un nouveau concours. — Un vœu, puis un autre. 23

III. Deux maîtresses branches d'un même tronc. — Qu'est-ce que la boucherie? — La viande est chère — Un équilibre rompu. — A qui profite la cherté? — Question agricole et question administrative. — Surveillance et liberté. — Le boucher. — Ni monopole ni abus. — Le pain et la viande — Marchand honnête et spéculateur avide. — Un bénéfice illégitime. — Les taxes sur les objets nécessaires à la vie — Le blé, le bétail et l'octroi. — Les droits d'abatage. — Les monuments publics. — Où le luxe va-t-il se nicher. — L'abattoir de Roubaix. — Les frais inutiles et les frais indispensables. — Toujours le problème de la vie à bon marché. — La police et la boucherie. — Odieux et dangereux. — La peste et la rage. — Deux manières de préparer les viandes mortes. — La santé publique. — M. Bella. — Une question indiscrète. 35

LES CONCOURS RÉGIONAUX.

Les grands jours. — Période d'incubation. — Les consciences nettes et les consciences chargées — Un mot du grand Bilboquet. — Le huis clos. — Mode de croissance des concours. — L'institution est faite. — Une nouvelle arche. — Un programme pour douze régions. — Ponce Pilate. — Ceux qu'on oublie et ceux qui ne s'oublient pas. — Hors-d'œuvre et chefs-d'œuvre. — Spécialisons. — Ceux qui voient et ceux qui n'observent pas — Une nouvelle organisation est nécessaire. — Où est le bon? où est le mauvais? — Les quatre grandes divisions du programme. 49

I. — LA PRIME D'HONNEUR.

§ A. — *Les idées générales.*

Le couronnement de l'édifice. — But de l'institution. — L'ensemble et les détails. La question économique. — Innovation et pratique usuelle. — Primes et récompenses. — Un vaste programme. — Le nombre des candidats. — L'institution tient-elle ses promesses? Les médailles. — Légion d'honneur de l'agriculture. — Un levier qui ne trouve pas son point d'appui. — Concours en miniature. — Les marques distinctives. — Les abstentions. . . 55

§ B. — *Extrait d'un rapport à l'Empereur.*

Les douze primes d'honneur en 1862 : — M Decrombecque (Pas-de-Calais). — M de Melcy (Ardennes). — M le comte du Buat (Mayenne). — M le comte de Falloux (Maine-et-Loire). — M. Pargon (Meurthe). — M Larzat (Allier). — M. Alf. Lalouel de Sourdeval (Cher). — M. le comte de Montagnac (Creuse). — M. le baron de Nexon (Haute-Vienne). — M Maurice Avy (Tarn-et-Garonne). — M. Allier (Hautes-Alpes). — M. Germain Cuillé (Pyrénées-Orientales). 61

TABLE DES MATIÈRES.

§ C. — *Les médailles.*

Les mérites spéciaux. — Le cortége de la prime d'honneur. — Une liste incomplète. — Publicité nécessaire. — La variété dans les efforts. — Les travaux de quelques-uns. 76

II. — LES ANIMAUX REPRODUCTEURS.

Les chevaux et les ânes ; — une enseigne menteuse ; — une place pour chaque chose. 82

§ A. — *L'espèce bovine.*

Concours d'Arras. — Les races flamande et hollandaise — La race durham et ses croisements. — Les réunions régionales et les concours locaux. — Interpellez tout le monde, personne ne répond. — Concours de Charleville. — Un peu d'ordre, s'il vous plait. — Individualité n'est pas race. — Les combinaisons et la confusion. — Concours de Nancy — La race féméline. — Choisis si tu l'oses. — Quelle Babel ! — Concours de Moulins — La médaille de Sainte-Hélène. — Le premier des arts. — La race charolaise et bien d'autres. — Les métis et les bâtards. — La race tarenaise — Les doubles emplois. — Depuis A jusqu'à Z. — Concours de Laval. — La race normande et la race durham. — Une grosse question. — Concours d'Angers. — Les races de la région. — Concours de Bourges. — Deux chiffres, 8 et 4. — Concours de Guéret. — Les races de travail. — Une méchante affaire. — Fédération d'un nouveau genre. — Ni rime, ni raison. — Concours de Limoges. — Les régions s'enchevêtrent — Les races scindées. — Concours de Montauban. — Un honneur peu disputé. — Une place pour m'asseoir. — Toujours des non-sens. — Les races garonnaises et gasconne — Les variétés pyrénéennes. — Vous faites mal et l'on vous imite bien. — Concours de Montauban. — 15 prix pour 1 lauréat. — Où vont se nicher les catégories ? — Deux rivalités jalouses — Concours de Perpignan. — Ne forçons point notre talent. — Vouloir et pouvoir. — Faites des programmes qui encouragent. 83

§ B. — *L'espèce ovine.*

Toujours la confusion. — Les prix offerts et les prix non décernés — Quel est le but du concours ? — Une appréciation officielle. — Les tableaux de la douane. — Un pauvre triomphe. — Un nouveau mode de concours. — Les troupeaux d'élite. — Les hauteurs et la plaine. — Un et un ne font qu'un. — Définir le but et s'acheminer résolûment vers lui. 93

§ C. — *L'espèce porcine.*

Les trois catégories de l'espèce. — La physiologie du cochon. — Les races attardées et les races perfectionnées. — Les situations extrêmes. — Exagération et perfection — Tardif et précoce. — Chair et os. — Gras et maigre. — Les idiosyncrasies. — Produire avec économie. — La boule de graisse et la bête à viande. — Faire au goût de celui qui paye. — Une création intelligente. — Les races indigènes désertent les concours. — Ne les abandonnons pas. — Point de dédain pour la bonne science. — Combien d'aliments pour 1 kilogramme de viande ? — Prix de la viande de porc à Paris. 98

§ D. — *Les animaux de basse-cour.*

Lapins et volailles — Concours privés et concours officiels. — Tohu-bohu. — Étrangers et nationaux. — Mercantilisme. — La vogue et la mode. — Moins de bruit que de besogne. — Abâtardissement général. — Ventre affamé peut avoir des oreilles. — La victoire passe aux gros bataillons. — On revient à la vérité. — Quand améliorera-t-on les programmes ?   107

III. — INSTRUMENTS ET MACHINES.

Outillage agricole. — Sa situation actuelle. — La foire aux instruments. — Le génie rural et ses œuvres. — Les grandes usines de l'Angleterre. — L'industrie des machines agricoles en France. — Maison Duvoir. — Les nouveautés de 1862. — La batteuse double. — Une charrue fouilleuse. — Un essai de labourage à vapeur. — L'appareil de Fowler. — La boîte à éclosion. — Une semaille de saumons — La charrue Cougouroux. — Rira bien qui rira le dernier. — Un succès inattendu. — Quarante ans d'attente. — La herse-chaîne — L'œuvre des praticiens — Grignon. — Mettray. — Les Trois-Croix. — Encore une réforme nécessaire. — La force de l'autorité et l'autorité de la force.   109

IV. — LES PRODUITS AGRICOLES.

Un vaste champ à parcourir. — Un défaut d'organisation. — Ce que devrait être une exposition des produits. — Ce qu'elle est. — Les déceptions du visiteur. — Les recherches inutiles. — Il y a beaucoup à faire.   117

LES CONCOURS HIPPIQUES.

Les exclusions. — Les allocations départementales. — Un succès d'estime. — Unanimité moins un. — Les divisions de l'espèce. — On désespère alors qu'on espère toujours. — Comment on pourrait organiser des concours hippiques. — La situation actuelle. — *Oculos habent et non videbunt.* — Une déclaration..... d'amour ; oh ! non. — Droit et tolérance.   120

I. — LES COURSES PLATES AU GALOP.

Les richesses du turf. — Le luxe sait plaire. — Il y aura un mauvais quart d'heure. — Le quart d'heure de Rabelais. — On abuse — Les prix et les paris. — La pluie et le beau temps — Les mauvaises herbes. — Les myopes. — Un gros intérêt. — Ce que vaut la course plate — On repousse les concours ordinaires... par désintéressement. — Le bon et le mauvais. — Un peu de l'histoire d'*Eclipse*. — Le nœud de la question — *Vox populi.* — Cheval de course et père de race. — Un doux *far niente*.   126

II. — UN CONCOURS HIPPIQUE RÉGIONAL.

Tôt ou tard. — Une question d'argent. — Un problème à résoudre. — Un peu de statistique. — Les chevaux bretons. — Lamballe et Hennebon. — L'industrie privée. — Une nouvelle famille. — Le cheval de luxe et le cheval de cavalerie. — Brelan d'étalons — Le pur-sang. — Les races de trait. — La loi d'hérédité. — Les étalons primés à huis clos et les étalons élus en concours public.   134

III. — LA RÉGION NORMANDE.

Anglo-normands et percherons. — Les concours régionaux d'Evreux, Alençon, Saint-Lô et Caen. — Le pur-sang élevé en Normandie. — Le budget

TABLE DES MATIÈRES. XI

Pages.

des encouragements. — Les divisions d'un concours spécial à la région normande. — Extension à d'autres contrées et à d'autres races. — Une idée mûre. 142

IV. — UN CONCOURS HIPPIQUE INTERNATIONAL.

L'appétit vient en mangeant. — Un prix de course de 100,000 francs, sans les accessoires! — Le cheval et la civilisation. — Partisans et détracteurs du turf. — On parle et on déparle. — Les idées reçues ou préconçues. — Une enquête sérieuse. — Le pour et le contre. — Une exposition véritablement universelle. — Le cheval en chambre et le cheval en mouvement. — Les essais raisonnés. — Courses et dynamomètres. — Un grand service à rendre à la civilisation universelle. 147

L'EXPOSITION ORNITHOLOGIQUE DU JARDIN D'ACCLIMATATION.

Une innovation. — La première exposition de volailles en Angleterre. — L'agriculture anglaise et les poules. — *Cochinchina mania.* — Les coqs de bruyère. — *God save the queen.* — L'oignon et le dindon. — Albion tributaire de la France! — Albion se venge. — Connais-toi toi-même. — Les oiseaux de basse-cour et les concours régionaux. — Les excentriques. — Quel désordre! — L'enthousiasme tombe. — Supériorité des races françaises. — La Société d'acclimatation et ses actionnaires. — Crèvecœur et Houdan. — Poules de la Flèche et de Barbezieux. — Variétés de la Caussade. — La poule blanche de Brie. — Les absents ont tort. — Les autruches françaises. — Exposition de 1863. 154

L'AGRICULTURE A L'EXPOSITION UNIVERSELLE DE LONDRES.

Petite précaution oratoire. — Agriculture et industrie. — Une nation essentiellement agricole. — Fécondité improvisée. — Services rendus à l'agriculture par les grandes expositions. — L'agriculture est fourvoyée à Londres. 163

I. — LES ANIMAUX.

Les animaux empaillés. — Une ferme sans bétail. — Battersea Park. — Orgueilleuse Albion. — Les concours internationaux en deçà et au delà du détroit. — Payons la gloire du voisin. — L'économie du bétail en France et en Angleterre. — En avant, en avant! 166

II. — LES MACHINES ET LES INSTRUMENTS.

Les introuvables. — Les couleurs voyantes — Nouvelle édition, revue et corrigée. — Les perfections de détails. — Cérès et sa faucille. — Deux brins d'herbe et deux épis de blé pour un. — Le sombre économiste. — La terre réconfortée — La vapeur et l'agriculture. — Un fait accompli. — Un problème résolu. — Prix de revient des diverses forces appliquées aux travaux agricoles. — La vapeur, le cheval et l'homme. — L'uniformité du travail. — Les surfaces tourmentées — Les opérations manuelles. — Trois chiffres significatifs. — Une conclusion forcée. — L'agriculture de l'habileté et de l'intelligence. — La vapeur et la main-d'œuvre. — Les animaux d'attelage et l'ouvrier des champs. 172

III. — LA VAPEUR DANS LA GRANGE ET DANS LES CHAMPS.

Pages

Première application de la vapeur en agriculture — Machines fixes et locomobiles. — Les petites bourses et les gros capitaux. — Science et travail. — Les constructeurs d'appareils à vapeur en Angleterre et en France. — La perfection se généralise. — La machine à battre. — Faux et faucille. — Les waggons agricoles. — Les rails-ways portatifs — Les moteurs à vapeur de grande puissance. — Les moteurs animés et les machines de force inférieure. — Une révolution. — L'eau ne remonte pas vers sa source. — 1630 et 1862. — Systèmes de Halkett, de Fowler, de Howard. — L'appareil de Howard en France : — M. le marquis de Poncins ; — M. Pepin-Lehalleur ; — M. de Chassaigneau-Brasse — Un apprentissage nécessaire. — Les améliorations. — Un peu de comptabilité. 183

IV. — LES INSTRUMENTS DE CULTURE.

Un grand fait inaperçu. — Grandes fabriques et petits ateliers — L'usine agricole de Bedford. — Vendeur et acheteur. — Les charrues de Grignon, de Mettray, de M. Parquin, de Mathieu de Dombasle, de Howard. — Les *cultivateurs*. — Labours superficiels et labours profonds. — Défonceuses. — fouilleuses, — charrue-taupe, — charrue-*Vallerand*. — Les herses. — Les rouleaux. — Les semoirs. 194

V. — LES INSTRUMENTS DE LA RÉCOLTE.

La bêche et la charrue. — Bêchage et labourage. — La faucille, la faux, la fourche, le râteau à main et les instruments nouveaux. — Le rebattage de la faux. — A production chère, minces bénéfices. — Bien compter a son prix. — Nécessité des institutions de crédit. — Faucheuse, faneuse et râteleuse. — L'outillage agricole et le capital. — Les moissonneuses. — Un peu trop d'exigence et pas assez d'expérience — Manuel du faucheur. — 6,000 moissonneuses et 60.000 travailleurs. — Le principe de la division du travail. — Les moissonneuses américaines, anglaises et françaises. — Un dernier mot. 204

VI. — LES INSTRUMENTS D'INTÉRIEUR.

Que le lecteur se rassure ! — Battage des céréales. — Le fléau. — La batteuse mécanique. — Le nécessaire et le superflu. — Les machines à bras et les manèges. — La perfection du travail — Le *gentleman farmer*. — Le cultivateur américain et l'émigrant anglais. — Deux manières de procéder. — La machine à battre écossaise. — Les batteuses en bout et les batteuses en travers. — Maison Duvoir. — Les machines portatives. — Batteuse et manège mobiles de Hamey. — Les machines de la grande et de la petite propriété. — Manèges et machines à vapeur. — Les locomobiles de louage et les batteuses nomades. — Vans, trieurs et cribles. — L'arbre de couche — Le marché national — Les excentricités — Egrenoir à maïs. — La batteuse du colza. — Les barattes. — *Basta cousi*. 215

VII. — DRAINAGE ET IRRIGATIONS.

La vie ou la mort. — Une grande agitation. — Le drainage et les concours. — Une bonne opération. — L'appareil de Fowler. — Petite pluie abat grand vent. — Le drainage en Angleterre, en Belgique et en France.

TABLE DES MATIÈRES. XIII

Pages.

— Un renseignement. — 100 millions de chaque côté de la Manche. — Le drainage aux expositions de 1856 et de 1862 — L'irrigation chez les anciens et chez les modernes. — Glorieuse conquête. — La législation. — Les irrigations de la Lombardie. — Un idéal. — La ferme expérimentale de Vaujours. — Les engrais liquides. 226

VIII. — LES PRODUITS.

Un vaste horizon. — Les forces virtuelles du sol. — Uniformité et variété. — Deux caractéristiques. — Céréales et fourrages — Chiffres significatifs. — Culture intensive et culture extensive. — Il faut des « achetoires ». — Cultures épuisantes. — Engrais — Bétail. — Cultures améliorantes. — Soyons sincères. — Les qualités apparentes et les qualités réelles. — Tant vaut la terre, tant vaut le produit. — Le progrès est la loi du monde. — Le blé généalogique — Les variétés fécondes. — Triage et sélection. — Le blé de Nursery. — Un stimulant énergique. — Les efforts de l'agriculture anglaise. — M. L. Vilmorin et M Hallett. — L'exposition des produits agricoles de France et d'Angleterre. — La cuisine des bêtes — Caisses et fioles. — Les prairies en Angleterre. — *Pluie d'or* en Belgique. 235

IX. — LES ENGRAIS.

L'usine agricole. — Matières premières et métier. — Les vérités de Sully. — Le rôle des engrais. — L'agriculture en Chine. — Les gros rendements. — Le bénéfice net. — Riche par la profondeur et par la surface. — Le système intensif. — Curiosité et utilité. — La tour de Babel. — Qu'allaient-ils faire en cette galère ? — Trois régions. — Les questions à l'étude. — Une exposition spécialisée. — Une actualité. — Fourier, la poule et l'œuf. — L'épuisement du sol. — Les engrais commerciaux. — Phosphates et guano. — Le sang et la vie. — L'étiquette du sac. — Le vol à l'engrais — Un grand dommage. — Tout n'est pas pour le mieux. — Une industrie à régulariser. 247

X. — LA CONSERVATION DES GRAINS.

Les ventes forcées. — Agriculteur et négociant. — Beaucoup de charges et peu d'argent. — Abondance et pénurie. — Prix et rendements — Le pain à bon marché. — Les réserves de blé. — Les exportations et les importations. — Les prodiges du commerce. — *Suprema lex*. — Des services trop chers. — Un problème. — Ne touchons pas à la liberté commerciale. — Silos et greniers conservateurs. — M. L. Doyère et M. Em Pavy. — L'ensilage ancien et l'ensilage nouveau. — Les greniers défectueux et les greniers perfectionnés. — Une solution complète et une exposition manquée. — Buffet d'orgues et *precious metals*. — Ce qu'on n'a point fait à Londres et ce qu'on doit faire ailleurs — Greniers souterrains et greniers aériens. — Une belle campagne à entreprendre. — Crédit agricole et crédit foncier. — Assez d'oubli. 257

XI. — LA VIGNE, LES VINS, LES EAUX-DE-VIE DE VIN.

Une industrie nationale. — Le vin et la soie — Riche en esprit. — Noé. — Les bons et les mauvais jours. — La vigne est essentiellement colonisatrice. — Un hectare de Château-Laffitte et cent hectares de landes. — M. le docteur J Guyot. — Les vins français et les rois de France. — Le traité de commerce.

— Illusions et déception. — Douanes intérieures et extérieures. — Les impôts élevés et les impôts modérés. — Gros comme une maison. — Les grands crus. — Les vins médiocres et les pires. — Les sophistications. — La mauvaise herbe et la bonne. — Cépage et climat. — Les qualifications erronées. — La question de terroir. — La France viticole à Londres. — Les espérances évanouies. — Une grosse question. — Les eaux-de-vie de France. — Cognac et Armagnac. — Une trilogie. — Consommation extérieure et consommation intérieure. — Où va le cognac ? 269

XII. — LES LANDES DE GASCOGNE.

A travers champs. — Un revers de médaille. — La mer de sable. — Fixation des dunes. — Ingénieux à découvrir. — Culture des landes de Gascogne. — Les chênes et les pins. — La terre d'Arès. — *Aquariums.* — Une intelligente industrie. — Le gemmage. — Les produits d'une culture avancée. — Un trésor inépuisable 281

XIII. — LE DOMAINE DE THÉNEUILLE.

En Bourbonnais — *Le lion* de la saison. — Un homme de bon sens. — L'agriculture et les entreprises aléatoires. — M. Bignon — Le bien vient en dormant et... et en travaillant. — Les contrastes. — Les portraits de M. H. Lalaisse. — Les rendements avant et après. — Capital d'amélioration. — Métayage. — Un code en six articles. — Une solution longtemps cherchée. — Une médaille bien placée. — Le café Riche. 286

XIV. — LE CHANVRE, — LE LIN, — LE COTON.

A qui la prééminence ? — Graine et filasse. — La famine du coton. — Allumettes et chènevottes. — Nos textiles à Londres. — La semence de Riga. — La fraude. — Toujours volé. — Nouveau mode de rouissage. — Broyage et teillage mécanique. — M. L. Terwagne. — M. Dalle-Facou. — Le rouissage des anciens. — Pertes et profits. — La salubrité publique. — Plus de rouissage. — MM. Léoni et Coblenz. — Accroissement de produit et de résistance. — Les chanvres français. — L'intérêt maritime. — Le coton de France. — Un coton artificiel. — Une singularité. 294

XV. — LE DUVET DE CACHEMIRE ET LA CHÈVRE D'ANGORA.

La chèvre sauvage. — Le duvet de cachemire cueilli sur les buissons. — La foire de Kigni-Novo-Gorod. — Kostoff et Kasimoff. — Moscou et Odessa. — Un monopole. — La gamme des désirs. — La maison Ménuet. — Un honnête homme. — Difficultés vaincues. — Les récompenses méritées. — La chèvre du Thibet en France. — M. Ternaux aîné. — La laine soyeuse de Mauchamp. — Il n'y a pas de quoi se décourager. — Une grande idée à reprendre. — La Société d'acclimatation. — Acclimatation et production. — Les troupeaux. — Les points obscurs. — *Fiat lux.* — Le ver de l'ailante et la chenille du mûrier. 302

XVI. — LE VER A SOIE DE L'AILANTE.

Sériciculture et agriculture. — La maladie des vers à soie. — L'ailante et sa chenille. — Mauvaises langues et méchants propos. — L'esprit et la science. — La vérité. — Soie grège et bourre de soie. — Mme la comtesse de Corneillan. — M. Guérin-Méneville. — Ecole d'ailanticulture. — La société *l'Ailantine.* — Une soie à bas prix. — La soie pour tous. 307

XVII. — DE TOUT UN PEU.

Pages.

La Société d'acclimatation. — Devise et prospectus. — La race soyeuse de Mauchamp. — Cachemire indigène. — M. Davin. — M. Guérin-Méneville. — *Omnium utilitati*. — Le Muséum d'histoire naturelle. — Chasseurs et braconniers. — Les oiseaux utiles et les enfants. — Un placard et un album. — Oiseaux et insectes. — Un équilibre rompu. — Métier à paillassons et paillassonage. — La vigne et M. le docteur J. Guyot. — Un monopole. — Le micocoulier. — Un fermier général. — Une courroie de transmission. — Les déchets de cuir. — Innovation modeste et grande invention. 312

XVIII. — L'ENSEIGNEMENT AGRICOLE.

Une nouveauté de trois cents ans. — Les Ecoles d'agriculture en 1759 — Le citadin d'après La Bruyère. — Une question de préséance. — Blanqui aîné. — La leçon de 1848. — Une vaste organisation — Les temps sont changeants. — Confidences et projets. — A l'œuvre donc! — La librairie agricole en France. — Livres et écrivains. — Journal d'agriculture pratique — L'Institut normal agricole de Beauvais. — Collection de produits — Collection entomologique. — Un herbier agricole — Les petits oiseaux — M Barral. — M. H. Lecoq. — M J. Guyot. — M. Bouchard Huzard. — M. Victor Borie. — La Bibliothèque des Ecoles rurales. 321

A TRAVERS CHAMPS.

I. — LES PUPILLES DE L'AGRICULTURE

§ A. — *Les enfants assistés par la charité publique*

Les naissances illégitimes. — La religion du cœur. — La puissance paternelle. — Spiritualisme chrétien et matérialisme païen. — La joie du foyer. — Faiblesses et infirmités — Fécondité civique. — L'opinion. — Les divers système d'assistance. — Les abus. — Les *desiderata* — Education physique et morale. — La vie agricole. — Education en commun. — Les colonies agricoles d'enfants trouvés. 336

§ B. — *Les enfants communaux.*

Goutte à goutte. — Droit de vie et de mort. — La loi. — Idées et sentiments. — Julien Paulus. — Athénagoras et Marc-Aurèle. — L'assistance publique. — Les enfants illégitimes dans les villes et dans les campagnes — Les bureaux de bienfaisance — Les enfants de troupe. — Les pupilles de la commune. — Une adoption honorable — L'agriculture, nourricière des âmes. — Heureuse innovation. — La mendicité éteinte. — Des chiffres éloquents. — Les sauvageons — Enfants communaux et secours temporaires. — Une armée qui se recrute. 342

II. — LES VIVANTS ET LES MORTS. 350

Paris. — Typographie Henri Plon, rue du Boulevard, 7.

L'AGRICULTURE

EN 1862

EXPOSITIONS ET CONCOURS.

Un mot de Montesquieu. — Ignorance et apathie. — Avant de compter sur autrui. — Les déficits et les excédants. — La vie à bon marché. — Mauvais labours, faibles rendements. — Un détail. — Les intelligences engourdies. — Qui trop embrasse mal étreint. — L'immuabilité. — Peu de bruit et moins de besogne. — Les grandes expositions de l'agriculture. — Les concours régionaux. — Les récompenses en loterie. — L'absence des idées en l'absence des principes. — Tout est à la débandade. — Les concours d'animaux de boucherie. — Le but est manqué. — Les concours départementaux. — Les réunions locales. — Qui ne sut se borner ne sut jamais encourager. — Les primes insignifiantes. — L'union, c'est la force. — Les spécialistes ont du bon. — Ne tuez pas la poule aux œufs d'or. — Programmes et jurys. — Ceux qui ne changent pas assez et ceux qui changent trop. — La confusion partout. — Où est l'utilité? — Un commentaire à la place d'une définition. — Les concours de 1862.

Montesquieu a écrit une phrase qui contient en germe l'institution des concours et des expositions agricoles. Cette phrase, la voici : « *Dans le midi de l'Europe, où les peuples sont si fort frappés par le point d'honneur, il serait bon de donner des prix aux laboureurs qui auraient le mieux cultivé leurs champs...* »

N'est-il pas étrange qu'il faille toujours solliciter

l'homme à faire mieux, à agir en tout et pour tout suivant ses propres intérêts ? Il semblerait que le laboureur qui a le mieux cultivé ses champs trouve, soit dans un rendement annuel plus élevé, soit dans un accroissement successif de la valeur du sol, une suffisante rémunération de ses peines, et que ce soit réellement un sacrifice inutile que de lui accorder pour cela des encouragements ou des primes en numéraire, puisqu'un bénéfice plus grand l'a déjà récompensé de ses avances ou de ses soins. Poussant plus loin le raisonnement, on se demande aussi comment les voisins de ce même laboureur ne s'empressent pas de l'imiter, afin d'obtenir, comme lui, de plus gros profits et plus de bien-être. Il n'en est pourtant pas ainsi. A quoi cela tient-il ?

Où que soit la cause, le fait y répond d'une manière désespérante. Ignorantes ou apathiques, les masses n'avancent pas d'elles-mêmes, *proprio motu*, vers le progrès en raison des besoins des sociétés. C'est pour les forcer à hâter le pas que les gouvernements ou des associations privées sont obligés d'intervenir à certains moments ou dans certaines mesures, sous peine de voir bientôt l'agriculture manquer à sa mission. Au point de vue général, le libre échange des denrées de première nécessité est sans doute un bienfait; mais on ne saurait demander tout ce dont on a besoin aux autres. La nation qui, se croisant les bras, renoncerait à la plus large fertilisation du territoire qu'elle occupe, vivrait très-mal, si elle n'avait à disposer que des produits agricoles de ses émules. Les voisins ne cèdent que leur excédant; or, le superflu des autres ne donne jamais le nécessaire à ceux qui ne se mettent pas en peine d'y pourvoir en partie par eux-mêmes.

C'est afin d'obvier à ces déficits assurés que, dans toute

situation arriérée (nous qualifions ainsi celle qui n'arrive pas à satisfaire à toutes les exigences), les gouvernements se résignent à stimuler d'une façon ou d'autre, directement ou indirectement, l'action individuelle. L'excédant des produits utiles à chacun de ceux qui les obtiennent naît plus considérable à la faveur d'institutions particulières, d'encouragements spéciaux, qui poussent au résultat cherché ; alors, dans un temps donné, la production s'élève progressivement, de façon à donner le nécessaire à tous, de façon à remplir tous les besoins de la société, voire à laisser à son tour un excédant qui bientôt influe sur les prix et les fait baisser. C'est ainsi qu'on peut arriver à la solution du grand problème social de la vie à bon marché ; car, par une compensation heureuse, le prix de revient des produits du sol est précisément en raison inverse de leur abondance, si bien qu'en produisant beaucoup, le cultivateur peut vendre moins cher tout en gagnant davantage, et que le consommateur peut satisfaire plus aisément tous ses besoins sans dépenser plus.

De mauvais labours, exécutés par une main inhabile ou au moyen d'un instrument grossier, ont sur la production des denrées alimentaires, tirées de la culture du sol, une telle influence, que le rendement en reste faible, alors même que le travail du laboureur a été le plus rude. Ouvrir des concours de charrues en de telles circonstances a pu paraître fort avantageux et devenir le point de départ d'améliorations très-considérables. En effet, si, mal labouré, le sol cultivable de la France ne rend, en moyenne, qu'une valeur égale à 10, par exemple, et que, bien labouré, il rende, par cela seulement, comme 12, 15 ou même plus, on se trouve en face d'un résultat immense au point de vue du bien-être général.

Mais le labourage n'est qu'un détail dans l'exploitation du domaine agricole d'une nation; l'agriculture en contient bien d'autres, et tous sont d'une très-réelle importance, à raison de l'étendue de surface que chacun intéresse ou envahit. Si tous sont négligés, l'agriculture est pauvre et insuffisante ; si tous sont portés à leur état de perfectionnement normal, ce n'est pas l'agriculture seule qui devient riche, c'est la nation entière, dont le bien-être s'étend par la satisfaction pleine, large et facile des besoins primordiaux de l'humanité.

Porter chacune des choses de l'agriculture à son degré de perfection le plus élevé serait donc un inappréciable bienfait. Les concours publics ont semblé un moyen efficace d'appeler l'attention des praticiens sur les points les plus essentiels de leur industrie, et de diriger les intelligences engourdies vers le progrès, soit à titre d'initiative, soit à titre d'imitation seulement.

Une fois admis, le principe a facilement reçu des applications multiples, et l'on a vu fonder partout des réunions périodiques, embrassant des sujets plus ou moins nombreux, et quelquefois spéciaux. Le plus ordinairement ces concours ont été créés par des associations, sociétés d'agriculture ou comices agricoles ; rarement ils ont été intelligemment compris; les plus petits ont cherché à imiter les plus grands, et ceux-ci, voulant tout embrasser, n'ont rien su étreindre. D'insignifiants budgets ont de la sorte éparpillé leurs minces résultats pour produire la centième partie du bien qu'ils auraient provoqué et fixé dans les habitudes agricoles, s'ils avaient porté un grand coup annuellement, en concentrant toutes leurs forces sur un seul point à la fois. Quand on étudie les programmes de nos diverses associations agricoles, on se trouve en face de tous les besoins à la fois ; mais n'offrant pour chacun que des récompenses de peu de valeur, sinon sans valeur, celles-ci restent sans effet et le but est manqué. Chose singulière, ces programmes varient un peu d'une contrée à l'autre; mais, une fois établis, ils ne changent guère ; ils deviennent une manière de charte que la paresse et l'habitude rendent inviolable bien plus sûrement que la foi jurée; on en fait une institution, et, tacitement, on s'arrange de façon à n'y point toucher. Rien, au contraire, ne devrait être plus changeant. Un besoin apparaît-il, on doit s'efforcer de faire travailler le grand nombre à le remplir. La tâche accomplie, il n'y a plus lieu de s'en préoccuper; il faut passer à un autre objet. Une innovation devient-elle nécessaire, c'est le cas d'offrir des récompenses à ceux qui, les premiers, sauront la produire dans toute son importance et la faire connaître à ceux qui n'en soupçonnaient même pas l'existence; puis, le résultat obtenu, à quoi servirait de continuer à l'encourager dans les mains de tous ? On peut l'abandonner, elle fera sûrement son chemin...

La composition des programmes des concours est donc un objet de très-haute importance, on ne saurait lui accorder une trop grande attention ; elle doit répondre aux besoins les plus pressants du moment, et varier fréquemment, sous peine de vieillir, de manquer bientôt à l'utilité, de n'être plus actuelle, en un mot. Les concours n'ont pas de raison d'être s'ils n'impriment pas aux choses qu'ils embrassent une direction bien définie; ils perdent toute influence, et les prix qu'ils décernent toute autorité, s'ils n'ont pas une signification très-précise, si les concurrents ne peuvent pas leur assigner un but bien déterminé. Il en est de généraux qui sollicitent le pays entier ; il en est qu'on limite à une région ; d'autres se circonscrivent davantage et n'intéressent qu'un département, qu'un arrondissement ou même qu'un seul canton. Tous ont leur utilité relative, et tous devraient avoir leur utilité absolue. Très-peu, même en se localisant, savent se spécialiser ; presque tous visent à l'exposition universelle; perdant de vue le trait qui devrait les caractériser, ils copient les grandes exhibitions, tendent à la solennité, et, tout en faisant peu de bruit, font encore bien moins de besogne, de bonne besogne surtout.

Il n'y a pas de spectacle plus intéressant, nous allions dire plus beau, que celui d'une de ces grandes expositions où figurent les produits choisis de toutes les branches quelconques de l'agriculture d'un grand pays, comme la France, par exemple. On y voit toute une population d'animaux de races supérieures et de types variés, tous remarquables à des titres divers; on y admire par centaines ces engins puissants, ingénieusement trouvés, qui prêtent leur aide aux forces limitées de l'homme, et, tout près des matières premières de toute production agricole, les produits mêmes de la terre diversement sollicitée ou fertilisée. Partout ce ne sont que des prodiges ; nul, en les voyant, ne demeure indifférent. Mais ceci est comme la revue universelle de l'agriculture. Chaque concurrent y apporte ce qu'il est parvenu à réussir le mieux, et le tout forme un ensemble admirable, presque toujours digne d'envie. Cependant le tout n'est en réalité qu'un composé d'exceptions ou de rares perfections ; tout ceci, en effet, ne montre que le beau côté de la médaille : elle a un revers. Certes, il ne serait point à sa place en pareil lieu, mais il ne doit pas y être oublié ; car parmi ces brillants résultats, dans chacun des riches produits étalés aux yeux surpris, se trouvent les moyens, sinon d'effacer complétement l'infériorité du grand nombre, ceux du moins d'en élever beaucoup le niveau. Les concours généraux, en tant qu'ils ne se renouvellent qu'opportunément, ont donc une utilité incontestable ; ils doivent universaliser l'exposition et récompenser, dans chacune de ses divisions, forcément nombreuses, les choses qui donnent le plus dans le présent ou qui promettent le plus dans l'avenir.

Au-dessous de cette grande fondation, nous trouvons en France les concours régionaux, au nombre de douze, institués sur le même plan et conformément aux mêmes vues que le concours général : ceux-ci ont déjà donné les meilleurs résultats. Brillants dans leur début, bien au delà même de ce qu'on aurait pu croire, il semblerait utile néanmoins d'en modifier, dès à présent, la forme et de spécialiser celle-ci, pour leur retirer un caractère d'universalité qui n'a réellement plus sa raison d'être. En effet, ils conservent des récompenses à des objets sans valeur, c'est-à-dire sans emploi sur des points où d'autres objets de première importance n'obtiennent pas une attention suffisante, si même on leur en accorde. Les concours régionaux doivent nécessairement s'arrêter à ce qui intéresse la région, et ne point aller au delà, sous peine de ne point avoir la signification exacte sans laquelle ils manquent complétement le but. Un seul et même programme régit les douze régions agricoles formées en France. Pour les principes, c'est à merveille, et notre observation ne porte pas sur ce point ; mais c'est trop vague quant à l'application. On connaît assez aujourd'hui l'agriculture des diverses contrées du pays pour sortir de l'indécision des premiers programmes : le temps est venu de spécifier, d'insister, dans chaque région, sur les objets qui seuls les intéressent. De la sorte, on pourrait concentrer les récompenses et grossir les prix, de manière à stimuler beaucoup plus efficacement le zèle des concurrents. Dans une lutte générale, le prix gagné est un peu le fait du hasard ; nul ne sait, à l'avance, quelles peuvent être ses chances ; on met un peu à la loterie : dans un concours spécialisé, si l'on n'est pas assuré de remporter la palme, au moins sait-on mieux ce que l'on peut et surtout ce que l'on fait. Les jurys vont eux-mêmes à la débandade, quand le programme ne leur trace pas nettement la ligne à suivre ; alors leurs décisions, tant consciencieuses soient-elles, restent sans autorité sur les masses, sur les concurrents du jour, aussi bien que sur ceux de l'avenir. Le siége toujours changeant de ces concours en porte successivement les avantages sur tous les points de la région ; c'est là une chose excellente en soi et que l'on n'a point assez généralisée. Nous disons ceci, parce que les concours régionaux d'animaux de boucherie, par exemple, ont un siége fixe, invariable, qui les localise dans quelques centres d'approvisionnement, au lieu de les porter successivement dans les grands centres de production ou d'engraissement du bétail. Il en résulte qu'on fait quelques animaux seulement, en vue des prix offerts par les programmes, et que la masse des engraisseurs reste complétement étrangère au but même du concours—le choix des meilleures races d'engrais et la perfection de l'engraissement. Telles qu'elles sont organisées aujourd'hui, ces réunions ne rendent plus que des services insignifiants. Elles manquent leur but, et c'est bien dommage, car elles portent certainement le germe d'une très-grande utilité.

Si la manière dont nous avons envisagé le rôle qui appartient aux concours généraux et aux concours régionaux est vraie, basée sur une saine appréciation des choses, nous blâmerons tout concours départemental ou local visant à la prétention de se faire général, et rédigeant son programme, moins l'importance des prix, comme s'il s'agissait d'une grande exposition parisienne. Les sociétés d'agriculture et les comices agricoles ont tort et ne produisent rien de bon, qui ne savent pas se borner, qui éparpillent leurs moyens, toujours très-restreints, sur la totalité des choses agricoles du département ou même du canton. Cela peut donner lieu à une fête quelconque, à des discours très-éloquents, à des banquets plus ou moins splendides ; mais le feu d'artifice ne laisse rien après lui : il en est de même de tous les petits concours que l'on veut faire si grands.

C'est là surtout que l'insuffisance des subventions, que l'exiguïté du budget commande la concentration des forces, la spécialité des concours, là surtout que doit changer la composition des programmes, car il n'y a pas lieu de primer pendant longues années un même fait, toujours le même fait. Nous savons une société d'agriculture, par exemple, qui depuis plus de trente ans accorde une médaille d'or à la commune qui entretient le mieux ses chemins vicinaux. Pendant dix ans, pendant quinze ans peut-être, ce concours a provoqué le zèle et donné de bons résultats. C'était à une époque où l'on ne s'occupait guère de cet objet ; mais, depuis qu'il a fixé l'attention de l'administration, les forces du concours ont été singulièrement dépassées, et celui-ci n'exerce plus aucune action sur l'état de la vicinalité. On continue à décerner des médailles qui seraient appliquées plus utilement aujourd'hui à d'autres objets.

Nous pourrions multiplier les exemples ; celui-ci suffit à la démonstration que nous voulions faire.

Il n'y a détail, si mince en apparence, qui ne puisse recevoir du fait des concours circonscrits de très-réelles et très-considérables améliorations, si l'on en rédige judicieusement le programme, si l'on proportionne le nombre et l'importance des prix à l'importance du sujet auquel on les attache. Et, par exemple, dans la Gironde, où la culture bien comprise de la vigne offre un intérêt si puissant, on a fondé des prix pour la taille de cet arbrisseau, et, depuis lors, cette opération essentielle s'est très-notablement améliorée. Il en a été de même des procédés du *gemmage* pour la récolte de la résine, faite sur le pin, dans les landes de Gascogne. Ce n'est pas tout, en effet, que d'obtenir de la taille une plus grande quantité de produits : encore faut-il que l'individu auquel on demande ce produit n'ait pas à en souffrir. Les concours spéciaux, limités à la taille de la vigne et au gemmage, ont fait reconnaître les vrais principes de ces opérations et façonné des ouvriers à les appliquer intelligemment. La vigne s'en porte mieux, les forêts de pins en sont mieux conservées, les produits sont bons, convenablement abondants, et la poule aux œufs d'or, que les ignorants ou les stupides sacrifient si légèrement, continue à enrichir son possesseur judicieux et éclairé.

Après la rédaction des programmes, qui n'offre en réalité aucune difficulté insurmontable, la grosse affaire des concours est de les faire bien juger. La composition des jurys n'est pas toujours aisée : on en citerait fort peu qui aient su se pénétrer, soit de l'esprit, soit de la lettre des conditions mêmes de la lutte. Tous apportent certainement dans leurs décisions une large part d'indépendance et d'impartialité, la volonté très-ferme de voter consciencieusement ; mais combien viennent préparés et montrent assez de véritable savoir pour inspirer confiance aux concurrents? combien fonctionnent avec une pensée arrêtée sur le but même du concours ? Aussi leurs décisions, acceptées ou non, n'ouvrent aucune issue, ne donnent aux efforts aucune direction raisonnée. Les programmes changent peu, mais les jurys changent trop. Il en résulte qu'on n'imprime à rien une impulsion assez vive, que les opérations des juges n'exercent aucune influence sur la marche des choses ; aucun précédent n'est créé ; chaque jury reste indépendant du passé et ne transmettra aucune tradition à celui qui le remplacera. Dès lors, les prix sont plus arbitrairement que rationnellement distribués, et l'on voit des décisions très-divergentes complétement opposées d'une année à l'autre sur le même terrain, dans la même région et dans les mêmes conditions imposées. Ces variations se présentent surtout dans la division des animaux, où des races très-diverses se partagent l'opinion, et l'on voit ceci, par exemple : des animaux gras, primés à cause de leur graisse dans les concours ouverts à l'élite des reproducteurs, au détriment de ceux qu'on a simplement et avec raison tenus en bon état de fécondité, et des races de travail osseuses et prodigues, d'un faible rendement proportionnel en viande, remporter dans les concours particuliers au bétail gras, des prix qui seraient plus judicieusement appliqués aux races perfectionnées en vue de cette destination spéciale.

La division des instruments n'est pas exempte non plus de critique : les Commissions appelées à les classer et à les juger s'y prennent si mal que les mêmes instruments montent ou descendent dans la hiérarchie des récompenses, sans motifs plausibles pour la galerie, pour le public, qui se met aussi à juger, et qui ne sanctionne pas toujours les délibérations des jurys.

Les concours sont des institutions utiles, nécessaires au progrès en toutes choses, mais ils ne valent qu'en raison de leur bonne entente ; ils n'exercent de bonne influence qu'à raison de leur signification exacte ; ils n'ont force et autorité qu'à la condition d'être jugés sainement, avec impartialité, par des hommes compétents et convenablement préparés.

Le mot n'a aucun besoin d'être défini ; disons seulement ce qu'il contient.

Il exprime le fait d'une noble et louable émulation en vue du progrès, en vue d'améliorations profitables à tous, aux élus qui en cueillent immédiatement les palmes, à ceux qui les ont disputées sans réussir à les enlever, à la société entière appelée à en recueillir les fruits d'une façon plus ou moins large ou prochaine. C'est une lutte entre toutes les intelligences auxquelles on s'est particulièrement adressé, entre tous les efforts qu'on cherche à grandir dans leurs résultats ; lutte féconde, si elle parvient à stimuler les indifférents, à secouer les plus apathiques, si elle réussit à ouvrir des voies nouvelles et plus larges, si elle étend d'une manière utile la sphère d'action de tous : en augmentant la capacité ou la puissance individuelle, elle crée des exemples à suivre, et, à la longue, entraîne les masses dont elle devient aisément le moniteur par excellence.

L'année 1862 a eu, comme ses aînées, une foule de réunions locales, de très-nombreux concours de Comices cantonaux dont nous ne saurions nous occuper ici. D'ailleurs, partie des réflexions qui précèdent vont à leur adresse, et c'est là vraiment tout ce que nous devons en dire. Mais elle a vu aussi se continuer les concours d'animaux de boucherie, les concours régionaux, ceux de la prime d'honneur auxquels nous consacrerons quelques pages ; des concours hippiques, dont nous parlerons pour tâcher de faire la lumière en ce qui les concerne ;

puis un concours universel de volatiles, organisé par les soins de la Société impériale zoologique d'acclimatation, et enfin l'exposition de Londres, dont la partie agricole sera pour nous l'occasion et le sujet d'études intéressantes.

LES CONCOURS D'ANIMAUX DE BOUCHERIE.

I

La création. — Un problème offert à l'agriculture. — Les prodigues et les précoces. — Science de la production de la viande. — La zootechnie et l'économie publique. — Une démonstration. — Indifférence pour les institutions sérieuses, engouement pour les choses futiles. — Un cercle trop étroit. — Un enseignement qui ne se vulgarise pas. — Nécessité fait loi. — L'agriculture et les fausses sollicitations. — Les exigences passagères et l'approvisionnement continu. — L'engraissement rationnel et l'engraissement de circonstance. — L'œuvre de quelques-uns et l'œuvre de tous. — Un petit et un grand côté. — Les libéralités du programme. — Un défaut de concordance. — Les concours fixes et les concours nomades. — Réforme nécessaire. — Les beaux discours. — Un peu de statistique. — Des améliorations qui ne lèsent personne et qui servent tous les intérêts. — Les phénomènes d'engraissement. — Les rendements différentiels.

A propos des concours d'animaux de boucherie, tenus en 1862, nous jetterons un coup d'œil rétrospectif, très-rapide, sur l'institution; nous rechercherons le bien qu'elle a produit, et nous dirons quels plus grands résultats elle nous semble destinée à donner si on ne la laisse pas dans un *statu quo* qui déjà la frappe de stérilité.

C'est en 1843 que fut créé le concours de Poissy. Le succès qu'il obtint fit organiser successivement les concours annuels de Lyon, Bordeaux, Lille, Nîmes et Nantes. Le problème proposé à l'agriculture était simple dans ses termes : la production abondante de la viande.

La solution de ce problème devenait urgente.

La France ne possédait guère alors que des races au développement lent et tardif, plus osseuses que charnues, dévorant des masses d'aliments qu'elles transformaient en os plus qu'en viande. Ce mode de production tout à fait insuffisant aux besoins toujours croissants de la consommation, devait être réformé par le choix éclairé de races précoces, faciles à l'engraissement, et fabriquant, avec une égale quantité de nourriture, proportionnellement plus de viande et moins d'os.

Cette science de la production plus abondante de la viande était à peine soupçonnée en France, où elle n'est pas encore assez vulgarisée. Cependant, on commence à se rendre compte des avantages économiques qu'elle procure au producteur et au consommateur. Au premier, elle donne le moyen de compléter deux éducations au lieu d'une : elle permet d'offrir au second, avec une même quantité de fourrages, plus de matière alimentaire, puisque ce ne sont pas les os que nous mangeons. En entrant dans les détails, dans la question du rendement proportionnel, la pratique s'est convaincue expérimentalement du dernier fait et a trouvé, par exemple, que si les races tardives donnaient à l'étal 30 pour 100 en os, la proportion tombait à 10 pour 100 dans les races précoces. La conséquence économique est facile à déduire : le consommateur qui achète au boucher la viande d'animaux améliorés dans le sens de ses besoins, trouve sur la viande des animaux des autres races un avantage réel de 20 pour 100, puisqu'il paye le même prix pour la viande d'un animal osseux que pour celle d'un animal dont les facultés ont tourné plus activement à la production d'une chair abondante et grasse. Que si l'on multipliait ce résultat sur une population de 80,000 âmes, il en ressortirait évidemment ceci : ou bien la population, trouvant pour la même somme dépensée 20 pour 100 de viande de plus, serait mieux nourrie, ou bien, avec la même dépense, on nourrirait 20,000 âmes de plus.

Tel était le but utile des concours d'animaux de boucherie ; il contraste avec le but futile de certaines institutions beaucoup plus richement dotées. Le gouverment est resté seul à patronner les premiers ; ni les particuliers, ni les villes, ni les départements n'ont rien su faire pour eux. Nous le constatons avec regret, mais nous ajoutons bien vite qu'à défaut de toute initiative privée, l'administration n'a jamais songé à en appeler au bon vouloir de personne.

Pourtant une institution qui se proposait d'entraîner l'économie de bétail dans une voie aussi profitable à la société méritait d'être assise sur les plus larges bases ; elle devait recevoir tout le développement qu'elle comporte, sous peine de faillir à son œuvre, car elle ne tend à rien moins qu'à assurer l'alimentation humaine avec la prévoyance d'une nation civilisée. En la fondant, on l'avait judicieusement contenue dans les limites d'une simple expérience, mais voilà vingt ans qu'on la tient dans ce cercle étroit, comme si elle ne devait pas en sortir. Elle n'a plus rien à apprendre cependant ; elle a donné toutes les solutions qu'on lui avait demandées ; il ne reste plus qu'à vulgariser son enseignement. Elle a porté la lumière sur toutes les obscurités du passé, d'où vient donc qu'elle ne fonctionne pas encore à grands résultats ?

La réponse à ce point d'interrogation est facile. Nous la trouverons, sans chercher plus loin, dans ce double fait : les concours se tiennent tous à la même époque et invariablement dans les mêmes lieux. C'était bien pour commencer; aujourd'hui c'est l'insuccès et l'inutilité.

Il était logique assurément de primer la production abondante de la viande aux jours où les habitudes de la population impriment en quelque sorte une activité nouvelle au commerce et à la consommation de cet aliment; mais l'agriculture n'est pas toujours libre dans ses allures. Presque toujours imposées par la nécessité, ses habitudes à elle ne concordent pas nécessairement dans tous les lieux, avec des exigences passagères. Aussi bien a-t-elle pour mission de remplir les besoins de tous les jours, et il est très-heureux que les différences de situation assurent dans tous les temps, d'une manière permanente, l'approvisionnement de tous les centres de consommation.

Ce fait est capital, il faut bien lui accorder toute sa valeur : il frappe d'imperfection, il rapetisse l'institution des concours des animaux de boucherie, telle que les circonstances l'ont faite au début. C'est que l'engraissement du bétail n'est pas un moyen, c'est le but même de la production et de l'élève de certains animaux. Le but importe aux grands centres de consommation; les moyens intéressent les grands centres de production et d'élevage. En favorisant l'approvisionnement des grands marchés, les concours de bestiaux gras servent plus directement les intérêts de la consommation que les intérêts de l'agriculture, lesquels veulent, avant tout, l'amélioration des races. Il en résulte cette distinction fondamentale : l'amélioration et le perfectionnement du bétail sont une œuvre générale qui réclame les encouragements de l'Etat; les exhibitions de bestiaux gras n'appellent que le concours plus restreint des centres de consommation auxquels ils profitent plus particulièrement. A ce point de vue, les primes au bétail gras ne sont que le petit côté de la grande question agricole qui embrasse les nombreux détails de la production intelligente des animaux. En organisant les concours, on s'est plus occupé de l'approvisionnement de quelques villes que de la direction à imprimer à la production des races arriérées de l'agriculture. On a donc plus fait pour les villes que pour les campagnes : le contre-pied de ceci mènera seul au but qu'on a voulu atteindre.

La rédaction des programmes est toute libérale, car elle n'a réellement oublié aucune race, mais l'époque unique des réunions officielles s'oppose à l'égale répartition qu'on a cherché à faire des encouragements. Plusieurs provinces restent forcément en dehors du mouvement qu'on a voulu provoquer. L'engraissement du bétail ne saurait concorder et ne concorde pas avec le jour des concours. Pour y prendre part, les éleveurs sont obligés de se livrer à des engraissements exceptionnels et onéreux. Les prix offerts les tentent; ils essayent de les remporter, et leurs efforts isolés nuisent même essentiellement à tout progrès équivalent autour d'eux. Le succès des concours y gagne peu ; l'approvisionnement général n'y gagne guère, et l'élevage en masse n'y gagne rien du tout.

Voyons si les faits nous appuient. Nous les relèverons à Paris, par exemple.

L'approvisionnement en bêtes grasses s'y fait concurremment :

De février à la fin d'avril, par les produits de l'Anjou, de la Bretagne et de la Vendée ;

De février à la fin de mai, par ceux de la Franche-Comté et de la Champagne ;

De juin à septembre, par les envois de la Bourgogne, du Charolais, du Morvan et des marais du Poitou ;

De juillet à décembre, par ceux de la Normandie, et d'août à la fin de l'année, également par les animaux qualifiés manceaux et nantais ;

De novembre à juillet, par les expéditions du Limousin, de la Marche, du Berry ; et de décembre à la fin de mars, par celles du Bourbonnais et du Nivernais.

On le voit, les habitudes forcément contractées par l'agriculture tiennent, en dehors de la date des concours, les variétés nourries par la Bourgogne, le Charolais, le Morvan, les marais du Poitou et de la Saintonge, par la Normandie, par le Maine et le pays nantais. Ces contrées ne peuvent figurer aux concours qu'a la condition de violenter leur situation. A quoi bon ? D'ailleurs, l'approvisionnement ne doit-il pas se renouveler tous les jours ? N'importe-t-il pas qu'il soit toujours assuré, toujours régulier ? Loin donc de contrarier les faits, providentiellement échelonnés, il y aurait lieu, si cela n'était pas, à répartir, comme elles le sont naturellement, les ressources entre toutes les époques de l'année. La race tardive des volailles de La Flèche est une richesse pour l'engraisseur et une ressource précieuse pour le consommateur, qui trouve si difficilement à couvrir une bonne table de mets variés et délicats de la fin de l'hiver à la fin du printemps. On aurait grand tort de changer cette condition, puisqu'on en tire un réel avantage.

La fixation de la date du concours, détail bien mince en apparence, exerce pourtant, nous venons de le démontrer, une très-grande influence sur les résultats mêmes de l'institution. Un simple changement, combiné avec le déplacement du siége des concours, donnerait à ceux-ci une importance toute nouvelle et toute favorable à leur but. Ce n'est pas aux portes de Paris, de Lyon, etc., qu'ils doivent être établis, mais dans les principaux centres de production et d'engraissement. Libre aux villes qui ont de grands besoins de s'approprier l'institution et de travailler efficacement à assurer leur approvisionnement en animaux de première qualité. Ce faisant, elles pousseront à la roue, elles favoriseront la production mieux entendue des races dont elles consomment une partie des produits; mais comme il s'agit avant tout d'un intérêt qui leur est propre, laissons à leur compte toutes les dépenses nécessaires à la réussite de ces réunions, et que l'Etat reporte ses subventions sur les autres concours, sur ceux qui intéressent directement l'agriculture. En agissant ainsi, il opérera encore en faveur des villes où seront toujours envoyés les meilleurs produits obtenus dans les fermes. Les marchés ne feront jamais défaut au bétail, mais le bétail aux marchés. C'est donc vers les points où l'engraissement des bestiaux a besoin de prendre une activité nouvelle qu'il faut porter le stimulant propre à cette industrie. Et puisque c'est plus particulièrement ceux qui font naître, qui élèvent et engraissent, qu'on veut tout à la fois exciter et récompenser, c'est à leur portée qu'il faut mettre l'excitant et la récompense.

A notre sens, les concours d'animaux de boucherie subventionnés par l'Etat devraient être nomades comme le sont les concours régionaux d'animaux reproducteurs, et se tenir à des époques favorables dans les divers centres d'engraissement du bétail. Ils y réussiraient plus complétement parce qu'ils frapperaient, par leurs enseignements, la masse des nourrisseurs. Aux portes des grandes villes, le succès se monopolise dans les mains de quelques-uns sans profiter à tous, dans les centres d'élevage et d'engraissement, il se ferait tout aussitôt général au bénéfice de tous.

Il y a longtemps qu'on a dit : Les concours d'animaux de boucherie ne sont pas seulement un honneur rendu à l'agriculture, c'est une arène ouverte au premier des arts, dans l'intérêt de tous, c'est une lutte pacifique et féconde, qui doit à la fois agrandir le domaine de la science, ouvrir au producteur une source nouvelle de profits, et au consommateur l'ère tant désirée de la vie à bon marché.

C'est fort bien dit, mais leur organisation actuelle, qui est encore celle de la période d'essai, ne conduit ni rapidement, ni effectivement à cet important résultat. Qu'est-ce, par exemple, que 200 bœufs se disputant à Poissy pour plus de 50,000 francs de prix, comparativement aux 4,000 têtes d'animaux de la même espèce qui figurent, chaque semaine, sur ce grand marché d'approvisionnement de Paris? Qu'est-ce que les 20 veaux qui prennent part au concours sur les 300 ou 400 qu'on met en vente, à la même heure, sur la même place? Qu'est-ce que les 300 à 400 moutons engagés dans la lutte contre les 25,000 têtes que se partagent les bouchers toutes les semaines? Qu'est-ce que les 50 ou 60 animaux de l'espèce porcine comparés aux 4,000 amenés là également toutes les semaines? Qu'est-ce enfin que tout cela relativement aux appprovisionnements d'ensemble de l'année?

Toutes proportions gardées, les faits ont la même signification dans les six concours. L'expérience est complète. L'organisation actuelle se résume dans les résultats suivants :

Un nombre d'exposants ou de concurrents très restreint ;

Un nombre d'animaux tout à fait insuffisant ;

La production à chers deniers de quelques phénomènes d'engraissement qui n'exercent qu'une influence inappréciable sur le progrès général.

Les modifications que nous indiquons, sans léser aucun intérêt engagé, sans contrarier personne, renverseraient avantageusement les faits, en portant l'utile enseignement des concours au sein même de la pratique. Les localités ne manquent pas en France où les marchés ont, à certains jours, autant d'importance que celui de Poissy et beaucoup plus que ceux des autres chefs-lieux de concours ; mais ces époques ne se renouvellent pas toutes les semaines pendant l'année entière ; elles concordent avec les habitudes contractées sous l'influence de causes qu'il faut bien se garder de contrarier, qu'il est bon de favoriser encore dans leurs effets et dans leur expansion. Les concours nomades, que nous voudrions voir remplacer ceux qui ont fait leur temps, donneraient bien vite les résultats que voici :

Un nombre de concurrents très-considérable et arrivant bientôt à comprendre la généralité des engraisseurs ;

Un nombre d'animaux toujours croissant ;

Tout autant de phénomènes d'engraissement sinon plus, mais toutes les individualités rehaussées, offrant à la consommation le bénéfice d'une production de viande meilleure et plus abondante, amélioration conquise sur une réduction proportionnelle du squelette, des os.

Deux chiffres avant de nous arrêter.

Les rendements constatés pendant la période décennale qui a précédé la fondation des concours d'animaux de boucherie ont fait ressortir la proportion du poids de la viande nette au poids vif à 54,68 pour 100 dans l'espèce bovine, et à 50 pour 100 dans l'espèce ovine.

Les rendements constatés pendant la période des concours, *sur les animaux primés*, ont élevé cette proportion de 10,07 pour 100 dans l'espèce bovine, et de 9,40 pour 100 dans l'autre. Nous écrivons les moyennes ; elles ont cela de remarquable que les écarts, en plus ou en moins, s'éloignent peu du résultat moyen.

En sortant des faits accusés chez les animaux de concours pour rentrer dans le fait général de l'élevage en masse, on ne trouverait certainement pas les mêmes résultats. Il est bien à craindre que la moyenne des rendements, à l'époque actuelle, ne se soit pas développée dans une proportion rationnelle ou même appréciable, et c'est là précisément ce qu'on peut reprocher à l'organisation stationnaire des concours. Celle-ci n'aura atteint le but que lorsqu'elle aura élevé les aptitudes de toute la population des bêtes de rente au niveau des aptitudes des animaux de concours; il faut que ce qui n'est aujourd'hui que l'exception devienne la généralité.

II

Les concours de l'année. — Ce qui s'est fait hier. — Il y a vingt ans que cela dure. — Deux siéges pour un. — Castor et Pollux. — Une demi-mesure qui ne satisfait pas à moitié. — La mort d'un maréchal de France. — Curiosité et indifférence. — Les Parisiens mangent du poisson ; les Anglais sont plus *charnels*. — Où est le véritable public des concours. — Le bœuf gras. — Une question de priorité. — La raison aura toujours raison. — Le beau langage. — Un problème de zootechnie élevé à la septième puissance. — Une solution complète et une solution attendue. — La période des essais, l'ère des applications sérieuses. — Budget et parties prenantes. — Les Anglais à Poissy. — Ayons confiance en nous et gardons nos écus. — Les conditions imposées. — La supériorité réelle et la supériorité apparente. — Désappointement et dépit. — L'Angleterre n'est pas le pays de l'égalité. — Les institutions ont leur destin. — L'action privée et l'intervention administrative. — Oubli ou calcul ? — Centre-Bretagne. — La reconnaissance n'est pas un vain mot. — Un bienfait n'est jamais perdu. — Un nouveau concours. — Un vœu, puis un autre.

Pour étayer nos observations, nous ne saurions mieux

faire que de prendre nos preuves à la source où elles abondent. Voyons donc ce qu'ont fait les six concours de 1862.

Ils ont eu lieu tous du 8 au 16 avril : ils suivent les variations de l'époque quelque peu mobile des fêtes de Pâques, en les précédant de quelques jours. La réunion de Poissy, qui vient la dernière, est invariablement fixée au mercredi saint.

Inutile de revenir sur tout ce que présente d'anormal, d'irréfléchi, d'étrange même cette date unique. Elle restreint le nombre des concurrents, et oblige la plupart à sortir des conditions économiques les plus rationnelles pour se livrer à des engraissements exceptionnels qui restent nécessairement sans influence aucune, et sur la marche des pratiques usuelles plus ou moins arriérées, et sur le but même de l'institution — la production plus abondante de la viande.

Il y a vingt ans que cela dure ; pourquoi cela ne durerait-il pas éternellement?

Bordeaux, Nantes, Nîmes, Lyon, Poissy, chefs-lieux originaires de ces concours, en sont restés le siége. Lille manque cependant. Une critique malencontreuse l'a fait rayer de la liste et l'a privée ; mais on est revenu à résipiscence. Une suppression appelle toujours force réclamations ; il en est venu de tous les points de la région. Pour y faire droit, on lui a rendu son concours, et désormais il se tiendra alternativement à Amiens et à Saint-Quentin. Il aura donc deux siéges pour un : Castor présidait au jour, Pollux présidait à la nuit ; Amiens a ouvert la marche. Cette demi-mesure, qui n'est pourtant pas une demi-satisfaction, conduira avant peu, nous n'en doutons pas, à la condition nomade pour tous, à la mesure complète, à celle qui portera l'institution non plus aux portes de telle ou telle ville, mais, au beau milieu des principaux centres d'engraissement des animaux, elle conduira aussi à la division, quand cela sera nécessaire, afin que chaque espèce trouve, en son lieu et en sa place, non plus seulement ses encouragements spéciaux, mais surtout l'enseignement qui lui est propre, afin que les populations, dont les produits viendront nombreux alors, soient appelées à visiter tout à leur aise le concours qui les intéresse, à l'étudier, à le juger, à en profiter enfin, pour servir utilement l'intérêt en vue duquel on les sollicite au progrès.

Ces malheureux concours sont bien dépaysés aujourd'hui là où on les tient, là où n'est pas et où ne vient pas leur public. Un maréchal de France meurt à Lyon : on lui fera des obsèques comme on n'en a point encore vu dans la seconde ville de l'Empire. La curiosité est vivement excitée, les chemins de fer transporteront, ce jour-là, 25,000 voyageurs de plus qu'à l'ordinaire. Mais Lyon a depuis 1847 un concours d'animaux de boucherie sans que personne y ait pris garde, en dehors du monde officiel qui, par état, s'en occupe pendant vingt-quatre heures au moins.

Nos bons voisins d'outre-Manche prêtent plus d'attention que nous à de pareilles exhibitions, et ils se rient de notre indifférence qui, d'ailleurs, ne leur cause aucun mécompte, il s'en faut. L'un d'eux, expédié en visiteur cette année à Poissy, écrivait à son retour à Londres : « L'assistance semblait se composer particulièrement de petits propriétaires des environs et de grands propriétaires venus de tous les coins de la France. Quant aux Parisiens, ils mangent du poisson pendant toute la semaine et ne s'intéressent pas à des objets aussi *charnels* que le bœuf et le mouton. »

La vérité est que ni les Parisiens, ni les Lyonnais, ni les Bordelais, ni aucun citadin n'ont réellement que faire à Poissy et ses pareils, les jours où se tiennent les concours ouverts au bétail gras. Ceux-ci ont leur public spécial, qu'on déshérite à tort en éloignant de lui des solennités qui ne devraient être faites que pour lui et qu'on devrait partout mettre à sa portée. Les Parisiens ont bien raison de ne point courir à Poissy le mercredi saint, mais les organisateurs des expositions d'animaux de boucherie ont bien tort de ne pas les faire dans les grands centres d'engraissement. Les Parisiens ont assez de la promenade burlesque du géant des bœufs, qui n'a rien de commun avec l'industrie de l'engraissement.

Dès 1858, après une étude très-attentive de l'institution, nous avons indiqué et réclamé les quelques modifications devenues nécessaires. Il faut plus de temps que cela, chez nous, pour que les idées justes passent de la période d'éclosion à la pratique. Ne désespérons donc pas, un jour sans doute la raison encore aura raison. Du reste, nous ne sommes déjà plus seul dans la presse à soutenir nos propres vues, et nous penchons à croire qu'elles feront aussi leur chemin.

Ainsi qu'il est de règle constante, car nul n'y déroge jamais, et ceci a été de tous les temps, les discours officiels (l'occasion est bonne pour en faire) et les comptes rendus répètent à l'envi, chaque année, les incontestables progrès dont chaque nouveau concours apporte l'éclatant témoignage.

Cette constatation se renouvelle invariablement, sans épuiser jamais la formule élogieuse qui l'exprime. Si la marche du progrès avait été ce qu'on se plaît à dire et à redire, il y a longtemps que les concours n'auraient plus leur raison d'être, car, une fois accomplie, leur œuvre sera définitivement acquise. L'agriculture peut demeurer stationnaire en beaucoup de ses pratiques, mais elle ne rétrograde point. Elle ne revient pas à la routine qu'elle a abandonnée ; elle ne renonce pas aux améliorations qu'elle a conquises ; elle ne lâche plus les progrès qu'elle a réalisés lorsqu'ils se traduisent pour elle en augmentation de produits, en accroissement de profits. Nous n'en sommes pas encore là tout à fait, et les concours ont encore leur pleine utilité.

Mais qu'on le sache bien, l'engraissement du bétail, ainsi qu'on l'a déjà très-judicieusement fait remarquer, n'est pas affaire de fantaisie et de luxe, ça été d'abord, chez nous, affaire d'expérimentation et de nécessité. Scientifiquement appliqué par des hommes d'élite ou par des praticiens dévoués à quelques sujets d'un bon choix, il a fourni les éléments de la solution d'un problème de zootechnie, qui est en même temps un problème social. Ceci a été l'œuvre, très-heureusement menée, des commencements de l'institution, œuvre entière depuis plusieurs années déjà et complétée avec une étonnante rapidité en notre pays. « En six ans, disent les Anglais eux-mêmes, et parmi les plus autorisés, nous avons fait le chemin qu'ils avaient mis plus de vingt années à parcourir. Malheureusement cette appréciation n'est vraie que pour quelques-uns. »

Elle n'atteint pas les masses.

Ceci devient l'œuvre à réaliser désormais par l'institution. Là est son utilité actuelle. Il faut qu'elle vulgarise le progrès qu'elle a montré possible en le faisant constater sur les exceptions, sur les quelques animaux d'élite parmi ceux qui ont hanté les concours.

Il faut que l'engraissement perfectionné ou que la perfection de l'engraissement devienne la pratique universelle, que, portant sur tous les animaux destinés à la consommation, sans sortir des conditions vitales de l'exploitation ordinaire, il revêt enfin le caractère industriel et donne la solution si bien préparée, d'ailleurs très-impatiemment attendue, du problème d'économie générale qu'il a proposé tout d'abord aux efforts des plus habiles et des plus zélés.

L'ère des essais peut et doit être close; l'heure de l'application en grand, de la vulgarisation est venue; il est temps enfin que l'institution sorte du domaine scientifique pour entrer, toutes voiles dehors, dans celui de la pratique journalière.

Ce résultat ne sera jamais atteint par les concours établis dans les villes; il est et restera exclusivement réservé aux concours nomades qu'on installera au centre des contrées d'engraissement, aux époques concordantes avec les habitudes imposées par la force des choses à l'agriculture.

Il a été amené, en 1862, dans nos six concours de bétail gras :

760 têtes de bœufs, vaches et veaux, pour disputer une somme de 101,025 francs de prix en numéraire;

84 lots de moutons, auxquels le programme offrait pour 16,800 francs de prix;

108 têtes enfin d'animaux de l'espèce porcine, qui avaient à se partager 7,600 francs.

Il y avait, en outre, pour chacun des lauréats, des médailles d'or, d'argent et de bronze pour une valeur assez considérable.

Ces nombres ont tous été exaltés. Eh bien, en conscience, cette grosse somme de 130,000 francs et plus n'est-elle que proportionnelle aux résultats obtenus? Elle est incontestablement très-supérieure, aujourd'hui qu'elle n'a plus à rémunérer des essais onéreux, mais de simples applications d'un savoir et d'une pratique que le passé a mis à la portée des masses.

Voilà que, par un autre côté, et en nous appuyant ferme sur les faits acquis, nous arrivons à la même conclusion, la nécessité d'enlever les concours à leur premier siége, pour les promener au sein des campagnes, pour les installer à la porte même des engraisseurs, à cette double fin de les exciter, par l'appât des prix et des médailles, à adopter tout à la fois les meilleures races et les meilleurs modes d'engraissement.

On avait fait de la réunion de Poissy un concours international, et on l'avait si richement doté, que la somme offerte aux étrangers dépassait celle que l'on consacrait aux nationaux. Il était impossible d'y mettre plus de galanterie.

Les étrangers, c'est-à-dire les Anglais, nous ont envoyé : 47 têtes de bœufs et de vaches, 65 moutons et 25 porcs, pour disputer des prix nombreux s'élevant, en numéraire, à la somme de 74,250 francs, y compris les prix d'honneur et non compris les médailles. Chaque concurrent a dû partir satisfait; les lauriers étaient d'or.

Cependant, on se rend aisément compte des motifs qui ont engagé à appeler nos voisins à venir concourir parmi nous. « En élargissant ainsi le cercle de la lutte, a dit M. le ministre de l'agriculture dans un discours comme il sait les faire, en multipliant les éléments de comparaison, d'étude, d'émulation, nous avons montré une confiance légitime dans les efforts et les progrès de notre agriculture. »

C'est très-bien, quoique cela nous ait coûté un peu cher. Mais nous voici bien édifiés, paraît-il, la confiance en nous, bien justifiée, n'admet plus ou du moins éloigne

2.

pour longtemps l'utilité de renouveler un pareil concours. Nos engraisseurs les plus habiles en savent aussi long et font aussi bien que les meilleurs de l'Angleterre ; quand nous disons les meilleurs, nous parlons à bon escient, car, honteux d'être venus en si petit nombre pour emporter sommes si rondes, les Anglais ont tout simplement expliqué pourquoi ils ne se trouvaient pas à Poissy, le 16 avril 1862, en colonnes plus serrées. Ils avaient d'ailleurs besoin de protester chez eux contre l'égalité constatée de ce côté-ci du détroit entre certains de nos animaux et les leurs.

L'Exposition anglaise de cette année, ils le déclarent tout net, ne valait pas celle qu'ils avaient pu organiser en 1857 ; c'est qu'aussi on s'était permis de leur imposer des conditions.

Et, par exemple, les animaux de l'espèce bovine devaient être depuis quatre mois au moins la possession de l'exposant, et ceux des deux autres espèces depuis deux mois, tout autant.

Or, ceci a empêché quelques personnes, qui auraient acheté pour concourir, « de mettre leur projet à exécution. En Ecosse, on n'a pas pu organiser un système analogue à celui de 1857 pour amener une représentation convenable du bétail. » On n'a pas eu le temps de se concerter, de s'associer, d'organiser une supériorité factice, et, abandonné à ses seules inspirations, à ses propres ressources, chacun s'est trouvé insuffisant. Ma foi, l'aveu a son prix, et l'on a bien raison d'en prendre acte pour soi et d'en donner acte à ses voisins.

Les concurrents français ne pouvaient faire admettre que les produits élevés et engraissés, ou simplement engraissés par eux. On leur refuse à bon droit la faculté d'aller acheter en tous lieux les sujets hors ligne, et de les présenter comme fils de leurs œuvres. Moins scrupuleux, messieurs d'outre-Manche trouvent très-commode ce moyen de faire une supériorité apparente et fausse, et ils ont montré beaucoup de mauvaise humeur de ce qu'on n'a pas voulu s'y prêter, en 1862, après y avoir été pris en 1857.

« Lorsque le programme arriva en Angleterre, disent-ils, on adressa au gouvernement français des représentations sur l'effet probable de ces règles, mais toutes les réclamations furent inutiles. Nous ne mettons pas en doute que le gouvernement français n'ait eu l'intention de voir l'agriculture anglaise représentée de la manière la plus brillante, mais il a eu l'idée de chercher à donner l'argent des prix aux éleveurs eux-mêmes et non pas à des intermédiaires... »

En principe, celui qui donne est bien libre d'imposer les conditions qui lui conviennent. En l'espèce, il était d'équité stricte d'établir l'égalité, quant aux conditions du concours, une égalité parfaite entre les concurrents d'où qu'ils vinssent.

Les Anglais ne l'entendaient pas ainsi : ils ne voulaient pas être jugés, ils voulaient être supérieurs. L'agriculture anglaise devait être *bien* représentée et non plus seulement représentée telle qu'elle est. Foin de l'égalité, quand celle-ci nous contrarie.

Habent sua fata; les institutions ont leur destinée. Il en est que les faiseurs épousent et qu'un peu de savoir-faire parvient à placer d'autorité sous le puissant patronage de la mode. Pour celles-ci, toutes les difficultés s'aplanissent, toutes les volontés se concertent, toutes les bourses se cotisent, et le succès monte au niveau de l'inutilité. Celle-ci même devient leur plus grande force; nous donnerons plus loin nos preuves. Mais nous voulons dire ici que le passé de l'institution des concours de bétail gras présente à l'observateur un singulier exemple du renversement des idées saines en notre pays.

L'industrie privée, comme on dit chez nous, faute de pouvoir dire mieux sans doute, l'industrie privée avait pris l'initative des concours d'animaux de boucherie. Malheureusement les efforts de très-petites associations, aux ressources insignifiantes, n'étaient point à la hauteur des résultats nécessaires, et nul n'a trouvé mauvais que l'administration publique prît en mains un si grave intérêt. Seulement, à dater de ce jour, toute autre tentative a cessé. Au lieu de favoriser le développement de l'action des particuliers, l'intervention administrative l'a étouffé. Sur aucun point, l'institution ne s'est plus essayée à naître et à vivre; l'Etat n'a excité nulle part à ce qu'elle poussât une branche, si faible fût-elle. Est-ce oubli, est-ce calcul? Il pourrait bien y avoir tout à la fois et de l'un et de l'autre : de l'oubli chez les uns et du calcul chez les autres. Déjà, nous avons eu l'occasion de faire remarquer qu'en y aidant un peu, on réussirait en beaucoup de lieux à organiser des concours spéciaux, qui coûteraient peu à l'Etat, et qui rendraient beaucoup à l'économie des subsistances. On a fait la sourde oreille quelque part, là d'où précisément devrait partir le signal d'une utile croisade ; mais nos conseils ont été entendus sur un point d'où ils pourraient bien s'étendre si on n'y met pas trop obstacle.

Une contrée existe, qui prend le nom de Centre-Bretagne ; c'est notre ancienne Cornouaille. Elle a besoin de calcaire autant que le désert a besoin d'eau. Pendant bien longtemps elle a demandé tantôt à celui-ci, tantôt à celui-là qu'on lui facilitât, par une grande mesure d'administration publique, les moyens de s'en procurer.

Tout à coup, elle voit ses vœux exaucés ; la roue de la Fortune va donc à la fin tourner pour elle. Mais la voilà reconnaissante et désireuse de le manifester par un fait éclatant. En se faisant solliciteuse, elle n'avait en vue que le travail ; elle restait animée de la volonté de créer, par un labeur opiniâtre autant qu'intelligent, une richesse dont tout le pays eût à profiter avec elle. A la mesure qui lui est si favorable, elle répond donc, sans attendre, par la création d'un concours d'animaux de boucherie, improvisation féconde, dont les résultats auront certainement un légitime retentissement, mieux que cela encore, une grande portée.

Le comice agricole de Carhaix a pris l'initiative de cette fondation. Pour en faire les frais et pour en assurer les succès, il a adressé un chaleureux appel à tous les amis de la Cornouaille. La pensée est née viable ; le concours a été inauguré, le 30 juin, à Carhaix même. Tous les cultivateurs de la petite région peuvent concourir. Ils n'ont jamais été tentés de prendre part à l'exhibition d'animaux de boucherie qui se renouvelle à Nantes tous les ans depuis 1852 ; mais ils viendront en grand nombre à Carhaix, et ils y produiront des animaux dont l'engraissement rationnel ne sera ni un tour de force, ni une faute économique. Nous venons de dire toute notre pensée à cet égard : nous avons exprimé le désir de voir porter au milieu des pays de fabrication de la viande les riches primes qui se donnent sans beaucoup d'utilité maintenant aux portes de six grandes villes. Qu'on essaye un peu de l'autre système, et, nous nous trompons fort si l'on ne s'en trouve pas bien. Avec moins de 2,000 francs, Carhaix a fondé un concours plein d'avenir : l'Etat verra dans ce fait un généreux élan et voudra le soutenir ; mais il faut que les particuliers fassent par eux-mêmes, et attendent beaucoup de leurs propres efforts. Ils se sont associés en Cornouaille, là est leur force; s'ils demeurent unis, ils feront de grandes choses, même avec peu. Associer le pays pour qu'il veille lui-même à son premier progrès matériel, l'intéresser à cette solution, lui en faire rechercher les moyens, l'instituer juge de ses propres efforts et distributeur de ses récompenses méritées a été une bonne idée. Honneur à ceux qui l'ont eue, honneur à ceux qui savent la mettre en pratique.

Le concours de Carhaix, point central de la région du bœuf gras et son marché principal dans la contrée où nous sommes, le concours de Carhaix est considéré par ses organisateurs comme « le corollaire et le complément obligé de cette grande mesure, par laquelle la libéralité et la munificence du gouvernement ont accordé le transport gratuit du calcaire sur le canal de Bretagne. Il fallait bien, disent-ils, qu'en suite de cette faveur toute spéciale, qui vient combler les vœux des populations cournouaillaises, le pays pût montrer ce qu'il pouvait faire par lui-même; il fallait bien prouver à tous que nous n'avions pas sollicité cette subvention pour, après, rester les bras croisés, laisser se compléter de lui-même le grand travail du progrès agricole dans nos contrées; il fallait enfin qu'on pût dire partout que les Cornouaillais, gens à tête dure, mais gens de cœur, savaient, du propre mouvement de leur initiative, rendre bienfait pour bienfait, et enrichir leur patrie par leurs efforts unis et par leurs constants labeurs. »

Cette fierté de paroles, à la fois bretonne et française, nous plaît fort. Nous voulons bien que l'Etat, qui a charge de pousser au développement incessant de la production agricole, afin que l'accroissement continuel de sa population lui soit toujours une force, sans risquer jamais de devenir un mal pour le pays, nous voulons bien que l'Etat joue en tout son rôle, qu'il soit toujours l'instrument intelligent, le grand instigateur du progrès, mais nous voulons aussi que les particuliers n'attendent pas tout de lui. C'est un peu ce qui arrive dans les régions les plus favorisées, celles que les subventions officielles, larges et renouvelées, ont longtemps gâtées ; mais ce n'est pas le cas de la pauvre Cornouaille, si longtemps oubliée par le pouvoir. Certes, nul ne trouverait mauvais qu'un beau prix, un prix de 500 francs ! fût donné, avec l'attache du ministère de l'agriculture, dans chacune des trois ou quatre divisions du nouveau concours.

Nous formons volontiers ce vœu en faveur d'une région déshéritée jusqu'ici et pourtant bien digne d'intérêt.

Qu'on nous permette d'en former un autre encore, celui de voir les comices, en position de le faire, imiter le bon exemple que leur a donné le comice agricole de Carhaix.

III

Deux maîtresses branches d'un même tronc. — Qu'est-ce que la boucherie ? — La viande est chère. — Un équilibre rompu. — A qui profite la cherté ? — Question agricole et question administrative. — Surveillance et liberté. — Le boucher.— Ni monopole ni abus. — Le pain et la viande. — Marchand honnête et spéculateur avide. — Un bénéfice illégitime. — Les taxes sur les objets nécessaires à la vie. — Le blé, le bétail et l'octroi. — Les droits d'abatage. — Les monuments publics. — Où le luxe va-t-il se nicher ? — L'abattoir de Roubaix. — Les frais inutiles et les frais indispensables. — Toujours le problème de la vie à bon marché. — La police et la boucherie. — Odieux et dangereux. — La peste et la rage. — Deux manières de préparer les viandes mortes. — La santé publique. — M. Bella. — Une question indiscrète.

Les concours de bétail gras et la question de la boucherie se tiennent de très-près et ne font qu'un. Ce ne sera pas trop nous écarter que de compléter cette étude en consacrant quelques lignes à la seconde, car les deux sujets sont comme les deux maîtresses branches d'un même tronc.

L'expression boucherie s'applique aujourd'hui d'une manière générale à l'approvisionnement en bétail des centres de consommation, et à la surveillance du commerce libre des viandes.

Ainsi envisagée, la boucherie devient une branche de l'administration publique. Ses rapports avec la production du bétail sont très-intimes; par ce côté donc, elle n'est pas sans exercer une certaine influence sur l'agriculture.

Effectivement, après la question des céréales, il n'y en a pas qui intéresse plus vivement l'alimentation des villes et des campagnes, mais des villes surtout, que celle de la boucherie. Depuis quelques années même, celle-ci a pris une telle importance, que, d'un peu secondaire qu'elle était autrefois, elle s'est élevée tout à coup au niveau de la première, ou peu s'en faut.

La cherté de la viande n'a pas seulement préoccupé les administrations locales, elle a aussi tout particulièrement attiré l'attention du gouvernement.

C'est à bon droit.

Il n'est pas indifférent que les objets les plus indispensables à la vie, ceux qu'on nomme de première nécessité, soient abondants ou rares, vendus chèrement ou à bas prix.

La viande est très-chère. Les causes d'élévation subite de ses prix se maintiendront pendant longtemps encore, parce que le nombre des consommateurs s'accroît en proportion géométrique, tandis que la production suit à grand'peine une proportion simplement arithmétique.

Le déplacement de la population, qui augmente toujours dans les villes et qui fléchit sensiblement dans les campagnes, multiplie les gros consommateurs de viande en même temps qu'il enlève aux champs une partie des forces qui concourent à la produire plus abondamment.

Cette situation a sa gravité. Elle détruit brusquement l'équilibre entre les besoins et les moyens de les satisfaire ; elle ramène brutalement à cette vérité fondamentale qui n'est pas d'hier : « Que le souverain et la nation ne perdent jamais de vue que la terre est l'unique source des richesses et que c'est l'agriculture qui les multiplie. »

Le mal, dans la question qui nous préoccupe en ce moment, c'est que, étrange anomalie, le prix élevé de la viande payé par le consommateur ne profite pas au producteur. Ce dernier vend à bas prix, à un prix si peu rémunérateur, que la certitude du débouché et l'activité de la demande n'exercent presque aucune influence sur la production. Le bénéfice reste pour une part trop forte et vraiment excessive aux mains des intermédiaires : le boucher s'enrichit à la fois aux dépens de ceux à qui il achète et de ceux à qui il vend. Cette double exploitation a suscité bien des plaintes. En scrutant les faits, on les a trouvées parfaitement légitimes. En effet, on s'est livré de toutes parts à des calculs rigoureux dans leur exactitude, et sur quelques points à des expériences qui autorisent à prendre des conclusions très-sévères. Il en résulte qu'on récrimine avec beaucoup de vivacité, qu'on réclame de tous côtés une intervention plus immédiate et plus efficace de l'administration dans la surveillance du commerce de la boucherie, monopolisé par quelques-uns au détriment des masses.

Voilà bien la question posée ; elle est tout à la fois

administrative et commerciale; avant tout cependant, qu'on ne l'oublie pas, elle est essentiellement agricole.

Liée de la manière la plus étroite à la production des animaux, il faudrait rechercher par quels moyens on pousserait cette dernière dans les voies les plus fécondes du progrès. L'agriculture a déjà réalisé de grandes améliorations; elle s'achemine vers le perfectionnement, but éloigné de ses efforts, dans la mesure de ses ressources *lento gradu*; malheureusement celles-ci ne sont pas en concordance avec l'étendue des besoins, et l'on ne songe guère à ajouter à ses propres forces le secours de celles qui lui seraient nécessaires pour remplir la tâche qui lui incombe.

Il faut au sol de larges avances pour l'élever à son maximum de fertilité. Les avances sont de deux sortes : elles viennent du travail et des capitaux. Le travail n'a pas fait défaut jusqu'ici, mais les capitaux n'ont jamais été fournis en suffisance. L'agriculture qui rend le moins est celle qui reçoit le moins; en cela elle subit la loi commune. Le bétail le plus productif est celui pour qui l'on dépense le plus; mais le principe est stérile quand il demeure sans application. L'hectare de terre en rapport donne en Angleterre 152 francs, en Allemagne 130, en Belgique 120 et seulement 68 en France. Entre le premier et le dernier de ces chiffres, l'écart est de 84 francs au profit de l'Angleterre, où, pour un produit déterminé, on n'emploie que dix journées de travail quand nous en employons trente-trois. Ceci est une preuve assurément de l'infériorité de nos instruments, c'est-à-dire encore de l'insuffisance des ressources qui permettent d'acquérir des instruments d'une grande puissance. Mais nous pouvons faire un pas de plus dans cette situation comparée et dire pour quelle part le produit du bétai entre dans le revenu total que fournit un hectare en rapport de ce côté de la Manche et de l'autre : il est de 103 francs en Angleterre, et ne dépasse pas 23 francs en France. Et ceci n'est certainement pas la plus haute expression du rendement du sol. Pour notre part, nous en sommes trop loin ; il nous suffirait de nous en rapprocher de quelques degrés pour accroître d'une manière notable et nos richesses et le bien-être général. Le fait est bien digne d'attention. L'agriculture ne s'arrête jamais ; malheureusement abandonnée à des forces insuffisantes, elle n'avance qu'à petits pas quand les besoins de la société imposeraient l'obligation d'arriver à marches forcées. Il faut lui venir puissamment en aide et lui prêter main-forte sur tous les points du territoire, si l'on veut qu'elle rende beaucoup plus, sans attendre qu'elle élève brusquement ses produits au niveau des exigences de la consommation.

Voilà pour l'ensemble. Revenons maintenant à la partie essentielle du sujet, à celle qui le met en face de l'administration publique.

Nous n'avons point à établir les motifs qui obligent l'autorité à surveiller le commerce libre de la boucherie. Il y a là une de ces nécessités qui s'imposent, qu'on accepte d'une part comme un devoir, qu'on accueille d'autre part comme un bienfait ; mais, pour que celui-ci soit réel, entier, il faut que l'autre soit rempli dans toute son étendue, exactement, et rigoureusement si besoin est.

La profession de boucher n'est pas de celles que tout le monde veuille ou puisse exercer. Elle a son mauvais côté ; ceux-là qui l'adoptent rendent, à n'en pas douter, de grands services à la société. Ils doivent en tirer avantage, c'est justice : mais il ne faut pas que, grâce à une situation un peu exceptionnelle, ils puissent, en se concertant ou en ne se concertant pas, constituer de longue main, et d'une façon presque indestructible, un monopole inique, écrasant à la fois pour le producteur et pour le consommateur; il ne faut pas qu'il soit de métier, par exemple, que la viande morte se débite à haut prix en détail, quand, en gros et sur pied, elle a été achetée à bas prix.

On a su prévenir les inconvénients qui menaçaient de s'attacher au commerce des grains, et la boulangerie, fortement organisée dans les grands centres, est très-sévèrement surveillée quand les circonstances l'exigent: nul ne songe à s'en plaindre.

On saura bien, si on le veut, porter remède aux nombreux abus qui se sont enracinés dans le commerce de la boucherie. On pouvait fermer les yeux quand la viande était en quelque sorte un aliment de luxe à l'usage presque exclusif du riche, et quand la population ouvrière était encore clairsemée dans les villes. Il n'en est plus de même aujourd'hui. La consommation de la viande se généralise, elle devient aliment aussi usuel, aussi nécessaire que le pain. A la population dense, serrée, exigeante des villes, il faut à présent le pain, la viande et quelque chose avec.

Voilà ce qui forcera, dans un temps donné et malgré les idées de liberté qui courent les rues, à réglementer de plus près un commerce qui ne saurait trouver dans le fait d'une grande concurrence un salutaire contre-poids au fait d'une entente toujours facile et trop cordiale des monopoleurs. Ceux-ci ne se présentent plus comme d'honnêtes marchands, dignes d'intérêt et de protection, mais comme des spéculateurs avides et cupides, imposant la loi, rançonnant à merci une clientèle sans défense. C'est assurément le cas d'intervenir pour réprimer des abus intolérables.

Un bénéfice de 66 pour 100 ne saurait constituer la part légitime du vendeur dans le commerce d'une denrée essentielle à la vie. C'est à ce taux qu'arrivent presque tous les calculs auxquels on s'est livré pour approfondir la question de la boucherie. On ne permet pas au boulanger de tarifer le kilogramme de pain à 1 franc quand il peut le livrer à 33 centimes : à quel titre le boucher jouirait-il d'un pareil privilége? Ils ont droit l'un et l'autre à un bénéfice suffisamment rémunérateur, mais nul ne doit être victime de l'arbitraire.

Cependant, le prix élevé de la viande tient encore à d'autres causes que celle que nous venons de signaler. Le gouvernement et les municipalités ont ici leur part de responsabilité, car ils sont complices de la situation.

Nous ne voulons pas discuter la question des droits de douanes et d'octrois sur les bestiaux vivants et sur la viande morte; elle trouvera place ailleurs. A cet égard, il nous suffira de rappeler le principe éminemment juste qu'Adam Smith a formulé en ces termes : « Les taxes sur les choses nécessaires à la vie ont sur le bien-être des peuples à peu près le même effet qu'un sol pauvre et un mauvais climat. Elles rendent les vivres plus chers, tout comme ils le seraient s'il fallait un travail et une dépense extraordinaires pour les tirer de la terre. »

Nous avons établi que désormais la viande doit être considérée comme un objet de première nécessité; elle rentre ainsi parmi les choses sur lesquelles l'économie politique n'admet pas d'impôt ou de charge extraordinaire. Le blé et le pain échappent à l'octroi, pourquoi non le bétail et la viande?

Celle-ci, d'ailleurs, est, par nécessité, soumise à des frais particuliers, indispensables, inhérents à son commerce, et qui en grèvent déjà les prix de revient ; telle est, par exemple, la taxe d'abatage qui tend sans cesse à s'élever davantage de par la manie qu'ont les conseils municipaux de transformer les abattoirs en monuments publics. Où le luxe va-t-il se nicher? Nulle part, aujourd'hui, on ne se contente d'un édifice modeste, commodément situé et disposé, propre et salubre ; il n'est si petite ville qui n'aspire au grandiose et qui, par imitation, par envie, par entraînement irréfléchi, ne veuille consacrer des sommes folles à l'élévation d'un abattoir monumental. On en tire vanité ! N'y a-t-il pas de quoi ? Et l'on vote glorieusement 200, — 400, — 500,000 francs et plus pour une semblable construction, et les pouvoirs publics n'opposent point leur véto à de pareilles folies, qui vont se multipliant toujours.

Pour se couvrir de si larges dépenses, les revenus ordinaires ne suffisent pas, on s'impose extraordinairement pendant dix, quinze et vingt ans, et l'on hausse les taxes d'abatage de façon que l'intérêt des sommes empruntées se trouve servi et au delà ; en fin de compte, il y a bénéfice pour la ville qui a fait bâtir : mais qui donc supporte cette charge ? Le boucher paye et le consommateur rembourse avec usure.

Je ne sais plus quelle somme la ville de Roubaix demandait l'autorisation d'emprunter pour élever à l'abatage et à l'habillage des bestiaux un de ces monuments qu'on ne sait plus approprier nulle part à leur simple destination ; mais je me rappelle que le rapporteur de la loi établissait ceci : « Les taxes produiront annuellement, d'après le tarif adopté, environ 22,000 francs. » C'est une bagatelle par les millions qui courent ; mais la population de Roubaix, essentiellement ouvrière, aura pu calculer que si la ville possède vingt-deux bouchers, chacun d'eux doit verser annuellement au budget municipal une somme de 1,000 francs pour taxe d'abatage, sans préjudice des autres droits et charges, et qu'en dernière analyse, c'est bien le consommateur qui paye tous les faux frais quelconques, jusqu'à la plus infime fraction.

On paraît s'être beaucoup agité pour connaître les causes de l'enchérissement des denrées de consommation ; pas n'était besoin de recherches si lointaines et si bruyantes ; elles sont tout près de nous et faciles à signaler. Le remède à leur opposer ne serait pas plus malaisé à rencontrer ; mais la trouvaille n'est rien, si l'application doit être repoussée.

Il y a un principe sûr en ce qui touche à l'alimentation publique, c'est d'épargner aux subsistances tous les frais inutiles, les frais indispensables n'étant déjà que trop lourds. Le problème de la vie à bon marché ne saurait se poser avec efficacité devant les apôtres d'une économie sociale fausse, malentendue, ruineuse et malsaine.

Nous pourrions pousser plus loin ces considérations et aborder les autres détails de la boucherie, mais nous arriverions toujours à la même conclusion. A quoi bon poursuivre dès lors ? Tout se résume dans cette recommandation bien simple : Soyez doublement économes des charges qui doivent peser sur l'alimentation du peuple.

Avant de nous taire cependant, nous voulons encore faire une querelle à l'administration publique de son peu de vigilance en tout ce qui touche à l'hygiène dans ses rapports nécessaires avec la boucherie.

La surveillance de ce service, il faut le reconnaître avec sincérité, constituerait pour la police municipale une très-lourde tâche, si elle s'avisait de la vouloir remplir en toute son étendue. Mais dame police simplifie singulièrement besogne et difficultés ; elle ferme les yeux et laisse aller de soi les choses. C'est la manière américaine. En l'espèce, cette manière a du bon... pour la police.

Dans les grands centres de population, celle-ci reste plus française ; forcément elle veille d'un peu plus près à la salubrité publique, et certaines exigences reçoivent une satisfaction quelconque. On lui sait gré de ses efforts et on le lui témoigne en ne se montrant ni plus difficile ni plus sévère qu'elle n'est elle-même attentive et soigneuse. Mais hors de là, au milieu des petites villes et dans les campagnes on est exonéré de toute gratitude envers la police, si ce n'est pourtant la boucherie et la charcuterie, qui y jouissent de toutes les privautés imaginables. Elles sacrifient, elles tuent chez elles, comme elles disent sans plus de façon ou de circonlocution ; elles y gardent tout en dépôt, quel dépôt ! le sang, les intestins et le reste, formant de tout cela un amas sans nom, qu'on laisse bien confire en son jus ; puis quand manque l'espace, quand le trou est comble, lorsqu'on n'y peut plus rien entasser, on vide afin de pouvoir remplir à nouveau. Les étables d'Augias n'étaient rien auprès de ceci : non, jamais on n'a vu ni senti de pareilles horreurs ; jamais foyer d'infection pareil n'a saturé l'atmosphère de pires émanations.

C'est odieux et dangereux...

Odieux ! vous le dites avec moi ; dangereux ! vous ne sauriez le nier... Des mouches d'une espèce particulière, chassées de ces affreux charniers, en sortent ivres et troublées pour aller on ne sait où ; mais, chemin faisant, elles touchent celui-ci ou tel autre que le hasard met sur leur route, et tout aussitôt le charbon, un mal pestilentiel se déclare. Les cas deviennent bien fréquents et alternent, pour effrayer le monde sans réussir à émouvoir la police, avec les cas de rage communiquée du chien à l'homme.

A voir comment les choses se passent dans certaines résidences de commissaires de police, on se demande à quoi ces agents passent leur temps; quels services ils rendent aux populations, aux contribuables, dont le travail assure leur salaire. Ces services sont de nature si cachées qu'on ne les aperçoit point. Ils font peut-être d'excellente politique; à coup sûr, ils ne font que de la détestable police.

Bien peu de personnes, en France, savent qu'il y a deux manières de préparer, pour la vente au détail, les animaux qui ont été abattus en vue de la consommation. Il y a la méthode française, qui procède par insufflation, et la méthode anglaise, qui défend, au contraire, l'usage du soufflet, c'est-à-dire l'introduction mécanique de l'air à travers tous les tissus de l'animal tandis qu'il est encore recouvert de son enveloppe, de la peau. L'air, on ne l'ignore pas, est le grand conservateur et le grand destructeur de toutes choses : il alimente la vie et la décomposition tout à la fois. En l'espèce, c'est la décomposition qu'il favorise et qu'il précipite.

Les grands soufflets de nos bouchers, qui ne fonctionnent bien, entre cuir et chair, qu'après une bastonnade longuement administrée à l'animal mort, est en usage, chez nous, pour donner plus d'apparence aux viandes tuées. C'est la gloire d'un garçon boucher, c'est le triomphe de la profession. Mais l'insufflation répand et accumule dans les chairs le principe d'une dissolution très-prochaine. Ceci est la honte de la science appliquée; l'oubli impardonnable, nous allions dire la négligence coupable des hommes qui ont charge de la santé publique.

Dans toute l'étendue des Iles-Britanniques, le pays où l'administration aime le moins à se mêler des affaires privées ; mais où, par contre, elle n'hésite pas à s'immiscer à tout ce qui intéresse les affaires publiques, il y a des ordonnances de police qui interdisent l'insufflation et la répriment à raison de l'insalubrité dont elle devient la cause certaine.

Ceci a été, de la part de l'un des économistes agricoles dont s'honore la France, l'objet d'un examen sérieux et d'une étude consciencieuse, étude qu'il n'a pas soigneusement conservée pour lui seul, mais qui, hélas! reste lettre-morte pour le pays, bien qu'elle n'ait été faite que pour lui.

M. Bella, le praticien émérite, l'homme du savoir exact et des idées positives, a exposé le résultat de ses investigations sur ce point, en diverses occasions et devant des auditeurs nombreux. Il pouvait espérer que ses observations, écoutées avec autant de faveur que de surprise, et reportées un peu dans tous les coins de la France, provoqueraient une réforme salutaire, utile à tous et préjudiciable à personne. Il s'est trompé, elles sont comme non avenues ; rien encore n'en a passé dans la pratique.

Le bien ne se fait ni aussi facilement ni aussi vite.

Répétons néanmoins ce que l'intelligent économiste disait un jour devant les délégués des Sociétés savantes, réunies en congrès à Paris.

Après avoir rappelé la méthode de l'insufflation employée en France pour dépouiller les bœufs, les veaux, les moutons, tués à l'abattoir : « J'ai vu, disait M. Bella, des animaux abattus à Edimbourg, et plus loin encore, à Aberdeen, envoyés à Londres, rester trente-six heures en route, et arriver dans un état parfait.

« J'ai demandé à des bouchers de Paris si on ne pourrait pas faire de même en France. Ils m'ont répondu que c'était impossible. J'en ai été d'autant plus étonné que la viande de Paris m'a paru offrir un plus bel aspect, non-seulement que celle de Londres, mais que celle d'Edimbourg, que celle même d'Aberdeen. Mon étonnement s'est accru quand je me suis rappelé que la viande arrivée à Londres pouvait s'y conserver au moins huit jours, beaucoup plus longtemps que celle fraîchement tuée à Paris.

« J'ai voulu avoir la solution de la question.

« Je suis retourné en Angleterre et en Ecosse. J'ai visité de nouveau les abattoirs d'Edimbourg et d'Aberdeen. J'y ai vu les bouchers munis d'un couteau et d'une fourchette, se servant du premier pour séparer la peau des tissus sous-cutanés, piquant la peau dans les parties les moins capables d'offrir après le tannage un produit digne d'être livré au commerce, et se servant de temps en temps de ce point d'appui pour continuer l'opération. — Je leur ai demandé pourquoi ils n'employaient pas le soufflet de préférence. — « Parce que, m'ont-ils « répondu, nous ne voulons pas être passibles de l'amende « que nous encourrions. »

« L'insufflation est défendue comme malsaine.

« J'ai acquis la certitude que l'aspect plus avantageux de la viande de Paris tient à ce que l'air projeté par le soufflet dans les tissus sous-cutanés, en les gonflant, donne cette apparence trompeuse d'une graisse plus fournie, plus homogène, plus fraîche. Mais tout cela est vain, et même mauvais. Cet air, en contact avec les chairs, détermine une action chimique plus prompte, une corruption plus rapide, d'autant plus rapide que l'air de l'abattoir fourni par le soufflet est plus chargé de miasmes.

« De là, l'impossibilité, en France, de tuer loin de Paris, et d'y transporter la viande morte.

« Cependant, il est certain, d'après mes observations, que tout animal, arrivant à Paris par le chemin de fer ou autrement, perd 10 pour 100 de son poids, soit par la fatigue, quand il est soumis à des marches forcées, soit par suite d'un état maladif contracté dans les waggons par le défaut de nourriture et par une inquiétude extrême.

« D'autre part, Paris ne consomme pas tous les bas morceaux. On a payé pour les amener sur pied dans la capitale; on paye pour les remmener après l'abatage et le dépeçage. Enfin, Paris est infecté de toutes les déjections, qui seraient un engrais précieux pour l'agriculture des départements.

« Il me paraît donc utile de prendre des mesures de police pour empêcher de souffler la viande qu'on dépouille. Les animaux devront être abattus dans le pays où ils auront vécu; les morceaux réclamés pour les besoins de Paris seront envoyés dans des paniers, plus facilement et à moins de frais. Ils pourvoiront d'une manière plus salutaire et plus économique à l'alimentation de Paris et des grandes villes, et ils fourniront d'excellents engrais à l'agriculture des départements. »

Combien faudra-t-il de temps à l'administration pour accomplir cette petite réforme, qui assure de si grands résultats ?

LES CONCOURS RÉGIONAUX.

Les grands jours. — Période d'incubation. — Les consciences nettes et les consciences chargées. — Un mot du grand Bilboquet. — Le huis clos. — Mode de croissance des concours. — L'institution est faite. — Une nouvelle arche. — Un programme pour douze régions. — Ponce Pilate. — Ceux qu'on oublie et ceux qui ne s'oublient pas. — Hors-d'œuvre et chefs-d'œuvre. — Spécialisons. — Ceux qui voient et ceux qui n'observent pas. — Une nouvelle organisation est nécessaire. — Où est le bon ? où est le mauvais ? — Les quatre grandes divisions du programme.

Les concours régionaux sont vite devenus les grandes assises, les grands jours de l'agriculture. Eclos à la pensée du peu de résultats apparents des mille et un petits concours des Comices agricoles et des Sociétés d'agriculture, ils devaient s'essayer dès 1848, tout à côté de l'exhibition d'animaux de boucherie de Poissy. Les graves événements de l'époque en firent ajourner l'inauguration, qui eut lieu deux ans plus tard.

On procéda d'abord avec beaucoup de ménagement ; nous sommes, il faut le constater en passant, au pays des tâtonnements. L'administration, qui n'a pas l'humeur brave, a toujours peur d'un insuccès. De mémoire d'homme, elle n'en a jamais avoué, à moins qu'elle ait pu généreusement en charger un défunt, un gouvernement tombé.

A ce compte, tous finissent par avoir la conscience assez noire, le successeur ne faisant pas défaut au précédent, et se vengeant par anticipation de ce qui sera dit de lui après lui.

Ainsi, tout ce qu'entreprend actuellement l'administration est bien, est bon, et doit réussir. « Cette malle doit être à nous, répondait Bilboquet à un simple point d'interrogation ; puis, se reprenant aussitôt, il ajoutait : si elle doit être à nous, c'est qu'en effet elle est à nous... » L'administration ne peut pas avoir tort, donc elle ne se trompe jamais, elle réussit toujours ; et, pour savoir à quel point elle est dans le vrai, il faut attendre qu'une autre la remplace.

D'aucuns cependant s'imaginent que ce qu'elle fait devrait toujours revêtir un certain caractère de grandeur et frapper fort en même temps que juste. Mais ce sont les cerveaux fêlés et les esprits endommagés qui ont de ces visées et qui débitent de pareilles billevesées : les hommes sages ne se fourvoient pas de la sorte, les conseillers prudents repoussent toutes ces hardiesses ; les uns et les autres pensent et disent différemment.

Réunis en petites associations, en tout petits Comices, les particuliers ont couvert le pays d'essais de concours en tous les genres. Ce qui a manqué à leur succès, ce n'est pas précisément le bruit, mais le retentissement extérieur, si bien que l'agriculture, qui ne se connaissait guère elle-même, était tout à fait méconnue du pays. Elle avait beau s'évertuer, travailler des deux mains, faire feu des quatre pieds, on n'en savait pas davantage en ce qui la concerne. Seul, un grand coup pouvait donner à tous ces petits faits l'éclat et la sanction. La logique pressait de le porter en créant une large organisation plus passagère qu'éternelle ; il ne s'agissait pas de répéter, sur une échelle seulement un peu plus vaste, ce qui ne s'était produit encore qu'à dose homœopathique; il fallait au contraire placer à nouveau toutes choses sur les hauteurs, et les mettre en évidence si complète qu'après une période peu prolongée, il ne fût plus nécessaire d'y revenir qu'à intervalles plus ou moins éloignés.

Ceci n'est pas notre manière de faire.

Nous commençons par jeter timidement un germe auquel on donne tout juste, bien juste, ce qu'il a besoin d'air et de lumière pour ne point avorter. On le met donc à même de pousser, et il pousse, que bien que mal, avec une lenteur désespérante. Il grandit pourtant à la fin, mais en s'attachant aux choses de l'Etat plus fortement par les racines qu'il ne s'impose à l'opinion publique par l'utilité et l'envergure de ses branches extérieures. Souterrainement, la végétation a été plus puissante, mais ce gros arbre ne donne pas à la récolte l'abondance de fruits que semble promettre sa vigueur.

Alors se produit cet étrange résultat, qu'après avoir accueilli avec quelque enthousiasme une création si riche d'espérances, on se prend à la trouver pauvre dès que l'heure des mécomptes a sonné, et que l'opinion, désabusée, l'abandonne ou commence à la critiquer au moment même où les organisateurs, la considérant comme acquise, y tiennent le plus et la soutiennent, de crainte qu'elle tombe, avec une ardeur trop contenue jusque-là.

C'est alors seulement que l'institution est faite ; elle a passé dans le sang de l'administration, sans parvenir à s'incruster aussi solidement dans le bon sens du pays. C'est ainsi qu'un premier essai se transforme vite, chez nous, en une institution touffue et chevelue ; elle a sa charte, quelque chose d'inviolable, une manière d'arche sainte à laquelle on touchera d'autant moins qu'elle sera plus attaquée, non dans des vues de critique étroites pourtant, mais dans la pensée de voir se modifier utilement, suivant le temps et les circonstances, des statuts qui ont vieilli, et qui, par cela seul qu'ils ont répondu à des nécessités passées, ne répondent plus aux exigences du présent.

Nous avons maintenant douze concours régionaux, douze régions conséquemment sur la surface desquelles on les promène ; car ici on a heureusement adopté un mode de rotation très-supérieur à la fixité qui ramène toujours aux mêmes lieux les concours annuels du bétail gras.

Aucun n'a son programme à part ; un seul et même programme s'adapte à tous, et cette œuvre, déjà ancienne, qui se réédite chaque année, vieillit et ne change pas. Le côté par lequel elle se distingue le plus, c'est l'absence de toute idée, de toute pensée dirigeante. Que l'agriculture aille à droite, qu'elle aille à gauche, qu'elle n'aille même pas du tout, Ponce Pilate s'en lave les mains ; l'administration donne ses primes, partant quitte.

On a fait ainsi des concours régionaux une occasion de fêtes plus ou moins splendides, auxquelles chacun prend la part qui lui convient, et à l'issue desquelles on distribue quelque peu au hasard force prix et force médailles. On en donne indistinctement à tous, pour tout et partout. On médaille aussi bien à Carpentras que dans le Bas-Rhin, à Brest qu'à Lille, la même race de bétail et le même instrument. Les spécialités, dans chaque région, ont des chances pour n'être point oubliées si elles ne s'oublient pas les premières, en faussant compagnie à l'Exposition ; mais rien ne les provoque, et la plupart, se croyant indignes, s'abstiennent avec un soin tout particulier. Il n'en est pas de même des autres ; ceux-ci vont partout, entrent et se faufilent partout, récoltent des prix nombreux et plient sous le poids des médailles. On en parle ici, on en parle là, on en parlera encore et toujours, et, par le temps de réclame qui court, ceci, je vous en réponds, a son prix et vaut son pesant d'or.

Cette absence d'idée, cette vague libéralité du programme se justifiaient jusqu'à un certain point au début de l'institution, car institution il y a, mais elles n'ont plus leur raison d'être. Elles font aujourd'hui l'obscurité et la confusion là où tout devrait être vivement éclairé. En ne mettant pas chaque chose à sa place, les programmes ôtent par avance aux prix décernés leur plus haute valeur, et les récompenses n'atteignent pas le but proposé en allant deçà et delà, en s'adressant à des hors-d'œuvre, quand bien même ceux-ci seraient des chefs-d'œuvre.

Il y a donc lieu à spécialiser les programmes; il y a lieu et urgence, sous peine d'inutilité évidente et prochaine.

En commençant, l'administration a bien fait; nous n'avons pas un parti pris de critique; loin d'être hostile à la pensée des concours régionaux, nous y avons toujours applaudi, et nous nous sommes souvent plu à constater le bien immense qui est résulté du grand mouvement qu'ils ont produit, sur tous les points à la fois, quoique tardivement. Mais nous sommes bien convaincu qu'ils sont à bout de voie, en leurs forme et teneur actuelles; il est grand temps de les modifier, si on ne veut les voir déchoir très-rapidement. Il est possible que, dans le monde officiel, on ne voie pas les choses telles qu'elles sont; mais nous qui les avons observées sans autre intérêt que celui de l'agriculture, en dehors de toute occupation ou de toute préoccupation absorbante, nous ne sommes que l'écho de la grande voix qui parle en pareille occurrence ; nous disons ce qui est pour qu'on avise, non pour plaire ou pour déplaire, mais par intérêt et par amour pour l'agriculture.

Les concours régionaux n'ont point encore accompli leur œuvre.

Leur organisation actuelle a donné tout ce qu'elle pouvait donner ; en la modifiant, elle réalisera plus d'utilité encore. C'est à ce résultat que nous la convions. A son point de départ, elle n'a été, elle ne devait être, nous le voulons bien, qu'une sorte de reconnaissance de ce qui est chez tous et plus ou moins ignoré de tous, même des plus proches. Mais une fois passée cette revue du bon et du mauvais, une fois inventoriées et classées toutes ces richesses et toutes ces pauvretés, n'y a-t-il donc pas lieu de répudier toutes les inutilités ou les choses définitivement condamnées? N'y a-t-il pas lieu, au contraire, de recommander ce que l'expérience a déjà montré comme utile et meilleur. Si notre apprentissage n'est pas encore entier, il avance très-certainement vers son complet achèvement. Sortons enfin de la période des essais et des tâtonnements.

Les concours régionaux présentent à l'étude ces quatre grandes divisions, sur lesquelles nous jetterons un coup d'œil rapide :

La prime d'honneur ;

Les animaux reproducteurs ;

Les instruments et machines de l'agriculture ;

Les produits agricoles.

I

LA PRIME D'HONNEUR.

§ A. — LES IDÉES GÉNÉRALES.

Le couronnement de l'édifice. — But de l'institution. — L'ensemble et les détails. — La question économique. — Innovation et pratique usuelle. — Prime et récompense. — Un vaste programme. — Le nombre des candidats. — L'institution tient-elle ses promesses ? — Les médailles. — Légion d'honneur de l'agriculture. — Un levier qui ne trouve pas son point d'appui. — Concours en miniature. — Les marques distinctives. — Les abstentions.

La prime d'honneur a été le couronnement des expositions régionales. L'ordre chronologique voudrait qu'on n'en parlât qu'à la suite de celles-ci, mais dans les programmes mêmes elles forment la première division des concours.

Nous pouvons donc commencer par elles.

Avant tout, cependant, nous désirons rappeler le but qu'on s'est proposé en fondant cette institution et chercher à déterminer quelle nature d'influence elle est susceptible d'exercer sur l'agriculture du pays.

Les premières primes d'honneur ont été décernées en 1857.

Si considérable qu'ait été le mouvement imprimé aux idées et aux faits agricoles par nos grandes exhibitions, on a bientôt reconnu que, dans son ensemble, l'exploitation même du sol n'était point atteinte. Les concours portent isolément sur des résultats très-dignes d'intérêt et d'encouragement, mais ils laissent en dehors de leur action toute la partie économique de l'industrie rurale.

En récompensant les animaux les mieux doués, parmi ceux qu'on soumet à son examen, un jury, il faut bien l'avouer, ne dépasse pas les limites de l'enceinte où sont renfermés les concurrents. Son attention se concentre équitablement, consciencieusement, sur chaque animal exposé, sans remonter aux conditions dans lesquelles il a été produit, au système de culture dont il est l'expression, à la dépense qui l'a fait ce qu'il est actuellement, au bénéfice ou à la perte qui viendront résumer toute la spéculation de l'éleveur ou de l'engraisseur.

Et de même pour les produits, car le jugement s'applique et la prime s'adresse à des matières choisies avec soin. Les collections de céréales présenteront toutes de beaux épis et ne contiendront que des grains bien nourris ; les vins seront tous généreux ; les toisons défieront la critique, etc., etc.; mais tous ces objets remarquables, qu'il y aurait injustice à ne pas médailler quand on les a réunis pour cela, représentent-ils bien la production normale d'une exploitation donnée ?

On a demandé aux exposants, aux mille prétendants aux distinctions qui s'accordent à la suite de ces brillantes exhibitions de fournir d'utiles indications sur les méthodes d'élevage et d'engraissement adoptées, sur la nature des produits obtenus, sur les résultats financiers qui les touchent; mais les indications ne sont point venues, et d'ailleurs où serait la possibilité d'un contrôle sérieux ?

On le voit, la question économique échappe à peu près complétement non-seulement aux appréciations des juges, mais aussi à ceux qui, en venant voir pour apprendre, trouvent encore plus de motifs de méfiance que de raison de croire ou d'imiter.

En l'état, il a bien fallu conclure qu'il y aurait sans doute avantage à faire rentrer sous l'action du concours tout ce qui lui échappe par la force même des choses, tout ce qui ressort en un mot de l'ensemble même des opérations nombreuses et variées de l'agriculture pratique.

Alors a été décidée la création des belles primes d'honneur, au nombre de douze aujourd'hui, qu'on accorde chaque année aux agriculteurs dont les exploitations, bien dirigées, ont réalisé les améliorations les plus fructueuses. Il ne s'agit point, a-t-on dit, d'innovations hasardeuses ni de tentatives incertaines, mais de pratiques heureuses, constatées et sanctionnées par le succès. On veut une culture rationnellement comprise, sagement menée; en parfait rapport avec les circonstances locales où elle se trouve placée ; on la veut bien réglée dans ses dépenses et productive dans ses résultats. On n'entend pas lui décerner une prime d'encouragement, mais récompenser des résultats acquis, d'une incontestable authenticité et dont l'exemple puisse être sûrement invoqué pour démontrer comment l'économie dans les dépenses, l'ordre dans le travail, le perfectionnement raisonné et progressif des méthodes culturales, l'heureuse alliance de la science et de la pratique, et enfin une juste subordination de la culture aux circonstances qui la dominent, créent la prospérité présente et assurent l'avenir des exploitations rurales.

Le programme est large ; impossible de n'y point applaudir, la récompense est belle ; les lauréats de ce grand concours formeront, on l'a dit avec quelque enthousiasme, la légion d'honneur de l'agriculture. Celle-ci va donc prendre un nouvel essor et marcher, enseignes déployées, à de nouvelles et importantes conquêtes dont la société entière bénéficiera, comme c'est elle qui souffre, elle qui subit les conséquences du long abandon dans lequel est restée la grande industrie du sol. Grâce aux efforts qui vont se multiplier sur tous les points à la fois, grâce aux bons exemples qui se trouveront partout offerts à l'émulation forcée des plus indifférents, le progrès agricole va enfin effacer la trop grande disproportion qui s'est faite entre la production et les besoins.

Cela étant, les candidats à la prime d'honneur s'inscriront nombreux ; toutes les forces seront mesurées, sainement appréciées, toutes les pratiques seront exposées, étudiées, discutées, approuvées ou rectifiées, et de tout cela sortira le résultat cherché, c'est-à-dire l'accroissement rapide et considérable des produits d'où surgiront pour tous la vie plus large, et l'existence plus facile.

Eh bien ! l'institution ne tient pas ces promesses dorées. Elle fonctionne avec zèle pourtant, de grandes médailles d'or et d'argent l'accompagnent ; elle ne marchande pas les récompenses ; malgré cela les candidats ne se pressent pas. En aucun point leur nombre n'a pris une signification marquée, et l'on se tromperait si, fort de leur situation isolée, on s'avisait de vouloir établir la situation générale de l'agriculture en notre pays. Elle n'a pas dévié de sa voie, mais on ne répond pas à ses sollicitations. Beaucoup pourraient concourir utilement et s'abstiennent. Ceux-ci, peut-être, faute de se rendre bien compte des conditions de la lutte ; ceux-là, parce qu'ils s'ignorent eux-mêmes ; d'autres, et c'est le plus grand nombre, parce qu'ils craignent d'être discutés, parce qu'ils redoutent les indiscrétions, les justifications, les écritures, les formalités, que sais-je ? Ces motifs (il y en a d'autres qui ne doivent pas être dits tout haut) diminuent singulièrement le nombre des concurrents et l'importance des concours.

D'ailleurs, la prime d'honneur est indivisible, et il y a tant de chances pour ne l'avoir pas ! Elle doit récompenser une perfection relative, très-rare en ce qu'elle doit exciter un peu en toutes choses, dans tous les détails quelconques de l'ensemble... Les médailles ont leur prix ; sans doute on ne le méconnaît pas ; mais ce n'est point à leur éventualité qu'on songe quand on a devant soi l'agréable perspective de la prime elle-même — 5,000 francs en numéraire et une coupe d'argent de la valeur de 3,000 francs. Elles n'en paraissent que plus maigres et moins enviables, et l'on se prend à dire qu'il ne faut point entrer en lice.

Le but qu'on s'est proposé n'est donc point atteint.

Peut-être en serait-il autrement si le concours pour cette riche prime devenait une vaste candidature ; si, étant donnée une institution spéciale, soit une Légion d'honneur de l'agriculture, puisque le mot a déjà été prononcé, on pouvait en obtenir les insignes, en conquérir les grades en faisant preuve d'utilité et de mérite. « Demain paraîtra, dit-on, au *Moniteur*, un décret de l'Empereur qui institue la Légion d'honneur de l'agriculture.» Cette simple annonce, insérée dans un journal, à la date du 14 août 1861, avait mis en émoi tout un monde de praticiens qui se sentaient capables des plus grands efforts pour tenter d'appartenir, par lettres patentes ou brevet, à la nouvelle chevalerie. Nous nous trompons fort si une semblable institution, dont on a bien souvent parlé, n'était pas un moyen de soutenir et d'accroître dans les plus larges proportions la noble et louable émulation qui existe heureusement déjà, par amour seul du travail, dans les diverses couches de la population rurale.

La prime d'honneur est une magnifique récompense ; mieux que cela, c'est une belle institution, mais elle ne remue pas les masses. C'est un levier dont la puissance n'a rien de comparable à la grandeur du but qu'il s'agit d'atteindre; il ne soulèvera jamais le monde agricole. Elle est attribuée, à l'issue de chaque concours régional, au département dans lequel se tient le concours. Les agriculteurs, propriétaires ou fermiers y sont nombreux. On en compte bien 3,500,000 dans les douze départements qui concourent chaque année. Combien donc se sont fait inscrire en 1862, et combien pour 1863 ? Les chiffres sont pauvres : 148 et 164. Cela n'empêche pas qu'on se félicite du résultat. Heureux ceux qui se contentent de peu ! nous aurions plus d'exigences dès qu'il s'agit du beau pays de France.

Ces nombres nous affligent. Ils ne disent pas les efforts de tous vers le progrès, ils ne témoignent que d'un fait, d'un fait d'abstention malheureusement très-significative.

C'est par milliers, croyez-le bien, que les candidats se présenteraient si la lutte était comme un moyen de mettre en relief soit les mérites, modestes mais réels, qui demeurent sans récompense au fond des campagnes, soit les importants travaux d'amélioration qui préparent, plus que la prospérité de quelques-uns, le bien-être de tous et la richesse publique.

Nul n'échappe, et c'est justice, aux charges que le pays impose à ses enfants. Combien, parmi ces derniers, reçoivent un témoignage quelconque de satisfaction pour les efforts qu'ils font dans l'intérêt de la société ? Les plus grands, les plus favorisés de la fortune sont sensibles au plus mince honneur, à la moindre marque distinctive ; pourquoi n'en donnerait-on pas sa petite part au peuple laborieux, utile et dévoué des champs ?...

Les éléments d'appréciation exacte de notre situation agricole ne se trouvent ni dans l'étude ni dans l'examen des travaux des lauréats de ce grand concours, ils seraient bien plutôt dans les abstentions, et il faut le dire bien haut, afin que nul ne s'y trompe. Mais nous voulons aussi insister d'une manière toute particulière sur cette déclaration très-nette, à savoir : le mérite propre à chaque candidat n'en est point atténué. Dans le rapport à l'Empereur, une seule chose est trop généralisée, l'influence attribuée au concours. Le reste est trop bien dit pour que nous songions à le refaire. Nous reproduisons donc, en sa forme, toute cette partie du rapport officiel.

§ B. — EXTRAIT D'UN RAPPORT A L'EMPEREUR.

Les douze primes d'honneur en 1862 : — M. DECROMBECQUE (Pas-de-Calais). — M. DE MELCY (Ardennes). — M. le comte DU BUAT (Mayenne). — M. le comte DE FALLOUX (Maine-et-Loire). — M. PARGON (Meurthe). — M. LARZAT (Allier). — M. ALF. LALOUEL DE SOURDEVAL (Cher). — M. le comte DE MONTAGNAC (Creuse). — M. le baron DE NEXON (Haute-Vienne). — M. MAURICE AVY (Tarn-et-Garonne). — M. ALLIER (Hautes-Alpes). — M. GERMAIN CUILLÉ (Pyrénées-Orientales).

J'arrive maintenant à la partie principale des concours régionaux, à la grande prime d'honneur destinée à récompenser l'exploitation qui, dans le département où se tient le concours, a mérité d'être signalée entre toutes, et d'être proposée comme un exemple à suivre, un modèle à imiter.

Cette institution, Sire, a été le point de départ d'améliorations importantes qui se continuent sans relâche dans tous les départements de l'Empire et dont le pays recueille déjà les fruits les plus abondants. En effet, les hommes de progrès ne sont plus isolés dans leurs tentatives, et l'espoir de prendre place au livre d'or de l'agriculture leur a suscité des rivaux et des émules. Sous cette bienfaisante influence, les bonnes méthodes se répandent de proche en proche, l'exploitation du sol devient plus

4

active et plus raisonnée, le matériel agricole se perfectionne, le bétail s'améliore, les engrais sont mieux soignés et plus abondants, l'ordre s'établit dans les comptes, et enfin le capital se hasarde plus volontiers dans une branche de production où l'attirent l'honneur et le profit.

C'est dans les départements du Pas-de-Calais, des Ardennes, de la Meurthe, de l'Allier, de la Mayenne, de Maine-et-Loire, du Cher, de la Creuse, de la Haute-Vienne, de Tarn-et-Garonne, des Hautes-Alpes et des Pyrénées-Orientales, que la prime d'honneur a été décernée en 1862.

Dans le département du Pas-de-Calais, elle est échue à M. Decrombecque, qui, depuis quarante ans, s'est fait, sur l'un des points les plus infertiles de la plaine de Lens, le champion du progrès agricole. Avec les ressources d'un capital très-minime au début, mais soutenu par une conviction ardente, une activité et une persévérance à toute épreuve, cet habile agriculteur n'a pas craint de s'attaquer à l'une des œuvres les plus difficiles de l'agriculture : la fertilisation d'un sol ingrat.

Le domaine de Lens se compose de 352 hectares de terres labourables. En 1836, M. Decrombecque y installa une sucrerie, et c'est de cette époque que datent les améliorations capitales qu'il a pu y accomplir. L'emploi de la chaux, de la marne et d'abondantes fumures créent d'abord et entretiennent ensuite la fécondité du sol. Aux fumiers de ferme se joignent bientôt toutes les matières fertilisantes connues, le guano, les tourteaux, les nitrates, les phosphates, les substances azotées de toute nature. Des rendements moyens de 35,000 kilogrammes de betteraves et de 30 à 40 hectolitres de froment à l'hectare sont les résultats de cette fumure au maximum. En effet, pour un assolement de deux ans, dans lequel la betterave et les céréales d'hiver et de printemps se succèdent alternativement, la fumure n'est pas moins de 43,000 kilogrammes à l'hectare, auxquels vient s'ajouter, la seconde année, une forte proportion d'engrais pulvérulents. Au moyen de ses pulpes et de ses résidus de distillerie, le domaine suffit à l'entretien d'un effectif en bétail qui représente 1 tête 1/5 à l'hectare.

Bien que le capital d'exploitation s'élève à 1,000 francs par hectare, toutes les dépenses inutiles ont été sévèrement bannies de la ferme de Lens. Economiquement construits, les bâtiments n'excèdent pas les besoins, et on a pu dire avec vérité que les étables ne représentaient pas autre chose qu'une large tranchée couverte d'un toit de chaume. En revanche, peu de cultivateurs sont allés aussi loin que M. Decrombecque dans la voie de l'expérimentation ; il a tour à tour essayé les instruments et les systèmes de culture les plus avancés : défonceuses énergiques, rouleaux puissants, herses norvégiennes ou articulées, batteuses mues par la vapeur, labours profonds, semis en lignes et en quinconces, boxes de Warnes, bergeries d'Huxton ou de Kennedy, alimentation avec des substances hachées ou mélangées, inoculation de la péripneumonie d'après le système du docteur Willems, tonte et rasement à la flamme de gaz des animaux de trait ou du bétail à l'engrais, tout a été soigneusement étudié et comparé, sans que les hardiesses du novateur aient jamais fait obstacle aux calculs du praticien économe.

Chez M. Decrombecque, le cultivateur intelligent se complète par l'industriel habile, et son exploitation offre le modèle d'une association qui promet à l'agriculture un heureux avenir, que les travaux du lauréat du Pas-de-Calais auront certainement préparé.

Dans le département des Ardennes, la prime d'honneur

a été décernée à M. Gérard de Melcy, propriétaire à la ferme des Granges.

Cette propriété était, il y a quinze ans, perdue au milieu des bois, à peu près dépourvue de communications, travaillée par des mains inhabiles, exploitée par un capital insuffisant. M. de Melcy a d'abord créé un centre d'exploitation dans lequel l'agencement des bâtiments ne laisse rien à désirer; il a construit de vastes granges où il a installé une machine à battre mue par la vapeur; enfin les écuries et les étables assurent au bétail les conditions d'une bonne hygiène. Une distillerie de betteraves forme une annexe importante de l'exploitation. Les terres ont été soumises à une division régulière, basée sur un assolement progressif, qui a donné une large place à la production fourragère, en diminuant chaque année la proportion de jachère indispensable, au début, sur une terre appauvrie, et en étendant successivement la sole des racines pour assurer l'alimentation de la distillerie.

Avec l'extension toujours croissante de la culture fourragère, le nombre des bestiaux s'est également augmenté, mais il ne comprend encore que 266 têtes de gros bétail ou 0,66 par hectare. Néanmoins la valeur foncière du domaine a subi une progression ascendante, ainsi que les produits annuels, et la ferme des Granges a réalisé une somme de bénéfices que son propriétaire n'évalue pas à moins de 224,775 francs.

Le jury du concours de Laval (Mayenne) a placé en première ligne le domaine de la Subrardière, cultivé par M. le comte du Buat, son propriétaire. L'exploitation se compose de 54 hectares, dont 33,50 en culture, 18,50 en prairies, et 1,50 en luzerne. Les terres sont soumises à un assolement régulier, qui se répartit en huit soles, et dans lequel les règles de l'alternance sont très-convenablement observées. L'outillage est en bon état et parfaitement approprié aux exigences de la culture. Des plates-formes très-bien aménagées reçoivent les fumiers et laissent écouler le purin dans des fosses d'où il peut se répandre, au besoin, sur une prairie située à proximité des bâtiments. Le bétail est l'objet de soins particuliers et bien entendus, et comprend une magnifique vacherie composée de 40 animaux de la race de Durham, 2 chevaux, 8 bœufs de travail de race parthenaise, un troupeau de race Dishley et une porcherie complètent un effectif qui représente, en moyenne, une tête de gros bétail par hectare, suffit aux travaux de la culture et entretient la fertilité des terres, en produisant annuellement de 750 à 800 mètres cubes de bon fumier. Tous les bâtiments sont commodes et bien disposés; la vacherie est divisée en stalles qui, au moyen de barrières mobiles très-simples, se transforment en boxes; les granges sont vastes, et de spacieux hangars, ingénieusement construits, servent à emmagasiner les fourrages et les céréales et à remiser les instruments.

Tels sont les éléments que l'habileté pratique de M. le comte du Buat a su créer et mettre en jeu, et au moyen desquels il s'est assuré une moyenne de bénéfices qui s'élèvent à plus de 5,000 francs par an, et que constate une comptabilité régulière.

Ce sont là des résultats sérieux, à la portée de tout le monde, d'un contrôle facile, et qui ont reçu, par la prime d'honneur, une éclatante sanction.

C'est encore l'élevage et l'entretien du bétail qui forment le trait saillant et le caractère principal de l'exploitation du bourg d'Iré, appartenant à M. le comte de Falloux, lauréat de la prime d'honneur pour le département de Maine-et-Loire.

4.

Sur une étendue de 64 hectares qui constituent la réserve exploitée par M. de Falloux, 30 hectares sont livrés à la culture arable proprement dite, 32 hectares sont affectés aux prairies naturelles, et l'excédant représente la superficie occupée par les bâtiments et jardins.

Les 30 hectares de terres labourables sont partagés en quatre soles de 7,50, où les betteraves et les pommes de terre alternent avec les céréales d'hiver et de printemps, le trèfle et les fourrages.

Cet assolement de quatre ans procure ainsi de grandes ressources fourragères, qui servent à l'alimentation d'un nombreux bétail, et qui, transformées en fumier, maintiennent la haute fertilité d'un sol dont le rendement en blé approche quelquefois de 33 hectolitres à l'hectare.

Une grande partie des terres a été assainie par le drainage, et les eaux pluviales ont été habilement utilisées pour l'irrigation des prairies, qui reçoivent en outre de fréquents arrosages d'engrais liquide, et ne rendent pas moins de 5,000 kilogrammes de foin sec à l'hectare.

La vacherie du bourg d'Iré est devenue célèbre par ses succès; elle se compose de 32 sujets de la race Durham pure, et de 28 animaux issus de croisements. L'élevage y marche de front avec l'engraissement, et d'innombrables médailles remportées dans les concours d'animaux reproducteurs, comme aussi le prix d'honneur du concours de Poissy, témoignent que ces deux branches de l'industrie du bétail sont également prospères entre les mains de l'éminent agriculteur du bourg d'Iré.

La comptabilité est tenue en partie double par le régisseur de M. le comte de Falloux et ne remonte pas au delà de 1852. A cette époque, le domaine, estimé 130,000 francs, donnait un revenu de 50 francs par hectare; aujourd'hui, d'après l'évaluation du propriétaire on ne le louerait pas moins de 7,500 francs, et la plus-value du capital foncier serait représentée par une somme de 57,000 francs. Quant aux bénéfices de la culture, ils ressortent, en moyenne, à 9,665 francs par année, et accusent ainsi une habileté de gestion qu'une haute récompense vient justement signaler à l'attention et à l'imitation des cultivateurs.

Dans le département de la Meurthe, dont l'histoire agricole offre de si belles pages, le jury a classé au premier rang M. Pargon, fermier à Salival, arrondissement de Château-Salins.

325 hectares de terres marneuses et d'un travail difficile forment la surface cultivable de la terre de Salival, où la jachère et l'entretien du mouton sur de maigres pâtures constituaient autrefois la base essentielle du système de culture. Dans ces conditions, M. Pargon s'est mis à l'œuvre, et simple fermier du domaine, il a exécuté plus de 15,000 mètres de drainages partiels, créé des prairies, établi au moyen de nivellements considérables un système complet d'irrigations, défoncé et défriché des terres, renouvelé une partie des vignes, créé et mis en bon état les chemins et les cours, construit des fosses à purin, un four à plâtre, des hangars, et enfin une distillerie en rapport avec l'étendue du domaine.

Grâce à l'énergie de M. Pargon, l'entreprise a prospéré, et le capital de 40,000 à 50,000 francs qu'il possédait à son entrée en ferme était représenté au 31 décembre 1860 par un avoir de 240,000 francs. Est-il nécessaire après cela d'ajouter que l'ordre le plus minutieux règne sur le domaine; que les cultures y sont parfaitement soignées; que le bétail est nombreux et bien choisi; et qu'enfin M. Pargon a été heureux de trouver auprès de lui un concours dévoué, qui a doublé sa persévérance et son énergie ?

Lauréat de la prime d'honneur au concours de Moulins, M. Larzat est peut-être le doyen des agriculteurs du département de l'Allier. Avant de prendre possession du domaine de Toutifault, qu'il cultive aujourd'hui, il avait déjà obtenu d'éclatants succès dans l'exploitation des terres de Lyonne et de Reilhat, et acquis une expérience agricole qui lui a permis de réussir promptement dans sa nouvelle entreprise.

En 1853, à l'époque où M. Larzat venait s'établir sur la terre de Toutifault, les genêts, les bruyères en occupaient la plus grande partie, et la stagnation des eaux retenues à la surface par un sous-sol imperméable opposait un obstacle insurmontable à la mise en valeur du sol. A l'aide du drainage, de tranchées couvertes et de profonds labours, la couche arable a été d'abord complétement assainie. Puis sont venus des chaulages, à la dose de 100 à 120 hectolitres par hectare, et enfin de fortes fumures qui ont achevé l'amélioration du fonds et permis d'aborder avec succès la culture du froment et de la luzerne.

Un assolement de six ans, dans lequel les deux tiers du sol sont occupés par des fourrages, fournit d'abondantes ressources pour l'alimentation du bétail composé en grande partie d'animaux de l'espèce bovine, et formant un effectif de 56 têtes ou trois quarts de tête par hectare. Un système d'irrrigation bien entendu assure la production des fourrages naturels ; en un mot, toutes les améliorations s'enchaînent sur le domaine de Toutifault, et cette nouvelle création de M. Larzat n'est pas le moindre succès qu'il ait obtenu dans sa longue carrière.

Dans le département du Cher, sur la terre de Laverdines, exploitée par M. Alfred Lalouël de Sourdeval, se retrouve la même alliance de la culture et de l'industrie qui a fait la fortune et le succès du lauréat du Pas-de-Calais.

Le domaine de Laverdines se compose de 870 hectares répartis sur quatre fermes, dont l'une, celle du château, est plus spécialement entrée en concurrence pour l'obtention de la prime d'honneur. Une circonstance particulière imprime à la culture de Laverdines son caractère le plus saillant : c'est la présence sur le domaine même, et en position facilement accessible, d'une usine qui, annuellement, peut transformer en sucre ou en alcool, selon les convenances variables de la spéculation, une quantité de 5 à 6 millions de kilogrammes de betteraves achetés au prix moyen de 18 à 20 francs le millier métrique.

L'assolement adopté sur la ferme du château est un assolement de quatre ans. Chaque sole affecte une étendue de 40 hectares. La première, défoncée à $0^m,30$ et $0^m,35$ et fumée à la dose de 40,000 à 50,000 kilogrammes de fumier par hectare, est exclusivement consacrée aux betteraves. Une seconde sole reçoit des céréales de printemps ; une troisième du trèfle et autres fourrages fauchables ; et enfin, la quatrième et dernière, du froment. Toutes ces récoltes, sous l'influence d'une forte fumure, donnent des rendements très-élevés qui atteignent, en moyenne, 30,000 et 35,000 kilogrammes pour les betteraves, 5,000 à 6,000 kilogrammes pour le trèfle, 25 hectolitres pour le froment, et 40 hectolitres pour l'avoine. En dehors de l'assolement, des luzernes et de bons prés naturels ajoutent aux ressources fourragères de l'exploitation, qui, avec le secours des pulpes de la sucrerie ou de la distillerie, entretient aujourd'hui l'équivalent d'une tête de gros bétail par hectare, et produit annuellement plus de 2 millions de kilogrammes de fumier.

50 à 60 bœufs gras sont livrés chaque année à la boucherie, et la ferme possède, en outre, une excellente vacherie et un nombreux troupeau de l'espèce ovine déjà connu par ses succès dans les concours.

D'après inventaire dressé au 1ᵉʳ mai 1860, le capital d'exploitation de la ferme du château de Laverdines montait à la somme de 180,681 fr. 08 c., soit 890 francs par hectare. A la fin de l'exercice 1860-61, la liquidation des comptes annonçait un bénéfice de 28,759 francs, représentant environ 15 pour 100 du capital engagé.

C'est à l'heureux emploi du chaulage que M. le comte de Montagnac, lauréat de la prime d'honneur dans le département de la Creuse, doit la transformation complète de son domaine et les magnifiques résultats qui ont fixé sur lui le choix des membres du jury. Sur 292 hectares dont se compose la terre de la Couture, 135 ont été chaulés depuis dix ans, et d'abondantes fumures ont conservé à la terre toute sa fécondité. On trouve, en effet, sur la terre de la Couture, tous les éléments d'une production abondante : 65 hectares de bonnes prairies, bien assainies, et où l'on a su tirer parti de toutes les ressources qui pouvaient s'offrir pour l'irrigation ; 132 hectares de terres chaulées, de grandes surfaces de récoltes sarclées et de fourrages artificiels, un nombre considérable de beaux animaux, et enfin, comme couronnement de cette agriculture rationnelle et parfaitement appropriée aux conditions culturales de la Creuse, une sole importante de céréales, où domine la culture du froment qui, par suite des fumures, du chaulage et de la bonne disposition de l'assolement, donne des résultats très-supérieurs, même en quantité, aux meilleures récoltes de seigle.

L'amélioration du bétail n'est pas restée étrangère aux préoccupations de M. le comte de Montagnac, et la valeur de son cheptel, qui n'était en 1849 que de 10,034 francs, s'élevait, en 1860, à 49,072 francs. Le revenu du domaine a suivi la même progression, et de 6,612 francs, en 1860, il est parvenu successivement à 23,163 francs, en 1860. Il est bon d'ajouter que ces chiffres sont le résumé d'une situation clairement établie, et attestent ainsi le résultat d'une pratique sage et éclairée, d'une administration aussi habile que vigilante.

M. le baron de Nexon, lauréat de la Haute-Vienne, a commencé ses travaux en 1847, et ce sont les résultats obtenus depuis qu'il a soumis aux investigations de la commission.

Il fait valoir, depuis cette époque, une réserve de 62 hectares qui comprend 21 hectares en prairies, 38 en terres labourables, 2 en châtaigneraies.

Le sol est argilo-siliceux et quelquefois granitique.

L'assolement est quadriennal: plantes sarclées, avoine, trèfle, froment.

Toutes les terres ont été chaulées et 40 hectares ont été drainés.

Les prairies ont été irriguées et soumises à un mode d'assainissement bien entendu.

Les bâtiments sont, en général, heureusement groupés et convenablement disposés.

Le bétail est d'un bon choix et se compose de 65 bêtes bovines, 3 chevaux pour les travaux légers et une centaine de moutons et de porcs.

Le fumier de ferme est l'objet de soins intelligents, et on l'emploie à raison de 80 mètres cubes par hectare.

Indépendamment de son faire valoir, M. de Nexon possède 32 hectares de prairies, dont 13 créés par lui et les autres notablement améliorés.

Ajoutons, enfin, que M. de Nexon vient d'entreprendre l'amélioration de deux autres domaines d'une contenance de 200 hectares et que son inventaire, au 31 décembre 1861, a constaté pour sa réserve un bénéfice de 8,722 francs.

M. Maurice Avy est le lauréat de la prime d'honneur du concours régional de Montauban. Le domaine du Clau, qu'il exploite et que lui a transmis son père, est situé sur la commune de la Bastide-Saint-Pierre (Tarn-et-Garonne). Il se compose de 78 hectares, dont 65 en terres labourables, et le reste en pâtures, vignes et bâtiments. Les améliorations dont M. Maurice Avy recueille aujourd'hui le fruit avaient été commencées par son père qui, de simple fermier, était successivement devenu propriétaire d'une partie du domaine.

Tout le système cultural du domaine du Clau repose sur la production fourragère; la luzerne occupe à elle seule une superfice de 16 hectares. La rotation est libre, en ce sens que la succession des récoltes n'est point soumise à un ordre invariable; mais les règles de l'assolement alterne sont rigoureusement observées, et les plantes sarclées ou les cultures fourragères viennent toujours s'intercaler entre les céréales ou les plantes industrielles. Sagement calculé sur les besoins réels de l'exploitation, l'outillage est composé de manière à assurer une bonne préparation du sol.

Tous les fourrages sont consommés sur le domaine, qui entretient un haras de baudets, un troupeau de moutons et une porcherie, sans parler des animaux de trait pour le service des attelages. Cet effectif représente une moyenne de 0,84 tête de bétail par hectare, et produit, chaque année, 1,500 mètres cubes de fumier, et 300 mètres cubes de composts. Ce fumier, réparti sur deux plates-formes, est fréquemment arrosé, et le purin, soigneusement recueilli dans une fosse spéciale, sert à l'arrosage des prairies. 9,000 à 10,000 kilogrammes de plâtre sont, en outre, annuellement répandus sur les prairies artificielles.

Une petite magnanerie est annexée au domaine, et elle a joui jusqu'à ce jour de l'heureux privilége d'être épargnée par la maladie.

Tels sont, en résumé, les deux éléments dont se compose l'exploitation de M. Maurice Avy ; sa comptabilité prouve avec quels succès il les a mis en jeu. Nous n'entrerons pas ici dans le détail des chiffres, et nous ne referons pas un inventaire qui a été minutieusement examiné et discuté par le jury, mais nous nous bornerons à dire qu'il se résume en un bénéfice de 310 fr. 60 c. par hectare, déduction faite du fermage et de l'intérêt du capital d'exploitation.

La prime d'honneur, dans les Hautes-Alpes, est venue récompenser un agriculteur émérite, dont les travaux datent de l'année 1849. Bien que fort limité dans ses ressources pécuniaires, M. Allier, à force de prudence et d'efforts intelligents, est parvenu à triompher des difficultés du sol et de l'état d'abandon où il avait trouvé ce domaine il y a treize ans.

De grandes améliorations foncières, consistant en drainages, en défoncements, épierrements, construction de routes et recherche d'eaux propres à l'irrigation, ont signalé les premiers travaux de M. Allier. Ces préliminaires achevés, il a fait choix d'un bon assolement, a introduit les fourrages sur une propriété qui n'avait, avant lui, que de pauvres dépaissances, et a pu ainsi songer à l'entretien des bêtes de vente. Ses récoltes sont l'objet de soins judicieux; son bétail est bien tenu, ses instruments aratoires bien choisis. La création d'une magnanerie, de belles plantations de mûriers, l'établissement d'un vignoble et d'une pépinière de choix, et surtout une porcherie parfaitement distribuée dans toutes ses parties, ont complété les améliorations introduites par le propriétaire. L'administrateur, chez M. Allier, est au niveau du praticien. Tout, chez lui, est réglé avec ordre et exactitude; sa comptabilité, parfaitement tenue, rend compte de tous les faits agricoles; aussi peut-on suivre facilement toutes les phases par lesquelles le domaine de Berthaud a passé : débuts très-difficiles, marche lente mais sûre, progrès sensibles chaque année, sans aucun pas rétrograde; enfin, résultats encourageants, prix de louables efforts et d'une volonté persévérante. C'est sur le domaine de Berthaud qu'a été instituée, en 1849, la ferme-école du département des Hautes-Alpes, et le succès prouve que M. Allier a su prendre au sérieux et remplir complétement ses obligations.

M. Germain Cuillé, directeur de la ferme école de Germainville, est le lauréat du concours de Perpignan; son domaine, d'une contenance de 130 hectares, n'était, il y a dix-huit ans, qu'une terre noyée par les eaux stagnantes et dans un état voisin de l'abandon. Un travail aussi actif qu'intelligent l'a transformé en un domaine modèle. Un vaste drainage, habilement dirigé, en a chassé les eaux nuisibles; un système d'irrigation bien entendu a été appliqué à toutes les terres arables que cette opération a élevées au niveau des terres les plus productives du pays.

L'assolement adopté établit une juste proportion

entre les récoltes fourragères et les récoltes épuisantes, et n'a pas peu contribué à assurer des rendements considérables.

Le bétail, au nombre de 70 têtes, ne laisse rien à désirer.

Toutes les cultures, sans exception, sont irréprochables. Le vignoble, de 36 hectares, est bien tenu, composé des meilleurs cépages du Roussillon.

Le revenu de Germainville, qui, il y a quinze ans, n'était que de 35 francs par hectare, a été porté par son propriétaire actuel, M. Cuillé, à une moyenne qui dépasse 150 francs. Enfin, les deux derniers inventaires se soldent par un bénéfice net de 30,090 francs.

Tels sont, en résumé, Sire, les titres principaux qui ont placé au premier rang, dans leurs départements respectifs, les agriculteurs dont les noms précèdent. D'autres, après eux, ont été signalés et récompensés par le jury pour les remarquables travaux qu'ils ont accomplis dans certaines spécialités de l'industrie rurale. Je regrette de ne pouvoir en donner ici la nomenclature.

Mais leur nombre même prouve jusqu'à quel point les entreprises de culture améliorante se sont développées, de toutes parts, sur le territoire de l'Empire. De plus en plus les propriétaires se fixent sur leurs domaines et cherchent dans les occupations agricoles un utile et honorable emploi de leur temps, de leur intelligence et de leur fortune. C'est là un fait capital que les derniers concours ont particulièrement mis en relief, et qui confirme de la manière la plus éclatante les prévisions de Votre Majesté. Permettez-moi d'ajouter, Sire, que ce sera certainement le point de départ d'une nouvelle ère e prospérité pour notre agriculture, et une des plus heureuses conséquences de l'institution de la prime d'honneur.

J'ai l'honneur d'être, avec le plus profond respect,

Sire,

De Votre Majesté,
Le très-humble et très-obéissant serviteur.

*Le ministre de l'agriculture,
du commerce et des travaux publics,*

E. ROUHER.

§ C. — LES MÉDAILLES.

Les mérites spéciaux. — Le cortége de la prime d'honneur. — Une liste incomplète. — Publicité nécessaire. — La variété dans les efforts. — Les travaux de quelques-uns.

La recherche et la constatation des titres à l'obtention de la prime d'honneur mettent en relief des travaux spéciaux d'une grande valeur, des améliorations considérables, des résultats précieux à signaler. Les jurys les distinguent en accordant des médailles d'or et d'argent.

A notre très-vif regret, nous ne pouvons donner ici une analyse, même succincte, de ces travaux, que leur importance recommande à tous égards à l'attention, car la publicité aurait, sans doute, ajouté quelque prix aux récompenses décernées.

Dans l'impossibilité où nous sommes de nous livrer à cet examen, attrayant au plus haut point, nous dressons seulement la liste des lauréats qui forment un si brillant cortége à la prime d'honneur en 1862.

Des Médailles d'or ont été accordées :

Dans le Pas-de-Calais,

A MM. Hany, à Oisy-le-Verger, pour drainages et assainissements ;
le marquis d'Havrincourt, à Havrincourt, pour application des eaux de sucrerie à l'irrigation, et pour ses améliorations forestières ;
le baron d'Herlincourt, à Eterpigny, pour amélioration des races d'animaux domestiques ;
Delaby, à Courcelles-lez-Lens, pour assainissement et mise en valeur de terrains marécageux ;
Desvaquez, à Ablainzevelle, pour ses cultures de plantes commerciales.

Dans les Ardennes,

A MM. Darodes de Tailly, au château de Tailly, pour la création de prairies et d'un système d'irrigation destiné à les fertiliser ;
Leroy, à Landève, pour ses drainages et ses travaux d'assainissement ;
Ch. Gossin, à la Tour-Audry, pour assainissement de terrains inondés et leur mise en valeur ;
Thiéron, à Nanteuil, pour ses constructions de bâtiments ruraux, bien entendus et disposés de la manière la plus convenable à leur destination.

Puis *une Médaille d'argent*,

A M. Maréchal-Galle, à Fleigneux, pour la mise en valeur de terres incultes ;

Des Médailles d'or ont encore été données :

Dans la Meurthe,

A MM. Gœtzmann, près Nancy, pour la perfection de ses cultures et la mise en valeur de terrains improductifs ;
Brice, à Champigneul, pour des travaux d'ensemble non moins méritants ;

Binger, à Bainville-aux-Miroirs, pour la création de prairies d'une étendue de 82 hectares, conquises sur les bords de la Moselle;

Rollin, à Brichambeau, pour de notables améliorations foncières dans deux fermes comprenant 240 hectares;

Husson, à Haussonville, pour les améliorations réalisées sur ses terres et les soins donnés à l'élève du cheval;

Paté, à la Netz, pour son système de culture donnant les plus riches profits;

Henriot, à Frouard, pour une marcarerie fort bien organisée;

Buntin, à Nirxanges, pour sa fabrication de fromage, façon *Angelot*;

Germain, à Héming, pour ses drainages économiques en pierres;

Cerfbeer, à Sarrebourg, pour création de vastes étangs-réservoirs pour l'irrigation.

Dans l'Allier,

A MM. le baron A. d'Aubigny, pour substitution du fermage au métayage;

de Beaumont, pour vastes plantations d'arbres verts;

Delelès, pour une remarquable installation de ferme;

Fouquet, pour desséchements, chaulage et marnage de ses terres;

Landois, pour disposition modèle des bâtiments, bonne viabilité de ferme, et soins hygiéniques donnés au personnel;

Taizy, pour comptabilité remarquable;

le baron de Veauce, pour travaux d'irrigation.

D'autres Médailles, sans désignation qualificative:

A MM. Berger père et fils, pour défrichement et drainage;

de l'Ecluse, pour un bel ensemble de bétail;

A. Farjas, pour travaux de drainage et établissement de distillerie;

de Montaignac, pour bétail amélioré, comptabilité bien tenue, création de prés irrigués;

Sorrel, pour bétail nombreux et bien tenu.

Dans la Mayenne,

A MM. Picoreau, à Mongré, pour la mise en culture de landes et de terres improductives ;

Leseyeux, à Bellebranche, pour le bon aménagement donné à de vieux bâtiments mal agencés ;

Foucault, à Changé, pour d'importantes améliorations réalisées à ses frais sur les terres de son propriétaire.

Et *une Médaille d'argent* :

A M. Veley, à la Grange-Courbe, pour avoir, le premier, employé dans le pays la faucheuse Wood.

Dans Maine-et-Loire,

Des Médailles d'or ont été attribuées :

A MM. le comte d'Andigné de Mayneuf, pour l'heureuse disposition des bâtiments de son exploitation des Alliers, et aussi de la fosse à purin ;

de Jousselin, pour la disposition et la construction économique des bâtiments de son exploitation de la Béraudière ;

Boutton-Levêque, pour l'introduction des races étrangères d'animaux perfectionnés ;

de la Devansaye, pour la bonne disposition des bâtiments de service dans ses métairies ;

du Baut, pour l'introduction de la culture de la luzerne dans le Saumurois.

Et *des Médailles d'argent*,

A MM. Gauchet, à la Bardouillère, pour l'introduction de la culture de la betterave à sucre ;

le comte de Quatrebarbes, pour travaux importants d'irrigation.

Dans le Cher,

Des médailles d'or sont échues :

A MM. le marquis de Vogué, pour son organisation du métayage ;

Sabathier, pour la bonne tenue de sa ferme et les qualités particulières de son troupeau;

le duc de Maillé et de Saint-Maurice, pour desséchement d'un terrain de 60 hectares.

Et *des Médailles d'argent :*

A MM. Cacadier, pour sa culture de betteraves;

Fustier, pour ses semis de pins maritimes.

Dans la Creuse, nous désignerons seulement les lauréats; les documents nous manquent pour être plus précis.

Des Médailles d'or ont été accordées :

A MM. le général Solliers;
de Lignac;
Leyraud;
le vicomte Barthon de Montbar;
le comte de la Roche-Aymon;
Veillet frères;
le comte de Cornudet.

Dans la Haute-Vienne,

A MM. de Bruchard, directeur de la ferme école, pour un ensemble complet, très-voisin de la perfection;

Claudin, régisseur de la terre de Bonneval, pour une exploitation très-intelligente de la propriété;

Lasserre, à Echevate, pour transformation de 44 hectares de plaines marécageuses en terres arables;

de Lespinatz, à Sereilhac, pour bon agencement des constructions et l'installation d'une distillerie;

H. Michel, à Puy-Jalard, pour l'ensemble de l'exploitation, et surtout pour les bonnes dispositions des constructions rurales.

Dans le Tarn-et-Garonne,

Il ne paraît pas qu'il ait été rien ajouté à la prime

d'honneur; aucun document, du moins, n'en a fait mention jusqu'ici.

Dans les Hautes-Alpes,

Des Médailles d'or ont été attribuées :

A MM. Œuf, à Charance, pour la bonne proportion de ses fourrages;
Lesbros, à Gap, pour avoir utilisé la chaux d'épuration du gaz;
A. Allier, à Gap, pour la bonne tenue et l'emploi des systèmes perfectionnés de sa magnannerie;
Rossignol, à la Chaussière, pour son endiguement de la Durance, la conquête de 7 hectares de gravier et leur fécondation par le colmatage;
Pascal, à Charance, pour ses beaux travaux de desséchement.

Nous ne savons rien encore des récompenses qui ont pu être décernées dans les Pyrénées-Orientales, à l'occasion du concours de la prime d'honneur.

Si regrettables que soient ces lacunes pour les lauréats que nous aurions aimé à nommer ici, nous ne pouvons y suppléer par l'imagination.

Mais cette énumération, qui montre la variété dans les efforts, ne dit rien du travail immense d'améliorations qui s'est emparé de notre agriculture, et qui ne va à rien moins qu'à la transformation de la situation territoriale du pays. Or, une pareille transformation se traduit par l'accroissement des richesses et du bien-être de tous.

C'est pour accélérer ce mouvement vers les résultats désirables d'une civilisation plus complète et plus féconde, que nous voudrions voir donner une plus haute importance non à la prime d'honneur en elle-même, récompense magnifique et noble entre toutes, mais à l'excitant particulier qui porterait vers elle des milliers de compétiteurs.

5.

Qu'on pèse donc ce que vaudrait, en dix années, au pays, les efforts énergiques de toute notre population agricole, quand les travaux de quelques-uns s'élèvent à un pareil degré d'utilité.

II

LES ANIMAUX REPRODUCTEURS.

Les chevaux et les ânes. — Une enseigne menteuse. — Une place pour chaque chose.

Le seconde division du programme, spéciale aux animaux reproducteurs, n'admet pourtant ni les chevaux ni les ânes. Cette exclusion étrange, maintenue en dépit de toutes les réclamations, ne prive pas précisément l'espèce chevaline. Celle-ci a des concours à elle qui deviendront, plus bas, l'objet d'études particulières.

Dans les observations que nous allons présenter, les preuves abonderont à l'appui des idées de réforme que nous avons émises en commençant. Les imperfections du programme sauteront aux yeux. On verra que, sur tous les points, il embrasse l'agriculture entière ; qu'il ne sait pas se borner. Nos concours régionaux sont des expositions universelles ; ils mentent à leur enseigne, et c'est un tort. A son tour, il n'est si mince comice qui, par imitation, ne vise aux mêmes proportions. C'est de l'aberration. Il y a là de grandes forces détournées et perdues. La faute est générale et l'erreur capitale. Rien n'est plus à la place où il doit être, et nous avons mis en complet oubli ce dicton du sage : Chaque chose à sa place, une place pour chaque chose. Aussi, combien parviennent à se reconnaître dans cette mêlée ?

Encore une fois, moins que personne nous ne voulons

contester les très-réels et très-signalés services rendus à l'agriculture par l'organisation actuelle de ses grands concours, mais cette organisation a fait son temps. L'heure est venue de la remanier et de lui demander d'autres résultats.

§ A. — L'ESPÈCE BOVINE.

Concours d'Arras. — Les races flamande et hollandaise. — La race durham et ses croisements. — Les réunions régionales et les concours locaux. — Interpellez tout le monde, personne ne répond. — Concours de Charleville. — Un peu d'ordre s'il vous plaît. — Individualité n'est pas race. — Les combinaisons et la confusion. — Concours de Nancy. — La race fémeline. — Choisis si tu l'oses. — Quelle Babel! — Concours de Moulins. — La médaille de Sainte-Hélène. — Le premier des arts. — La race charolaise et bien d'autres. — Les métis et les bâtards. — La race tarentaise. — Les doubles emplois. — Depuis A jusqu'à Z. — Concours de Laval. — La race normande et la race durham. — Une grosse question. — Concours d'Angers. — Les races de la région. — Concours de Bourges. — Deux chiffres, 8 et 4. — Concours de Guéret. — Les races de travail. — Une méchante affaire. — Fédération d'un nouveau genre. — Ni rime, ni raison. — Concours de Limoges. — Les régions s'enchevêtrent. — Les races scindées. — Concours de Montauban. — Un honneur peu disputé. — Une place pour m'asseoir. — Toujours des non-sens. — Les races garonnaises et gasconne. — Les variétés pyrénéennes. — Vous faites mal et l'on vous imite bien. — Concours de Montauban. — 15 prix pour 1 lauréat. — Où vont se nicher les catégories? — Deux rivalités jalouses. — Concours de Perpignan. — Ne forçons point notre talent. — Vouloir et pouvoir. — Faites des programmes qui encouragent.

1. Dans la région du nord dont Arras a été le chef-lieu cette année, le programme ouvrait sept catégories à l'espèce bovine, étendant ainsi ses encouragements à toutes les sortes imaginables de produits connus ou inconnus.

Deux races seulement, toutes deux laitières, la flamande et la hollandaise, mériteraient l'attention du gouvernement. Elles y sont anciennes, elles y vivent dans de bonnes conditions d'appropriation à la contrée, et de produits; elles y sont estimées à ce double titre; mais longtemps négligées, elles se sont façonnées sur un moule qui demande à être rectifié en plusieurs de ses parties. Elles ne sont donc ni l'une ni l'autre à l'état de perfection et il y a là une indication très-marquée de pousser à leur perfectionnement, soit en conservant leur autonomie, soit en les travaillant par la voie du croisement.

Cela étant, il y a lieu de maintenir une catégorie pour chacune, à leur état de pureté.

Quant au croisement, il ne peut se faire avec utilité, c'est-à-dire avec profit, que par le taureau durham. Une troisième catégorie doit donc être réservée à cette race, et, comme conséquence, une quatrième aux produits résultant de l'alliance du taureau de Durham, et des femelles quelconques de l'espèce dans la région.

Qu'on répartisse tous les prix attribués aux sept catégories, précédemment créées, entre les quatre conservées, et chacun saura très-nettement ce que l'Administration entend seulement récompenser sur ce point. Libre à chacun de faire ou de ne pas faire suivant ces vues bien définies, suivant cette direction très-arrêtée et très-précisée. A côté, ou mieux, au-dessous du concours régional, il y a une foule de petites réunions locales, il y a des distributions de prix nombreux. Que ceux-là qui trouveront d'autres produits, dignes d'intérêt, les distinguent alors, à l'exclusion des lauréats des grands concours. Les primes décernées à ceux-ci auraient une valeur assez haute pour ne laisser aucun regret, et aucun mérite saillant ne serait oublié.

Par ailleurs, très-vivement sollicitées, l'amélioration des races flamande et hollandaise ferait, par la solution, de très-rapides progrès, et bientôt cette éternelle question, toujours pendante et jamais résolue du croisement, trouverait enfin, par l'adoption plus large ou par un abandon non moins significatif, sa solution définitive.

En l'état actuel, on semble interpeller tout le monde, et personne ne prend la parole : notre programme aurait du moins cet avantage de mettre très-exactement les points sur les *i* et de forcer les concurrents à répondre *ad rem*. Admettant même que nous ayons pris une fausse voie, ce qui est devenu de toute impossibilité, grâce aux études faites et bien faites, l'unanimité des réclamations qui se produiraient, le bien fondé des protestations qui surgiraient forceraient bien vite à rentrer dans la bonne route.

Il n'y a aucun inconvénient à en venir à ce que nous disons, et il y a beaucoup d'avantages à cesser un mode qui entrave le progrès dont lui-même a été la cause première et la cause efficace.

2. Le concours de la région du *Centre-est* s'est tenu à Charleville. Il a confirmé à tous égards la situation précédemment constatée, quant à l'espèce bovine : une population considérable, relativement récente, très-diverse et très-bigarrée, sans uniformité de caractère ou de provenance, mais tendant vers le type laitier. Dans les vues de l'éleveur, l'aptitude est tout, la race ne tient qu'un rang très-secondaire.

Le programme n'éprouve aucun embarras ; il emboîte résolûment le pas et se met à l'unisson des faits, sans souci de ce qui adviendra. Voilà des années qu'il s'adresse à tous, sans rien faire pour personne, sans chercher à établir un peu d'ordre dans la confusion générale. En primant des individualités, il reste en dehors de toute direction, et la population ne s'achemine guère vers une condition meilleure. A l'époque du concours, chacun prend dans son étable la bête la mieux conformée et la plus grasse; et celle-ci, qui peut être inscrite presque au hasard dans l'une des catégories quelconques du programme, rentre au milieu de ses compagnes d'écurie avec ou sans prix, et il n'en est que cela.

Evidemment, il y a mieux à faire.

Nos idées sur ce point seraient très-radicales, mais elles conduiraient à un résultat qu'on n'atteindra jamais en continuant le mode actuel.

Celui-ci ouvre cinq catégories dans lesquelles s'entassent les produits confusionnés de plus de vingt combinaisons zootechniques, combinaisons binaires, ternaires ou quaternaires. Il y a de tout par là, et ce tout n'a réellement aucune signification pratique. Nul ne sait quel but il se propose, pas plus l'administration que les particuliers, et ce fait a son importance quand il s'agit d'un concours d'animaux reproducteurs. Cherchons ailleurs.

3. Dans la région de l'Est, sept catégories. En tête, celle qui est spéciale à la race comtoise fémeline aurait une signification, si les autres ne prenaient tout aussitôt le soin de la lui enlever. Le programme à la main, le programme et la liste des prix décernés par le jury, l'éleveur se dit judicieusement : Quoi que j'entreprenne, j'aurai raison. La race fémeline est en honneur, je puis la cultiver avec approbation du gouvernement, qui lui attribue des prix spéciaux. Mais, parmi les races françaises diverses pures, laquelle ou lesquelles choisirai-je? En effet, on les convoque toutes et on prime indistinctement la flamande, la normande, la lorraine, la bretonne, la comtoise, la vosgienne, la cotentine et... et celle dite du pays. La première venue fera donc bien mon affaire si elle parvient à me plaire.

Pour les races étrangères, le programme n'est pas moins libéral. Après avoir distingué, comme chef de file, la race de Durham, il nomme en bloc toutes les races suisses, puis toutes autres races quelconques.

Et la chose recommence avec les croisements.

Quelle Babel !

4. Le concours qui s'est tenu à Moulins n'avait que neuf catégories distinctes. C'est comme chez Nicolet, de plus fort en plus fort. Cette manière de procéder me rappelle un bruit qui a couru autrefois à propos de la médaille dite de Sainte-Hélène. Quelqu'un s'étonnait de la voir briller; (elle est de couleur si sombre, que le mot est peu approprié, je l'emploie faute d'autre, notre langue est si pauvre !) quelqu'un, disai-je, s'étonnait de la voir briller sur tant et tant de poitrines, à une date déjà si reculée de la chute du premier Empire, et demandait qu'on lui expliquât ce phénomène d'étrange longévité chez les vieux de la vieille : C'est que, lui répondit-on, on ne l'a refusée à personne, et qu'il n'est si jeune garde national de ce temps-là qui ne se soit empressé de faire valoir ses droits et titres à la porter.

Que si l'on examine les programmes des douze concours régionaux, on arrive à cette conclusion : en primant tout le monde, personne n'aura rien à dire ; en multipliant les récompenses à l'agriculture, on prouve, *ipso facto*, qu'on fait beaucoup pour « le premier des arts »

On a primé à Moulins, dans leur état de pureté, les races charolaise, fémeline et bressane, et toutes autres races françaises, puis les races Durham et d'Ayr, et toutes autres races pures étrangères. Ce n'est pas tout, car les métis et les bâtards réclament aussi leur part de gâteau. Voici donc les croisements durham, à titres privilégiés, c'est de toute justice, et tous autres croisements quelconques qu'on ne trouve pas moins dignes d'intérêt.

On a fait ici la découverte d'une nouvelle race, indigène à la Savoie, et plus particulièrement élevée dans la vallée de la Tarentaise dont elle porte le nom. Notre spirituel confrère, Victor Borie, en a donné une petite biographie qui la met fort en relief et lui présage sans doute un avenir un peu plus large que dans le passé.

Le hasard des évolutions régionales partage plusieurs centres d'élevage et divise les produits de certaines contrées entre plusieurs concours, au grand préjudice de la renommée d'une race d'élite. Le fait est général et détermine des doubles ou triples emplois qui finissent par attribuer des prix à des animaux de mince valeur, d'un mérite tout à fait insuffisant, et recommandent ainsi à l'attention des reproducteurs qu'il faudrait au contraire écarter avec soin. C'est ainsi qu'on perd de vue jusqu'au but essentiel des concours et qu'on honore, par-ci par-là, des individualités qui, sur un autre théâtre, seraient vouées à l'abandon ou au mépris. Ce ne sont pas seulement des détails qui sont à reprendre dans la rédaction des programmes de nos concours, c'est l'institution elle-même qu'il faut remanier de fond en comble. En restant fidèle à son nom, en ne l'oubliant pas, on fera forcément mieux, on fera bien. On étudiera les besoins du pays pour marcher dans le sens qu'ils indiquent, et l'on n'attribuera à chaque région que ce qui lui est propre, que ce qui lui convient réellement. Les concours y gagneront ; les récompenses auront plus de portée, et chacun, opérant suivant une direction naturelle, contribuera pour une part plus active au véritable progrès.

5. Laval a été le centre d'une région assez homogène

par ses conditions générales de production ; on pourrait la qualifier du nom de normande, a-t-on dit, bien qu'elle comprenne aussi, dans son étendue, une partie de la Beauce et le Maine. Nous sommes en présence de six catégories, dont trois seulement auraient leur raison d'être pour un grand concours ; les concours d'un autre ordre restant chargés du reste, s'il y a lieu. La race normande, avec sa double aptitude au lait et à l'engraissement, tient et doit tenir ici le haut du pavé ; à côté d'elle, la race durham et, comme intermédiaire, les produits issus de leur alliance. Ceux-ci doivent-ils figurer dans un concours de reproducteurs ? Grosse question que nous ne saurions entamer ici, mais à laquelle nous avons déjà donné une solution, en maintenant dans plusieurs régions une catégorie spéciale aux métis. Il faut que les théories absolues cèdent aux faits. Il n'y a pas, quoi qu'on dise, une race nouvelle, une seule race parmi celles qu'on dit perfectionnées, qui n'ait été commencée par le mélange d'animaux fort étrangers l'un à l'autre par le sang. Le croisement ou le métissage, qu'on l'appelle comme on voudra, a créé nombre de familles à l'hérédité constante. Il en peut créer de nouvelles et il améliore quand on sait le diriger ; il améliore les produits qu'il donne, et, à leur tour, ceux-ci exercent sur leurs suites une influence indéniable.

6. Angers a été le chef-lieu d'une autre région. Nous pouvons abréger beaucoup, car les mêmes faits se reproduisant d'une manière invariable, les observations déjà présentées s'y appliquent, sans qu'il soit besoin de les renouveler.

Sept catégories se partagent non la population bovine de la région, mais de la France et du monde entier. Trois ou quatre suffiraient aux exigences et donneraient des résultats plus prochains et plus complets tout à la fois. Les races bretonne, vendéenne, durham, d'Ayr, fort à leur place ici, méritent intérêt et encouragement.

7. Le concours du *Centre*, siégeant à Bourges, présente huit catégories, quatre de trop tout au moins. Il n'y a vraiment à primer sur ce poient que la race charolaise, les races durham, d'Ayr et leurs métis, le tout en proportions judicieuses et de façon à rendre éclatantes, significatives au plus haut degré, les leçons qu'y donne l'expérience.

8. Guéret a eu son tour ; il a possédé le concours de sa région en 1862. Celle-ci est sans aucun doute fort riche en gros bétail, car l'espèce bovine y accomplit, presque seule, tous les travaux de l'agriculture. Son lot se compose de races et variétés essentiellement travailleuses, bonnes sous le joug, bonnes encore à l'abattoir, deux aptitudes précieuses dans le passé et dans le présent, mais fort menacées dans l'avenir, qui prétend enlever l'espèce au travail pour la tourner tout entière vers l'unique destination de l'engraissement. Trois excellentes races sont en renom ici, chacun les connaît. C'est la limousine, puis les races d'Aubrac et de Salers. On se mettrait une mauvaise affaire sur les bras si on conseillait de n'en former qu'une seule catégorie dans un concours.

Cependant, il n'y a rien de mieux à faire. Donc, qu'une seule catégorie les reçoive en trois sections différentes, qu'on en fasse une fédération, celle du travail, et qu'on les dote de primes importantes et nombreuses ; elles gagnent l'avoine, qu'on la leur donne sans y regarder. Elles appartiennent à des contrées que les largesses du budget n'ont pas souvent favorisées, et elles versent un magnifique contingent dans le gouffre de l'alimentation publique. Qu'à côté de cette catégorie à la grande envergure, on en mette une ou deux autres, et qu'on cesse d'en avoir huit, car vraiment cela n'a ni rime ni raison.

9. Tout à côté de Guéret se trouve Limoges, et cette petite capitale a eu, comme celle de la Marche, le concours de sa région. Ce rapprochement seul montre que la race limousine, partagée entre les deux réunions, ne s'est pas montrée complète hors de chez elle, lorsqu'elle n'avait pas besoin de se déranger pour cueillir les lauriers qu'on lui destinait.

Ceci est un autre vice des concours. Déjà, nous avons vu la race fémeline, les races flamande et hollandaise, les races charolaise et normande, scindées de la sorte ; nous pouvons ajouter les races bretonne, parthenaise, nantaise, etc., etc., car toutes y passent sans profit pour personne. C'est avec ces idées-là qu'on crée, qu'on multiplie les catégories et qu'on fait de pauvres concours. Nous en comptons neuf à Limoges, trois fois autant qu'il en faut pour obtenir beaucoup moins qu'on obtiendrait en faisant mieux, plus judicieusement.

10. C'est Montauban qui, dans le Tarn-et-Garonne, a donné, cette année, l'hospitalité au concours de la région. Nous inscrivons cette formule à dessein, car toutes les villes ne se disputent pas l'honneur de devenir le siége de l'institution. Nous savons tel et tel département où l'administration a eu grand' peine à trouver un coin où porter ses assises. L'observation ne se produit pas ici parce qu'elle appartient au Tarn-et-Garonne, mais simplement parce qu'elle nous revient à la mémoire à l'instant.

Encore huit catégories ! encore des races primées en

dehors de leur centre de production et d'élevage, en dehors de toute influence heureuse sur leur état actuel et sur les conditions futures ; toujours la même absence de vues et toujours des non-sens.

Les races garonnaise et gasconne, les variétés de la famille pyrénéenne n'ont pas suffi aux rédacteurs du programme ; ils y ont ajouté, comme toujours, toutes races françaises diverses ; la race durham et toutes autres étrangères, puis les mille et un croisements que la fantaisie suggère et se permet. Qui donc nous délivrera de tout cela? Trois catégories, n'est-ce pas tout autant qu'il en faut ici? Restez donc sur les sommets ; occupez-vous sérieusement, efficacement de ce qui est utile, et abandonnez le reste aux réunions locales en les conduisant elles-mêmes, si cela est nécessaire, dans le sens d'une direction intelligente. Si elles ne font pas bien aujourd'hui, c'est qu'elles vous imitent. A aucune n'est venue la pensée de se demander quelle route elle devait suivre, de définir nettement le but auquel elle devait tendre. Aussi que de forces détournées et combien d'efforts en pure perte !

11. La onzième région nous mène dans les Hautes-Alpes, un beau pays de montagnes, où les communications ne sont pas encore chose bien facile, une région un peu à part, qui ne s'accommode guère d'un programme omnibus. On lui a pourtant donné sept catégories comme aux autres. Est-ce sa faute si elle les remplit mal ou si elle ne les remplit pas? On attribuait quinze prix à la race durham, un seul concurrent entre en lice, il était bien de force à se charger des quinze couronnes, mais le jury a pensé qu'avec une, pas la première au moins, il en aurait assez pour récompenser son mérite tout à fait secondaire.

Où diable vont se nicher les catégories? Ici, convenez-en, elles n'avaient que faire en si grand nombre pour si pauvre compagnie. Les Aubrac et les Mézenc, deux rivalités jalouses, deux voisines très-susceptibles, ont eu les honneurs de la journée.

12. C'est à Perpignan que la région du Sud-Est était convoquée. Elle a fait de son mieux pour répondre aux sollicitations dont elle a été l'objet. Pour les produits qui lui sont propres, elle s'est montrée à une hauteur convenable, mais elle n'a pu être que médiocre ou pauvre quand elle a essayé de forcer son talent, comme aurait dit La Fontaine. On lui avait ouvert cinq catégories : chacune d'elles avait de beaux prix ; les remporter tous était bien tentant ; mais en beaucoup de circonstances, quoi qu'on en dise, vouloir n'est pas toujours même chose que pouvoir. Il y a des jurys qui se regimbent à la fin et qui réservent les promesses trop faciles d'un programme. Ainsi a fait, sans se gêner, celui de Perpignan. Prendra-t-on cela pour une leçon ? — Pas si bête.

Pourtant, si vous le vouliez bien, il vous serait aisé de rédiger un programme mieux conçu, plus pratique et plus encourageant que celui-ci, à l'insuccès duquel vraiment rien n'a manqué.

§ B. — L'ESPÈCE OVINE.

Toujours la confusion. — Les prix offerts et les prix non décernés. — Quel est le but du concours? — Une appréciation officielle. — Les tableaux de la douane. — Un pauvre triomphe. — Un nouveau mode de concours. — Les troupeaux d'élite. — Les hauteurs et la plaine. — Un et un ne font qu'un. — Définir le but et s'acheminer résolûment vers lui.

La même confusion règne dans l'espèce ovine. On lui

ouvre dans chaque concours de trois à six catégories, dans lesquelles on entasse toutes les classes, toutes les races. Le vague est bien ce qu'affectionnent le plus les rédacteurs de programmes. C'est pour eux l'objet d'une prédilection très-commode, mais cette prédilection est pleine d'inconvénients et laisse, en beaucoup de points, l'élevage intelligent du mouton en dehors de tout progrès. Que ceux qui ont un intérêt quelconque à ce qu'il en soit autrement prennent donc la peine de lire les réflexions accolées chaque année aux comptes rendus, plus ou moins étudiés mais toujours consciencieux de la presse agricole, qu'ils jettent seulement un coup d'œil attentif sur la liste des prix, et ils verront bientôt à quel point est défectueuse leur rédaction. Et voilà dix ans que le même programme revient sans changement sérieux, qu'une foule de catégories ne reçoivent que des concurrents de hasard, et que les jurys ne trouvent point à placer honorablement les récompenses offertes. Il serait pourtant facile d'apporter un peu d'ordre en tout cela et de faire que chaque région soit sollicitée dans le sens qui lui convient le mieux.

La première chose que le programme oublie, c'est précisément le but du concours. Il a pour objet de primer les bons reproducteurs. Or, il est impossible qu'il les trouve dans toutes les catégories ouvertes à l'espèce.

On sait parfaitement aujourd'hui où sont les localités les plus favorables à la race mérinos, celles où se plaisent les dishleys, les southdowns ; on connaît les races françaises qui ont des mérites particuliers, et à l'amélioration desquelles il y a lieu de s'intéresser, soit qu'on les soumette à l'heureuse influence de la sélection, soit qu'on les *travaille* par le croisement ; on est fixé sur la valeur économique de quelques autres qui sont parvenues à se faire classer en bon rang. Nous avons beau chercher, nous ne voyons plus d'expériences à tenter, mais partout, au contraire, des idées arrêtées sur la bonne direction qu'il serait facile d'imprimer à la grande pratique. Les concours prenant à tâche d'accomplir cette œuvre, y réussiraient promptement, et forceraient notre économie de bétail à entrer dans une voie de progrès bien nécessaire.

On pourra toujours, quoi qu'il arrive, et à toutes les époques, mettre sous la plume d'un ministre des phrases comme celles-ci : « Les concours régionaux de 1862 accusent un progrès notable sur ceux qui les ont précédés. Vivement stimulée par l'éclat des récompenses publiques, plus énergiquement excitée encore par les résultats avantageux d'un élevage rationnel, l'énergique activité des cultivateurs est demeurée toujours en éveil et ne s'est pas arrêtée un seul instant dans la voie des améliorations fécondes où l'entretiennent sans cesse les encouragements de l'Etat...

« Dans l'espèce ovine, les résultats obtenus ne sont pas moins significatifs, et si les toisons de nos races indigènes n'ont rien perdu des qualités qui les distinguent, partout aussi la conformation générale s'est améliorée et s'est rapprochée du type qui répond le mieux aux besoins de la consommation [1]. »

Ces phrases élogieuses, parfaitement justifiées en tant qu'elles s'attachent à des exceptions trop clairsemées, cessent d'être exactes quand on les généralise, quand on se reporte aux inscriptions faites par les concours et à tous les prix qui n'ont pu être décernés. Elles cessent d'être vraies si on prend les faits dans leur ensemble,

---

[1] Rapport à l'Empereur.

et si l'on compare notre économie de bétail à celle d'un pays voisin, si enfin on prend les tableaux de la douane pour étudier les différences qui se maintiennent entre les chiffres des importations et ceux des exportations. Plaise au Ciel que ces éloges soient partout fondés... nous serions riches alors, et notre agriculture pourrait sans inconvénient se passer des encouragements de l'Etat dont elle a, au contraire, un si pressant besoin pour de longues années encore. Certes, elle progresse, mais à bien petits pas, *lento gradu*, et la forme actuelle des programmes ne l'éclaire ni ne la stimule assez « énergiquement » pour que son « activité » devienne aussi féconde qu'il le faudrait. On ne gagne rien à fermer les yeux à l'évidence ; ceux-là qui réussissent à se tromper eux-mêmes n'obtiennent sur eux qu'un bien pauvre succès ; il ne faudrait pas qu'un pareil résultat fût obtenu à l'encontre des intérêts de tous. Nous verrons plus loin, quand nous étudierons l'agriculture à l'Exposition universelle de Londres, où nous en sommes à cet égard de ce côté-ci de la Manche.

Le mode d'élevage du mouton ne comporte guère le système d'encouragement actuellement usité. La somme des prix attribués à l'espèce ovine dans nos douze concours régionaux ne laisse pas que d'avoir une certaine importance, de beaucoup supérieure à celle des résultats obtenus. Nous croyons qu'on pourrait la répartir d'une façon plus utile et plus profitable à la fois entre les quelques races qu'on trouverait avantage à propager ou à perfectionner. On formerait ainsi une dizaine de catégories, peut-être, ayant un certain nombre de prix à décerner, non plus individuellement aux mâles, ou par petits groupes de cinq têtes aux femelles, mais à des troupeaux entiers qui seraient visités à domicile, et que leurs succès dans ces cours d'un nouveau genre désigneraient aux éleveurs comme des troupeaux d'élite dans lesquels ils pourraient aller puiser de bons reproducteurs.

Il serait aisé de formuler tout un programme et d'asseoir pratiquement cette idée de concours; mais ce n'est point ici le lieu d'entrer dans les détails. Ce que nous voulions faire ressortir est bien simple : 1° les concours actuels n'excitent pas suffisamment les masses; 2° les prix donnés individuellement à l'espèce ovine désignent à l'attention publique quelques beaux animaux, sans dire à tous où sont leurs pareils, et où l'on pourrait se les procurer; 3° la forme que nous proposons aurait l'avantage de faire connaître les races dont l'éducation est préférable dans chacune des parties si diverses de la France, et de mettre en relief les troupeaux les plus avancés dans chaque catégorie, ceux où l'on serait assuré de trouver de bons éléments d'amélioration pour les analogues.

Le concours resterait ainsi sur les hauteurs pour pousser au perfectionnement, ou pour maintenir la perfection chez les meilleurs; le reste serait naturellement le partage des concours secondaires; car si l'Etat doit s'occuper plus spécialement des types supérieurs, aucune classe ne doit être abandonnée; toutes, au contraire, doivent être incessamment stimulées. En effet, la plus mince amélioration obtenue sur les masses, si peu sensible qu'elle soit pour chacun, forme un ensemble très-considérable quand on l'additionne; mais elle ne se réalise guère sans le concours efficace des supériorités. En s'occupant de celles-ci, ou en les créant, quand elles n'existent pas, l'Etat travaille pour tous, en définitive. Et c'est ainsi que deux parts doivent être faites, celle des sommités et celle des masses, deux intérêts également élevés et qu'il ne faut pas plus négliger l'un que l'autre, car ils ne font qu'un.

Forcé d'abréger, nous nous en tiendrons pour le moment à ces considérations. Elles n'attaquent rien de ce qui se fait par esprit d'opposition, mais par certitude que ce qu'on fait laisse tout aller de soi, au hasard, et ne mène pas au but que tout le monde aimerait sans doute à voir moins éloigné : pourquoi donc ne prendrait-on pas la peine de le définir ? Pourquoi ne pas s'acheminer très-résolûment vers lui ?

§ C. — L'ESPÈCE PORCINE.

Les trois catégories de l'espèce. — La physiologie du cochon. — Les races attardées et les races perfectionnées. — Les situations extrêmes. — Exagération et perfection. — Tardif et précoce. — Chair et os. — Gras et maigre. — Les idiosyncrasies. — Produire avec économie. — La boule de graisse et la bête à viande. — Faire au goût de celui qui paye. — Une création intelligente. — Les races indigènes désertent les concours. — Ne les abandonnons pas. — Point de dédain pour la bonne science. — Combien d'aliments pour 1 kilogramme de viande ? — Prix de la viande de porc à Paris.

Dans toutes les régions le concours est le même pour l'espèce porcine. Il forme trois catégories et appelle toutes les existences au partage de ses faveurs :

Et d'abord les races indigènes qualifiées pures, épithètes quelque peu prétentieuses dont aucune, croyons-nous, ne se décore ;

En second lieu, les races étrangères pures, ce qui est trop vague, attendu que les races anglaises seules se présentent comme perfectionnées ;

Enfin, les croisements divers entre races étrangères et races françaises.

La première de ces catégories se retire presque partout de la lutte; la seconde y a plus de succès; il serait intéressant de voir donner une direction plus ferme, plus accentuée et mieux définie à la troisième, qui s'obtient trop au hasard et sans but déterminé.

Dans cette situation, nous croyons bien faire en nous livrant à une étude d'ensemble sur l'espèce.

Parmi les animaux domestiques, le porc est bien celui dont l'élevage se trouve le plus à la portée de tous. Prompt à se multiplier, il accepte sans beaucoup de résistance les modifications qu'on cherche à imposer à sa structure. Ces modifications, d'ailleurs, ont le suprême avantage de se présenter sous la forme la plus simple. Le but de l'éleveur restant partout le même, aucune divergence ne se fait jour ni quant aux idées, ni quant à l'application. Dès lors, il y a communauté de vues et marche plus ou moins heureuse, mais sans déviation, vers le même point, il y a effort constant et presque toujours réussi dans le même sens.

Peu exigeant en tout, dans sa vie assez courte, le porc utilise une foule de matières qui prennent à peine le nom d'aliments. Lorsqu'il n'a pas d'autre régime, il n'en est pas plus riche, mais il offre encore tout profit, ou à peu près, au pauvre qui l'élève ainsi, au petit cultivateur qui ne lui prête aucune attention. C'est alors qu'il se déforme; ses membres s'allongent et le haussent; son corps s'aplatit, il s'allonge, mais il se resserre; la colonne vertébrale se vousse; la poitrine et l'arrière-train sont étroits; les os sont volumineux, et les chairs et la graisse ne se développent que lentement. Ce n'est pas la faute de l'animal. Moins est substantielle la nourriture qu'on lui administre, et plus il se montre avide; fidèle à la destination qu'il est chargé de remplir, il cherche, il mange de tout sans y regarder, et les organes de la digestion ont d'autant plus d'activité, on le dirait, qu'on leur donne moins bonne besogne à faire. Ils ne se lassent point et ne laissent pas échapper un atome nutritif des masses de matériaux assez peu alibiles sur lesquelles ils s'exercent. Précieux par sa gloutonnerie même, le porc engloutit tout ce qu'on met à sa portée, tout ce qu'il trouve quand on lui accorde un peu de liberté. Il serait bien étrange qu'un élevage aussi abandonné produisît des races perfectionnées ; il a fait toutes les variétés de notre population porcine défectueuses et faméliques, mais toujours utiles et précieuses quand même aux mains de ceux qui ne peuvent pas plus pour elles.

Toutefois ces variétés forment en beaucoup de lieux aujourd'hui ce qu'on a appelé avec raison des races attardées. Si elles conviennent à une situation peu élevée, à des circonstances peu aisées dont elles sont même alors une importante ressource, elles deviennent onéreuses partout où la richesse de l'alimentation constitue un régime cher. Alors l'éleveur compte forcément avec lui-même et trouve son intérêt à ne faire consommer des aliments de prix qu'à des animaux d'un rendement supérieur, car les autres ou ne payent pas, ou ne payent pas à un taux assez rémunérateur les avances qu'on fait à leur éducation plus soignée. Le cultivateur cesse de semer du seigle dans les terres dont la fertilité successivement développée appelle la culture du froment ; l'éleveur intelligent abandonne les races d'une agriculture arriérée dès qu'il peut avec profit tenir des races perfectionnées : éleveur et cultivateur agissent de même dans les deux cas, et font judicieusement l'un et l'autre, mais ils travailleraient tous deux à rebours si, étant donnée une terre à seigle, l'un s'obstinait à ne lui confier que de la semence de froment, et si dans une situation dépourvue, l'autre s'entêtait à ne vouloir nourrir que des animaux de races perfectionnées ou exigeantes. Il faut donc que chaque chose vienne en son temps et soit mise à sa place. Plus un champ est pauvre et moins il faut lui demander de porter une plante riche ; plus sont développées les ressources alimentaires à l'usage du bétail, et plus vite il faut renoncer aux vieilles races, pour adopter celles qui produisent abondamment au sein de l'abondance.

Pour les situations extrêmes, nettement accusées, tout va de soi et tout le monde est d'accord : à une agriculture pauvre, un bétail pauvre ; à l'agriculture avancée, les races perfectionnées. Mais il y a beaucoup de situations intermédiaires qui exigeraient des sortes transitoires auxquelles on répond par les *croisements*, par la *métisation*, par des productions très-nombreuses et très-diverses qui témoignent de l'insuffisance des anciennes races et plus encore, disons-le bien haut, de l'insuffisance des moyens de soutenir les exigences des races nouvelles.

C'est que, à côté du perfectionnement chez ces dernières, il y a ce qu'il faut appeler l'exagération ; non pas l'exagération de la perfection, entendons-nous bien, mais l'exagération d'une faculté, d'une aptitude. Or, ceci est un écueil contre lequel viennent échouer bien des tentatives de croisement ; c'est aussi une mauvaise visée, une erreur de la pratique. Ainsi le cheval d'hippodrome, celui qu'on fait pour une vitesse excessive, est une exagération malheureuse qui le rend impropre à quoi que ce soit et absolument inutile en dehors des courses plates au galop ; la viande trop grasse du durham ou du dishley est une autre exagération, qui ôte de la valeur à la race entière, quand elle est jugée par le consommateur. En effet, il la trouve fade et insipide, elle lui répugne. Les Français qui en ce moment reviennent de Londres sont bien heureux de retrouver chez eux leur bœuf entrelardé et leur mouton savoureux. La grande exhibition aura eu du moins cet avantage de nous faire mieux apprécier à ce point de vue le mérite de nos races, de nous faire mieux sentir la différence qu'il est bon d'établir entre la perfection et le perfectionnement du bétail. Ce dernier mot ne s'est guère encore attaché, dans le langage de la zootechnie, qu'à l'exagération d'une faculté quelconque; l'autre restera à l'équilibre rationnel des forces vitales, à la pondération nécessaire entre les grandes facultés, même chez les races spécialisées. Ce n'est point ici le lieu de nous arrêter longuement sur ce sujet, nous voulions seulement l'indiquer au passage, mais nous y reviendrons bien certainement, car il mérite qu'on lui prête attention.

Pour le moment il s'agit du porc.

Très-ductile, très-malléable, qu'on nous permette l'emploi de ces expressions, l'espèce porcine reçoit très-vite et très-profondément l'atteinte des influences qu'on fait peser sur elle. On la voit très-tranchée aux deux extrêmes que nous avons définis : les variétés françaises, même les meilleures, sont très-défectueuses quant aux formes et très-attardées quant aux aptitudes, car elles se développent avec lenteur et s'engraissent difficilement; les variétés anglaises, même les moindres, se recommandent doublement, au contraire, par leur belle conformation et par leur précocité. Chez les premières, nous l'avons déjà fait remarquer, les os abondent, mais la viande, ce qu'on appelle le maigre, est de haut goût et très-distinct du lard sous lequel on la trouve épaisse, et le lard est ferme, de bonne qualité, de longue garde. Chez les autres, la proportion des os est très-notablement réduite; on peut en dire autant du maigre, mais le gras, lard et graisse, est partout abondant, d'une nature ou plutôt d'un aspect un peu différent, d'un goût plus huileux aussi, moins agréable et fondant beaucoup à la cuisson. Ce dernier caractère, très-apprécié quand on demande au porc de fabriquer surtout de la graisse, est moins estimé des populations qui lui demandent tout à la fois de la graisse et de la chair, du gras et du maigre, une sorte de viande qui remplace à l'ordinaire celle du bœuf et du mouton. Nos variétés constituent des animaux de boucherie très-imparfaits, mais les variétés anglaises n'ont plus de viande, elles sont tout graisse. Elles ont leur raison d'être et leur utilité spéciale quand on ne veut que de la graisse et peuvent, sous ce rapport, être considérées comme très-essentiellement améliorées, mais elles ne peuvent tenir lieu de viande de boucherie, ainsi qu'il arrive des nôtres, au moins chez nous où l'on n'aime pas autant le gras, où l'on veut à la fois et du gras et du maigre. Les anglomanes repoussent cette distinction et disent que l'engraissement exagéré ne saurait être tenu pour imperfection, attendu qu'un animal capable d'accumuler en lui de la graisse à ce degré, peut encore mieux arriver à des limites raisonnables. Cette raison n'est que spécieuse, elle s'évanouit au moindre examen. La nature du porc, chez les variétés anglaises, ne ressemble plus à celle des variétés françaises. Un cochon anglais, à tous les âges, est gras et peu charnu ; un cochon français, à tous les âges, qu'il soit gras ou maigre, est charnu. Le régime, aidé du temps, développe et grossit la boule de graisse qui constitue le porc de race anglaise ; l'âge et la nourriture grossissent et engraissent le porc de race française : tous deux poussent dans le sens de leur faculté réciproque, l'un fabrique surtout de la graisse, l'autre fait à la fois de la viande et du lard.

Cependant cette viande et ce lard peuvent être produits en de meilleures conditions, beaucoup plus économiquement. La sélection nous conduirait sans doute à cet important résultat, mais il faudrait y mettre beaucoup de temps. L'intervention des races anglaises abrége beaucoup l'opération, et l'on est surpris de la rapidité avec laquelle les familles porcines de ce côté du détroit sont modifiées et transformées par l'influence du mâle emprunté aux variétés d'outre-Manche. La transformation est si prompte et si radicale, qu'on arrive en trois ou quatre générations à l'absorption presque complète de la race indigène par la race étrangère. Alors le but est dépassé. En effet, en même temps que la boule de graisse est venue, l'animal de boucherie s'en est allé, et parallèlement les qualités de goût et les ressources d'alimentation, qui restent un point considérable chez nous où bœufs et moutons ne fournissent pas encore en suffisance à la nourriture des campagnes. L'éleveur, qui produit particulièrement en vue de ses besoins, ne voulait point aller aussi loin. Dégoûté du résultat obtenu, il a renoncé au croisement continu qui lui donnait moins de viande qu'il n'en veut; mais en renonçant au croisement continu, il abandonne tout à fait les races anglaises et revient aux variétés locales, sans autre préoccupation. Celles-ci vont se mulipliant en ses mains, ou plutôt sous ses propres yeux, sans être l'objet d'aucune attention particulière.

Ceci est un tort, un tort qui laisse en présence les races perfectionnées et les races attardées, lesquelles ne satisfont, ni les unes ni les autres, la masse des consommateurs en France.

On mettrait un terme à cette situation mauvaise en poussant, par des encouragements spéciaux, à la création intelligente d'une race anglo-française intermédiaire, dont les mâles pussent devenir les améliorateurs de nos variétés indigènes, sans crainte de les voir disparaître complétement sous l'action répétée du croisement continu.

Cette création sortirait bientôt du néant si on la provoquait directement; elle ne résultera jamais de l'absence d'idées qui dépare les programmes de l'Administration.

Comme toute question d'alimentation publique, celle-ci a sa gravité. Tandis que l'on vante les races anglaises, si parfaites pour la production à peu près exclusive de la graisse, les nôtres se tiennent pour battues sur le champ clos des concours, et se retirent de la lutte, sans égard pour les primes offertes et qu'elles ne convoitent plus; mais alors elles restent ce qu'elles sont.

Ne repoussons pas d'une manière absolue les étrangères qui ont leur place distincte dans notre économie de bétail, mais ne nous obstinons pas non plus à laisser dans l'inattention et l'incurie toute une population considérable d'animaux dont les produits et les profits pourraient doubler aisément en nos mains dans un laps de temps fort court. Ne dédaignons pas les enseignements de la science quand ils peuvent avoir pour nous les conséquences pratiques les plus larges et les plus heureuses. Toutes nos espèces domestiques ont leur utilité grande, leur utilité propre; celle du porc ne le cède à aucune autre dans sa spécialité. C'est elle qui produit la viande au plus bas prix et, nonobstant, elle se vend fort cher.

« Il résulte, a dit M. Barral, dans une page très-substantielle du *Journal d'agriculture pratique* qui devrait être dans les mains de tout cultivateur sachant lire, il résulte des chiffres cités dans un remarquable travail de MM. Lawes et Gilbert sur l'enseignement, que

« 1 kilogramme de bœuf se fabrique avec 12 ou 13 kilogrammes de matière sèche;

« 1 kilogramme de mouton est obtenu avec 9 kilogrammes d'aliments supposés secs ;

« Et 1 kilogramme de porc, la plus admirable machine d'assimilation que nous possédions, avec 4 ou 5 kilogrammes seulement de matières supposées desséchées.

« Ainsi la viande de porc est de beaucoup la plus économique à produire. »

Malgré cela, venons-nous de dire, elle est fort cher. Nous appuierons notre assertion de la moyenne officielle du prix des viandes vendues à la criée, à Paris, pendant les six premiers mois de 1862.

Les moyennes résultent de relevés bi-mensuels et donnent :

Pour la viande de bœuf (non pour celle de vache, qui est d'un prix moindre) . . .	1ᶠ,13ᶜ,5	le kilogramme.
Pour la viande de mouton.	1ᶠ,21ᶜ,5	id.
Pour la viande de porc frais	1ᶠ,30ᶜ,1	id.
Pour la viande de porc fumé	1ᶠ,61ᶜ,3	id.

A ces prix, l'agriculture doit être encouragée à produire abondamment la viande de porc, à cultiver avec soin les bonnes races de ce précieux animal.

§ D. — LES ANIMAUX DE BASSE-COUR.

Lapins et volailles. — Concours privés et concours officiels. — Tohu-bohu. — Étrangers et nationaux. — Mercantilisme. — La vogue et la mode. — Moins de bruit que de besogne. — Abâtardissement général. — Ventre affamé peut avoir des oreilles. — La victoire passe aux gros bataillons. — On revient à la vérité. — Quand améliorera-t-on les programmes ?

Nous avons été des premiers à demander que l'on créât des concours pour les animaux de basse-cour, lapins et volailles de toutes espèces, dont l'amélioration et le perfectionnement s'élèvent au niveau des questions d'alimentation publique. Dès 1854, nous émettions le vœu que des souscriptions privées s'organisassent dans ce but, qui ne nous paraissait pas au-dessus des efforts des particuliers. La pensée ne nous serait pas venue d'en charger l'État, car nous ne sommes pas de ceux qui le sollicitent de faire tout et le reste. Mais c'était une innovation, et cette sorte de fruits ne se cueille jamais en primeur dans notre beau pays. Cependant l'idée faisait tout doucement son chemin et, ma foi, il est bien des gens qui n'auraient pas voulu tenir un pari contre sa réussite. L'administration coupa court aux indécisions; elle prit la chose en mains et ajouta, à chacun de ses concours régionaux, une classe spéciale aux animaux de basse-cour.

Fidèle à son système de confusion, elle offrit une somme en bloc, dont elle donna la libre disposition, la libre répartition au jury.

Les inscriptions se firent nombreuses, mais elles montrèrent plus d'animaux étrangers que d'autres. Les indigènes n'intéressèrent personne ; les exotiques obtinrent tout d'abord une vogue immense. Les marchands se mirent de la partie; ils firent de magnifiques affaires et nous, qui avons les merveilles du genre, nous eûmes la sottise de donner dans le panneau. Une fois mises en renom et placées sous le stupide patronage de la mode, les races de poules fantaisistes se multiplièrent comme par enchantement.

En les voyant remporter tous les prix, au détriment des nôtres, qui leur étaient et qui leur sont de beaucoup supérieures, nous avons jeté des cris de Mélusine, en demandant au paon de faire chorus. Nous avons fait un vacarme abominable, on nous a dit : Vous faites plus de bruit que vous n'êtes gros. Insensible à l'accusation, nous nous sommes promis de faire encore plus de besogne et nous avons continué à prêcher une nouvelle croisade contre les étrangères qui avaient envahi, peuplé, abâtardi et empoisonné toutes nos basses-cours, moins toutefois celles où l'on élève nos grandes races françaises, les meilleures du monde, ainsi que nous en fournirons les preuves une autre fois.

Nous avons adressé nos suppliques à l'Administration, aux jurys, à toutes les intelligences, à toutes les consciences, aux esprits et aux estomacs : nous avons été longtemps seuls dans cette voie, et, durant tout ce temps-là, le mal montait, montait toujours; nos pauvres petites poules communes, pondeuses si fécondes, étaient cochinchinées à outrance, grossies dans leur squelette, altérées dans la délicatesse de leur chair, enlaidies à faire peur; les unions les moins assorties les avaient rendues méconnaissables et les avaient gâtées au goût.

Ni l'Administration ni les jurys n'ont voulu nous entendre; la confusion des programmes dure encore et les jurys s'y complaisent, tant elle favorise leurs opérations en les dispensant de tout savoir; mais les estomacs affamés, qu'on a calomniés à notre avis en les privant d'oreilles, les estomacs ne sont pas restés sourds à nos exhortations. Loin de là, ils se rangent en masses compactes de notre côté, et voilà que la victoire menace d'abandonner sérieusement les heureux d'hier pour passer aux gros bataillons.

Nous ne sommes plus seuls à dire les qualités positives, la supériorité de nos races françaises ; les plus chauds partisans des autres les abandonnent et les vouent à l'exécration, demandant pardon à Dieu et aux hommes de les avoir vantés outre mesure, elles qui valent si peu.

L'opinion publique est revenue au vrai, mais les programmes demeurent fermes dans le vague qui leur est cher. En faisant deux parts des encouragements officiels, ils pourraient ramener peu à peu nos races françaises aux concours qu'elles ont vite désertés pour aller cacher la honte d'un abandon si peu mérité. Quand donc s'amélioreront ces programmes ? Ils sont à remanier de fond en comble, non dans une de leurs divisions, mais dans leur totalité.

III

INSTRUMENTS ET MACHINES.

Outillage agricole. — Sa situation actuelle. — La foire aux instruments. — Le génie rural et ses œuvres. — Les grandes usines de l'Angleterre. — L'industrie des machines agricoles en France. — Maison Duvoir. — Les nouveautés de 1862. — La batteuse double. — Une charrue fouilleuse. — Un essai de labourage à vapeur. — L'appareil de Fowler. — La boîte à éclosion. — Une semaille de saumons. — La charrue Cougouroux. — Rira bien qui rira le dernier. — Un succès inattendu. — Quarante ans d'attente. — La herse-chaîne. — L'œuvre des praticiens. — Grignon. — Mettray. — Les Trois-Croix. — Encore une réforme nécessaire. — La force de l'autorité et l'autorité de la force.

Notre outillage agricole était bien insuffisant et bien

défectueux il y a seulement une quinzaine d'années. L'institution des concours a été pour eux un bienfait immense, incommensurable, le mot n'est que juste. Cette fois, à notre avis, le rapport à l'Empereur ne dit pas assez.

« Si du bétail on passe aux instruments aratoires et aux machines agricoles, lit-on dans ce document, le progrès n'est pas moins sensible, et se traduit par de nombreuses innovations dans l'outillage des fermes. En effet, à mesure que les bras et la main-d'œuvre sont devenus plus rares et plus chers, il a bien fallu s'adresser aux machines et s'aider d'un puissant auxiliaire dont l'industrie manufacturière semblait avoir, jusqu'à ce jour, monopolisé les services. A peu d'exceptions près, les machines à vapeur, fixes ou locomobiles, ont figuré dans le catalogue de tous les concours en 1862, et d'ingénieux perfectionnements ont été mis en relief et signalés par les jurys spéciaux. Les faucheuses, les râteleuses, les moissonneuses y ont aussi pris place en plus grand nombre que dans les années précédentes ; et, pour tout dire en un mot, le perfectionnement de l'outillage s'est montré au niveau des besoins de la culture. »

Ce grand résultat est dû, pour la meilleure part, aux concours. Les constructeurs d'instruments agricoles y sont venus comme autrefois on allait aux foires. Ils y ont fait leur clientèle. Des relations nécessaires, qui n'existaient pas, qui n'auraient jamais existé au même degré, se sont établies entre les agriculteurs et les mécaniciens ou les ingénieurs agricoles, et de là est sortie toute l'importance rapidement acquise chez nous par le génie rural et ses œuvres, qu'on y soupçonnait à peine. Un mouvement immense, sans aucun précédent, s'est fait, et toute une industrie nouvelle, dont nous nous réservons de parler plus loin, à l'occasion de l'Exposition universelle de Londres, est née et s'est puissamment implantée dans notre pays.

Elle n'y a pas, cela est certain, les quelques usines gigantesques de l'Angleterre ; mais pour être répartie entre un nombre beaucoup plus considérable de constructeurs très-intelligents et très-capables, elle n'en a que plus de force et plus de moyens.

Ce serait une histoire à la fois utile et intéressante à faire que celle de la naissance, du développement et de la transformation complète de cette industrie en France, dans une période de moins de vingt ans, mais elle exigerait des recherches très-difficiles à obtenir exactes, car tous ne s'y prêteraient pas également. Sous ce rapport, nous avons encore bien des préventions dans l'esprit ; nous n'aimons pas la lumière en proportion de son utilité ; nous craignons les curieux et nous nous mettons volontiers dans l'ombre, de peur des voisins. Cependant les idées marchent et peu à peu le vieil esprit disparaît. Ce qui n'est pas encore possible aujourd'hui le deviendra bientôt.

Déjà cependant, nous avons aussi de grandes maisons, toutes spéciales, et au premier rang se trouve l'une des plus anciennes, celle de Duvoir, fondée il y a vingt ans. La construction des machines à vapeur agricoles y a pris, dans ces derniers temps, un développement considérable qui ne précède pas, mais répond seulement aux besoins nouveaux et toujours grandissants de l'agriculture.

Cette maison est placée aujourd'hui sous la raison sociale Albaret et Ce. On sait que ses ateliers de construction sont installés à Liancourt-Rantigny (Oise).

Ses moyens de fabrication, d'ailleurs, sont très-puissants : on y compte les ateliers de forges, fonderie de fer et de cuivre, chaudronnerie, ajustage, montage, menuiserie et charronnage. L'outillage, aussi complet que possible, se compose de tours, étaux limeurs, machines à raboter, à mortaiser, à percer, marteaux-pilons, scies verticales, circulaires, à ruban, machines diverses pour le travail du bois, etc., etc. Ces divers engins sont mis en mouvement par quatre machines à vapeur.

Un atelier pour la confection des waggons vient d'être annexé dernièrement aux premiers établissements.

Des machines spéciales ont été créées pour produire vivement et avec la plus grande précision possible toutes les pièces de rechange des batteuses et manéges. Plus de trois mille cinq cents machines à battre et de trois cents machines à vapeur sont sorties de ces établissements.

Comme conséquence de l'extension prise par les affaires commerciales et industrielles de la maison Duvoir, les succursales de Soissons, Valenciennes, Caen, Rethel, Château-Thierry, ont été successivement fondées. Le grand entrepôt de Paris, rue Lafayette, 90, contient les séries bien complètes des divers systèmes de machines à vapeur et autres instruments agricoles construits à Liancourt.

Inutile de dire que cette maison est l'un des lauréats les plus heureux de nos grands concours; la plupart de ses machines ont déjà épuisé la série des récompenses.

Sa nouveauté, en 1862, consiste en une batteuse double, fort remarquée. Une seule courroie donne le mouvement aux deux batteurs et deux ouvriers peuvent engrener en même temps. C'est, du reste, l'excellente batteuse de Duvoir, qui a été ainsi doublée pour multiplier son effet utile. Nous l'avons vue au concours d'Arras, et nous l'avons retrouvée à Londres.

Nous avons vu, à Arras également, un nouveau semoir

qui prendra la dénomination de semoir artésien et qui promet la solution la plus complète et la plus simplifiée du problème de l'ensencement en lignes, en poquets, en quinconces et en lignes brisées, de toutes sortes de grains. Il est d'un petit volume et pourrait être confié à la conduite d'un enfant. Il contraste fort avec tous ces engins compliqués et d'un prix élevé qui se multiplient sans satisfaire à tous les *desiderata* de l'agriculture. Cependant l'inventeur, M. Jules Decrombecque, ne veut pas qu'on en parle avant qu'il y ait mis la dernière main. Il n'entend le produire que lorsqu'il le trouvera parfait.

L'instrument qui paraît avoir eu, cette année, le plus de succès au concours de Moulins, est une charrue fouilleuse exposée par M. Bruel. Elle est composée, a dit M. Victor Borie, d'un large coutre, à la base duquel est adapté un soc continué en arrière par une sorte de *semelle* légèrement relevée. Quand la charrue fonctionne, la semelle soulève la terre du sous-sol, la fendille et la laisse retomber sur place, après avoir permis à l'atmosphère, à la pluie ou aux rayons solaires de la pénétrer. Cet instrument, fort simple du reste, car il coûte, je crois, une soixantaine de francs, fait avec beaucoup de facilité un bon travail.

C'est le labourage à la vapeur qui a excité le plus vif intérêt au concours de Bourges. Une machine du système Rouffet a mis en mouvement un brabant double, dont le travail a été parfait. Mais cet essai, on l'a judicieusement fait observer, ne conduit point à la grande pratique du labourage à la vapeur. Celui-ci n'offre pas d'avantage saillant quand il emploie une charrue à un seul soc, quand il ne remplace qu'un attelage ordinaire. Mais cette région possède l'appareil de Fowler, que nous avons également trouvé chez M. Decrombecque à Lens, dans le Pas-de-Calais, et sa mise en œuvre sérieuse constituera un essai d'une bien autre importance. Toutefois, ces faits nouveaux ne pourront se rattacher qu'à l'histoire agricole de 1863.

A Guéret, la nouveauté agricole, exposée par M. le docteur Maslieurat, se rapportait à la pisciculture. Elle consiste en une boîte en bois, avec des cloisons en baguettes d'osier, destinée à l'éclosion des œufs de poisson. Elle a été établie, d'après les indications de M. Coste, pour démontrer aux meuniers et aux propriétaires riverains des cours d'eau, combien il leur serait facile de repeupler, presque sans dépenses, rivières et ruisseaux.

La curiosité et l'intérêt ont été doubles à Montauban.

Un pisciculteur distingué, M. Wallon, a profité de la solennité du concours pour lancer dans le Tarn, sous les auspices de la Société d'acclimatation, 50,000 jeunes saumons. Cette semaille s'est accomplie avec apparat. On avait réuni pour la circonstance toutes les barques de la ville ; on les avait très-joliment pavoisées, et la musique militaire accompagnait l'escadrille, au grand contentement de la population accourue sur les rives.

L'autre nouveauté a causé, paraît-il, une certaine sensation. Il s'agissait tout simplement d'une charrue inventée par un cultivateur, il y a quelque chose comme quarante ans, et près de laquelle tout le monde passait, depuis lors, sans lui prêter aucune attention, bien que la Société d'agriculture de Montauban lui ait accordé une médaille en 1822. Le cultivateur-inventeur, moins heureux et tout aussi malheureux que beaucoup d'autres, s'est servi de sa charrue, qui n'en était pas plus connue. Il se nomme Cougouroux, et son instrument, grâce aux essais qu'il a subis devant les membres du concours de

Montauban, prend aussi son nom. En 1861, il l'avait envoyé à Toulouse, mais ne payant pas de mine et ne laissant même pas soupçonner ses mérites, on se refusa de l'admettre aux essais. Cette année, la chose n'allait pas encore toute seule ; il fallut quelque peu parlementer pour obtenir la faveur de se montrer en champ clos, dans la compagnie d'illustres rivaux. Bah ! se dit-on, la Cougouroux fera diversion, on en rira, et tout sera dit.

Le fait est que, rien qu'à la voir, cette charrue repousse toute idée non-seulement de supériorité, mais de mérite quelconque. Elle est, paraît-il, si grossièrement établie que si elle n'était pas construite d'après les données les plus sûres de la dynamique, elle ne résisterait pas au premier effort de traction, tant les différentes pièces en sont mal ajustées.

C'est une singulière charrue, car elle n'a en quelque sorte ni soc ni versoir, et pourtant elle fonctionne d'une façon très-satisfaisante ; son labour est sérieux, excellent. Elle se compose de deux lames de fer unies à angle droit, et présentant une manière de soc d'une forme nouvelle, originale ; une roue en tôle de fer, reposant sur un galet, tient lieu de versoir et le remplace. En ses autres parties, elle rappelle l'araire.

Donc, on allait rire dès qu'on la verrait marcher.

On lui donna à retourner une terre très-dure ; elle s'attela de deux bœufs de taille moyenne, et se mit à labourer comme un brave instrument que ça connaît. Les deux lames formant soc ont énergiquement attaqué le sol, pour en détacher une bande. Celle-ci tombe sur la roue, à laquelle elle imprime son mouvement de rotation en allant se placer elle-même de l'autre côté de la raie. Ce faisant, elle a pénétré à une profondeur qui a varié de $0^m,22$ à $0^m,30$. Quatre bœufs, tirant ferme sur une charrue ordinaire, aux côtés de la charrue Cougouroux, marchaient plus difficilement, peinaient davantage, et ne purent creuser au-dessous de 0^m,18.

On ne riait pas. Ce succès inattendu fut l'événement du jour, et le pauvre inventeur, qui avait attendu pendant quarante ans, qu'on voulût bien l'entendre, reçut force éloges et remporta tous les suffrages. Un constructeur de Paris, M. Peltier jeune, s'est empressé de s'assurer la construction d'un instrument qui aura désormais de nombreux partisans.

La herse-chaîne fait son tour de France ; on l'accueille et on l'acclame partout où on la voit fonctionner pour la première fois.

En dehors de ces quelques objets, qui méritaient une mention à part, il n'y a plus rien à signaler. Ne le regrettons pas beaucoup ; ne courons pas toujours après le nouveau. Au point de perfection où est déjà parvenu l'outillage de la ferme, l'invention devient nécessairement plus rare, quelques améliorations de détail seules restent à poursuivre ; elles seront plus particulièrement l'œuvre de la pratique, qui a maintenant pour mission de les indiquer soigneusement aux constructeurs. Mais beaucoup de ceux-ci sont eux-mêmes des agriculteurs d'un grand mérite, et leur expérience n'est perdue pour personne. Ainsi, les établissements de Grignon et de Mettray, ainsi, la ferme des Trois-Croix, si intelligemment exploitée par M. Bodin, ainsi, les ateliers de construction de M. G. Trousseau, etc., etc.

Les concours d'instruments ont donc rendu de très-réels et très-importants services à l'agriculture, non qu'ils les aient ordonnés avec une bien grande entente, mais parce que l'agriculture avait de pressants besoins et que les réunions régionales l'ont mise à même de les remplir et plus sûrement et plus économiquement.

Le laisser aller du programme est devenu l'objet de toutes sortes de réclamations auxquelles on s'obstine,— dans quel intérêt? — à ne vouloir pas faire droit. Rien n'est plus malaisé souvent que de se reconnaître au mi-milieu de la foule ; on a tant et tant donné de médailles à tout le monde, que les distinctions ne distinguent plus, faute d'une signification quelconque.

Encore une fois, c'était bien pour commencer, mais ce qu'on voulait obtenir est obtenu depuis longtemps, et maintenant il faut de toute nécessité avancer dans une direction nouvelle et mieux éclairer la route à suivre.

Après avoir poussé de très-utiles reconnaissances, il s'agit de grouper et de classer judicieusement toutes choses. D'autres que nous demandent ce que nous demandons inutilement depuis cinq ou six ans. Une résistance, qui n'aurait d'autre fondement qu'un parti pris de ne point céder aux instances du dehors, ne sera jamais considérée comme un acte réfléchi ou raisonnable. Il y a quelque différence entre la force de l'autorité et l'autorité de la force. Tout n'est pas pour le mieux dans les concours, il s'en faut de beaucoup. Travailler consciencieusement à leur amélioration n'est point affaire d'hostilité, mais de dévouement.

IV

LES PRODUITS AGRICOLES.

Un vaste champ à parcourir. — Un défaut d'organisation. — Ce que devrait être une exposition des produits. — Ce qu'elle est. — Les déceptions du visiteur. — Les recherches inutiles. — Il y a beaucoup à faire.

Les produits agricoles ! quel vaste champ à parcourir,

quelle magnifique étude à entreprendre, quelle riche moisson à recueillir !

Ce n'est pas le lieu pourtant. D'abord, nous aurons l'occasion de faire quelques excursions dans ce beau domaine, quand nous introduirons le lecteur au palais de Kensington, et ensuite il ne s'agit, pour le moment, que de parler des produits exposés, en 1862, dans nos douze concours régionaux.

L'Exposition des produits de l'agriculture, mine féconde, inépuisable, complèterait à merveille nos réunions régionales, si on prenait la peine de s'en occuper et de les organiser ; si on la divisait en classes distinctes, correspondant aux principales cultures ou aux industries agricoles les plus considérables dans chaque région. On n'y a seulement pas pensé. Chacun envoie capricieusement ou ceci ou cela, sans but, sans idée, sans visée aucune, et les jurys font de même, en appliquant des récompenses toujours accueillies avec satisfaction, mais sans portée, sans signification.

Une exposition régionale des produits devrait pour le moins indiquer au visiteur la nature et l'importance des productions du sol dans les départements groupés en région ; il n'en est rien. Aucune sollicitation de ce genre n'est adressée aux exposants, et bien peu savent former l'une de ces collections qui ont tant de prix pour l'étude, qui donnent tant de relief à une contrée et familiarisent si vite l'étranger avec toutes ses ressources.

La première pensée qui vient à l'esprit du visiteur est celle-là ; mais quelle déception dès qu'il a mis le pied sous la tente des produits. Il trouve de tout un peu, il voit un peu de tout, plus ou moins gracieusement ou coquettement disposé, mais sans méthode, sans arrangement systématique, et, le plus souvent encore, il cherche, sans réussir à les trouver, parce qu'ils n'y sont pas, les produits les plus renommés de la contrée.

Ainsi faites, ces exhibitions manquées se suivent et se ressemblent. Plus ou moins nombreuses, plus ou moins étroitement logées, elles n'excitent que très-médiocrement l'intérêt, malgré les richesses qu'elles recèlent souvent. On ne leur accorde même, en haut lieu, qu'une très-mince importance, et, dans son rapport à l'Empereur, M. le ministre de l'agriculture ne les mentionne même pas. Il serait très-facile encore de les rendre utiles et de les faire servir à l'avancement de l'agriculture. Pour cela, il faudrait les spécialiser, attacher une partie des récompenses aux objets les plus négligés et pourtant les plus indispensables : ici les engrais, là les fourrages; plus loin les textiles, ou les oléagineux, ou les produits forestiers, que sais-je? toujours est-il qu'il y a beaucoup à faire et qu'on ne fait rien.

LES CONCOURS HIPPIQUES.

Les exclusions. — Les allocations départementales. — Un succès d'estime. — Unanimité moins un. — Les divisions de l'espèce. — On désespère alors qu'on espère toujours. — Comment on pourrait organiser les concours hippiques. — La situation actuelle. — *Oculos habent et non videbunt.* — Une déclaration....., d'amour ; oh ! non. — Droit et tolérance.

L'industrie chevaline joue de malheur en notre pays. On se la dispute avec ardeur, et chaque parti, qui la gagne ou qui l'obtient tour à tour, la traite de même, en pays conquis.

L'agriculture n'est pas satisfaite de la direction qu'on lui impose et qu'elle n'accepte pas; elle est mécontente notamment de l'exclusion des chevaux des grands concours régionaux, et elle proteste, chaque année, autant qu'il lui soit donné de le faire, par l'organe de ses représentants au sein des Conseils généraux. Plusieurs parmi ceux-ci votent, tantôt sur un point, tantôt sur un autre, avec une libéralité peu ordinaire, des allocations considérables en faveur de concours spéciaux qui se tiennent à côté et indépendamment des réunions officielles.

Ces concours spéciaux n'obtiennent qu'un demi-succès. Leur plus grande signification est la protestation anonyme qu'ils portent à qui de droit, en la renouvelant avec une persévérance qui mériterait d'être mieux comprise. En 1862, Charleville, Angers, Arras et Nancy ont eu des concours hippiques, qui ont succédé à leurs pareils, et qui seront suivis eux-mêmes de réunions semblables. Il est bien à regretter qu'ils se renouvellent invariablement dans des conditions très-défectueuses, et qu'au lieu d'appeler le progrès désiré par tous, ils se bornent à démontrer la nécessité toujours plus pressante de s'occuper enfin de la situation mauvaise dans laquelle se débattent sans résultat utile et la production et l'élève des diverses classes de notre population chevaline.

La presse a mêlé sa voix à celle de tous les agriculteurs. L'unanimité s'est faite pour réclamer l'admission des chevaux aux concours régionaux, l'unanimité moins un, et c'est nous, petit et isolé, qui avons demandé, qui continuerons à demander qu'on ne réunisse pas les chevaux aux autres animaux dans les concours de région ; mais nous persisterons aussi à demander qu'on ouvre à l'espèce des concours distincts et qu'on en étudie l'organisation de façon à ce qu'ils soient tout à la fois un grand encouragement et un grand enseignement, de façon à ce qu'ils mettent dans une voie sûre toutes les volontés, afin de rendre concordants tous les efforts, qui sont divergents et impuissants aujourd'hui.

Ceci devient une grosse affaire. L'espèce chevaline n'est pas une ; elle se divise en familles très-éloignées les unes des autres par leur conformation et leurs aptitudes, c'est-à-dire par leur destination ou leur spécialité d'emploi. Chacune a ses besoins : la nécessité veut que chacune ait aussi ses satisfactions propres. Cette situation oblige, et des encouragements divers, dans la forme, doivent répondre à chacune de ces trois classes : — les races de pur sang, — les grosses races de trait, — les races intermédiaires.

Les races de pur sang ont pour elles les courses plates

au galop; c'est leur manière de concourir; les grosses races ne trouvent d'encouragements que dans des réunions éventuelles ou locales sans retentissement ; on est revenu dans ces derniers temps à des institutions spéciales aux races intermédiaires.

Tout cela se fait d'une manière plus ou moins utile, sans produire les bons résultats qu'on espère toujours, qu'on accuse souvent et qu'on ne voit nulle part.

Il en résulte que de grands concours hippiques sont plus nécessaires que jamais. Toutefois, ils seraient plus opportunément et plus utilement ouverts en octobre qu'en mai. Nous les voudrions d'ailleurs organisés par familles homogènes sur les divers points où ces familles existent et sont l'objet d'une industrie spéciale ; ils remplaceraient avec avantage une foule de petites distributions de primes qui se renouvellent sans résultats appréciables depuis nombre d'années, et beaucoup de foires dont l'importance s'en est allée sans emporter le besoin de réunions semblables; ils seraient nomades dans la région et convoqueraient tous les étalons pour lesquels on sollicite un brevet d'approbation, ou, à défaut de celui-ci, une simple carte d'autorisation ; on y décernerait les primes aux poulinières et aux poulains des différents âges, primes à la bonne production, à l'élevage réussi, à l'éducation bien comprise, au dressage intelligent ; on y répartirait publiquement enfin, et d'un seul coup, tous les encouragements officiels qui se donnent çà et là, sans efficacité réelle, sans influence d'aucune sorte.

De telles exhibitions fourniraient l'occasion d'études intéressantes et avanceraient rapidement la solution de beaucoup de questions toujours pendantes: elles deviendraient de grands marchés où l'on amènerait tout ce qui est à vendre dans la région ; elles rendraient la vie à la belle industrie du cheval, qu'on restreint aux seuls besoins du producteur, au lieu de l'étendre à toutes les exigences d'une consommation sans cesse grandissante. Elles seraient donc heureusement complétées par l'annexion d'épreuves spéciales, d'essais propres à faire ressortir le mérite comparatif soit des reproducteurs, soit des produits arrivant à l'âge de mise en service. En combinant bien les choses, en conciliant les intérêts de tous, on ferait concourir à leur succès, d'ailleurs assuré, tous les départements d'une même région hippique : ainsi la Normandie, ainsi la Bretagne, ainsi le Poitou, ainsi les départements du Nord, etc. Les encouragements départementaux pourraient conserver leur spécialité, être décernés par des jurys divers, car rien ne s'oppose à ce que le concours général, tout en se tenant en même temps et sur le même terrain, reste indépendant des concours particuliers. Il n'y a donc là aucune difficulté pratique. Un programme bien fait, facile à bien faire, classerait tous les intérêts et tous les ayants droit de façon à donner égale satisfaction à tous. Alors on grouperait de nombreux concurrents, et c'est par centaines qu'on verrait sortir des concours les animaux primés ou distingués à un titre quelconque.

Distribués suivant des vues rationnelles et très-arrêtées, clairement formulées d'ailleurs au programme, les prix auraient une signification précise qu'ils n'ont sur aucun point du royaume où ils s'éparpillent au hasard. Les éleveurs recevraient une direction certaine ; à la place de volontés divergentes ou réfractaires, on verrait bientôt surgir des pratiques raisonnées et judicieuses ; chacun, mis dans sa voie, en travaillant avec profit pour soi, travaillerait aussi pour sa part à la satisfaction des besoins généraux dont nul n'a souci en ce moment.

L'isolement cesserait du jour où, par la force des choses, on serait parvenu à associer les efforts de tous en les dirigeant habilement, sans contrainte, sans gêne aucune, vers un but commun.

A côté des prix et des primes de toutes sortes, car les catégories se font nombreuses dès qu'on divise logiquement l'espèce, il y aurait les achats, de grands achats vraiment, ceux de l'administration des haras, ceux des particuliers, voire ceux de l'armée.

Rien de semblable n'a encore été tenté, mais rien n'est mal aisé dans l'organisation proposée, et, pour peu qu'on ne la repousse pas sans examen, on se convaincra sans efforts qu'elle porte en soi les germes d'un mouvement hippique inconnu jusqu'ici. Nous ne créons pas une utopie, nous parlons froidement, en praticien, nous sommes convaincu ; si nous ne parvenons pas à rattacher le lecteur à notre idée ; ce n'est pas qu'elle soit à rejeter, c'est uniquement que nous aurons été insuffisant à la présenter telle que nous l'avons conçue.

Quoi qu'il en soit, un fait est acquis, celui-ci : la situation de l'industrie chevaline en France n'est pas bonne. Cette industrie a rétrogradé au lieu de continuer le mouvement progressif qu'elle avait précédemment suivi et que tout le monde se plaît à reconnaître aujourd'hui ; elle a rétrogradé, car les étalons capables sont moins nombreux que par le passé et dans les établissements de l'Etat et dans les mains des particuliers ; elle a rétrogradé parce qu'on a tari les sources conservatrices de la production des types supérieurs : 1° en supprimant les jumenteries des haras ; 2° en remplaçant une réglementation protectrice par un règlement destructeur des produits de la race pure ; elle a rétrogradé parce qu'on n'a pris aucune mesure propre à la défendre contre l'abandon et le découragement; elle a rétrogradé, pour tout dire en un mot, parce qu'on a pris le contre-pied de tout ce qui aurait pu l'affermir dans la voie précédemment ouverte du perfectionnement et de l'extension.

Bien des faits révèlent la gravité de cette situation; mais on détourne la tête et l'on passe à côté sans les voir.

Il n'est de pires sourds que ceux qui ne veulent pas entendre.

Il y a déjà neuf ans qu'un ministre faisait publiquement aux agriculteurs cette déclaration solennelle : « *Grâce au succès* de vos petites exhibitions, les concours publics d'étalons de l'espèce chevaline auront bientôt acquis le droit de cité au sein de nos principales provinces à chevaux, c'est-à-dire *leur raison d'être et de vivre officiellement* à côté des concours établis au profit des autres espèces. »

Les anciens oracles parlaient ainsi; leurs mots étaient toujours à double entente. La phrase ministérielle annonce-t-elle qu'un jour ou l'autre les chevaux pourront faire partie des concours régionaux, ou bien exprime-t-elle seulement que les petites exhibitions finiront par être tolérées « officiellement à côté des concours établis au profit des autres espèces. »

On se rappelle, en effet, que cette tolérance n'a pas toujours existé : aujourd'hui, elle paraît être de « droit. » Est-ce là tout ce que doit attendre l'agriculture?

I

LES COURSES PLATES AU GALOP.

Les richesses du turf. — Le luxe sait plaire.— Il y aura un mauvais quart d'heure. — Le quart d'heure de Rabelais. — On abuse. — Les prix et les paris. — La pluie et le beau temps. — Les mauvaises herbes. — Les myopes. — Un gros intérêt. — Ce que vaut la course plate. — On repousse les concours ordinaires… par désintéressement. — Le bon et le mauvais. — Un peu de l'histoire d'*Eclipse*. — Le nœud de la question. — *Vox populi*. — Cheval de course et père de race. — Un doux *far niente*.

Les hommes du turf n'ont point à se plaindre ; cela ne veut pas dire qu'ils ne se plaignent point. Cependant ils ne connaissent pas les mauvaises années. Les pluies torrentielles, la sécheresse, l'oïdium, ne leur causent aucun préjudice ; aucun fléau ne vient jamais troubler la joie de nos jockey-clubs, grands ou petits. En tout temps, ils font :

> Pleine moisson, pleine vinée.

Ce sont de gros bonnets, très-puissants et très-millionnaires, dont le gros budget grossit toujours ; au demeurant gens de gros appétit, fort difficiles à satisfaire.

Quoi qu'il en soit, une pousse vigoureuse a fortifié l'institution des courses, si longtemps languissante ; la voilà qui se montre sous la forme d'un bel arbre plein de séve et d'avenir ; seulement, s'il a déjà fleuri, il n'a point encore porté de fruits savoureux. Jusqu'ici, il ne ressemble pas mal au blé trop touffu qui épuise les guérets par une végétation folle :

> En superfluité s'épendant d'ordinaire,
> Et poussant trop abondamment,
> Il ôte à son fruit l'aliment.
> L'arbre n'en plaît pas moins : tant le luxe sait plaire !

Mais l'heure de compter viendra. Il faudra bien quelque jour mesurer les résultats obtenus : s'ils allaient ne pas se trouver en rapport avec toute cette richesse, avec l'importance des sacrifices consentis ! On voudrait sans doute alors rechercher les causes qui auraient frappé d'inutilité toute cette vigueur dont on s'applaudit si fort aujourd'hui, et si on les découvrait là où elles sont réellement, ce qui n'est pas absolument impossible, que deviendrait cette prospérité factice qui s'est faite autour d'un point obscur ?

Laissons aller les choses ; le temps marche vite et précipite des solutions qu'on pourrait croire très-éloignées. Pour le moment, bornons-nous à constater et la situation actuelle des courses plates au galop et les résultats que donnent celles-ci.

Effectivement, il n'y a progrès que dans le chiffre des allocations diverses qui forment le budget des courses. Ni le nombre, ni la qualité des chevaux amenés au poteau ne répondent à l'accroissement des ressources. Sous ce rapport, et sans exagération aucune, on pourrait dire que les faits suivent une propension inverse, que le mérite des coursiers baisse parallèlement à la hausse que leur donne l'augmentation toujours croissante du budget de l'institution. Si l'on criait au paradoxe, il faudrait bien dire comment il n'est qu'apparent. Le cheval de course n'est qu'une machine dont on exige d'autant plus d'efforts et de travail que les hippodromes se multiplient davantage, que les prix offerts sont plus nombreux ou se présentent plus importants. Or, toute machine s'use en raison même du travail qu'on lui impose : si puissante et si bien construite qu'on la suppose, elle n'aura qu'une force de résistance donnée, qu'une existence limitée, alors même qu'on n'exigerait pas d'elle plus que de raison; mais l'abus peut abréger beaucoup la durée des services, et l'on abuse malgré soi quand la nécessité commande.

C'est la condition faite aux chevaux de course de l'époque; on les lance prématurément dans la carrière, et on leur inflige des travaux si multipliés et si rapprochés, qu'ils n'y peuvent suffire. Le cœur ne leur manque pas; généralement, rendons-leur cette justice, ils l'ont très-bien placé et le portent haut; mais les excès, la fatigue éteignent les forces, détériorent la constitution, usent tous les rouages à la faveur précisément des qualités morales, lesquelles soutiennent les qualités physiques au delà de leur propre mesure, et produisent des miracles d'énergie dont on a peine à se rendre compte.

Ce n'est pas pendant la lutte qu'il faut juger les animaux, mais avant et après.

L'organisation des grandes courses est telle aujourd'hui que la lutte elle-même, quand lutte il y a, n'a aucune signification autre que celle qui résulte d'un prix ou d'un pari perdu ou gagné. Tout est concentré là maintenant, règlement général, conditions spéciales, visées des spectateurs et but du *turfman*. Le bon cheval n'intéresse plus que quelques esprits routiniers, quelques hommes dont les idées n'ont pas fait un pas dans la question en dehors de l'utilité des courses considérées en elles-mêmes, eu égard à l'avancement de la population chevaline du pays, eu égard aux qualités solides et brillantes qu'elles peuvent révéler comme justification d'une structure athlétique et régulière. Mais ces hommes sont en minorité, leur jugement ne touche guère. On les tient pour fâcheux, le dédain les écrase. Ceux qui ont pris le haut du pavé, ceux qui font sur le terrain la pluie et le beau temps, les oracles du turf ont soin de tourner le dos aux questions vitales de l'amélioration des races ; ils sont du *jockey-club*, ils assistent à toutes les réunions du *beeting-room*, ils ont pour trente, quarante, cinquante, cent mille francs et plus de paris sur leur *book*, et les paris intéressent bien plus le cheval médiocre ou le *carcan*, comme ils disent, que le coursier valeureux et puissant. C'est ainsi qu'on fait des courses, ce n'est point ainsi qu'on fait de l'amélioration ; c'est ainsi peut-être qu'on pousse à la propagation des chevaux de pur sang, vaille que vaille, à la multiplication des mauvaises herbes comme on les qualifie en Angleterre ; ce n'est point ainsi qu'on fait prospérer l'industrie en général, ni qu'on monte une puissante et nombreuse cavalerie. Les myopes n'aperçoivent rien encore de ces choses ; les esprits sérieux les ont vues poindre à l'horizon. Si la production améliorée de nos races et leur utile transformation n'étaient qu'un jeu, ces observations n'auraient aucune valeur, et l'on pourrait s'amuser des plaisirs qu'y trouvent messieurs du jockey-club : malheureusement, la question est autre et gravite autour d'intérêts si pressants, qu'elle commande une attention plus particulière et moins éloignée.

La course plate au galop est l'épreuve sérieuse du cheval de pur sang, c'est-à-dire de l'améliorateur par excellence des races intermédiaires. Elle l'éprouve si complétement, que, grâce à l'abus qu'on en fait, répétons-le, elle porte une très-notable et très-fâcheuse atteinte à la race. Mais alors même qu'elle n'aurait pas cette triste conséquence, elle conserverait sa réelle signification et commanderait de faire passer à chacun de ceux qui l'ont subi un examen attentif, afin d'écarter les défectueux et les incapables au profit exclusif des bien conformés et des vaillants.

C'est ainsi qu'une autre forme de concours a son utilité; après la lutte active, criterium des forces morales, l'épreuve calme et attentive qui permettra de juger des qualités physiques, du mérite de la conformation extérieure.

Cette exigence, si légitime et si rationnelle, exaspère les producteurs de chevaux de pur sang et les amateurs de course. Ils refusent de s'y soumettre et n'ont qu'un superbe dédain pour les ignorants qui ne se contentent pas des hauts faits de l'hippodrome. Cependant on a essayé de les amener à se produire aux concours ouverts, ici ou là, aux reproducteurs de l'espèce. Le grand nombre s'est abstenu; ceux qui ont paru ont fait si triste figure que, dorénavant, on ne les y prendra plus. On a trouvé, pour couvrir une détermination prudente et forcée, un prétexte qui vaut son pesant d'or.

On a dit : La reproduction et l'élevage du pur sang, très-largement dotés, auraient mauvaise grâce à venir disputer aux autres races les quelques encouragements qui leur sont attribués; il y a tout à la fois justice et convenance à les tenir en dehors des nouveaux concours qui s'ouvrent à l'émulation des petits éleveurs.

En soi, le désintéressement est chose assurément très-louable : pour peu qu'il doive coûter ici à ceux qui font mine de s'en parer, nous voudrions savoir au juste ce qu'il est et ce qu'il vaut. Le pur-sang, en effet, nous a si peu accoutumé à un pareil détachement de ses propres intérêts qu'on nous pardonnera d'y regarder de plus près et de rechercher si, sous l'habileté de la forme, il n'y aurait pas au fond un motif plus réel de s'abstenir que ce renoncement pur et simple à des médailles d'or ou d'argent, accompagnées de quelques billets de banque qui en rehaussent le prix.

Quel peut être, au temps où nous sommes, eu égard aux exigences à satisfaire, le grand facteur des bonnes races de chevaux de service? Le pur-sang anglais évidemment. A lui donc la grande influence dans toutes les tentatives d'amélioration, à lui la plus large part dans tous les faits de la production éclairée et avancée. Si, dans la forme, il est large, ample, accentué, athlétique, s'il reste l'expression la plus haute de la force physique autant que de la force morale, personne ne le discutera, tout le monde l'acceptera, l'admirera, l'acclamera : d'ailleurs ses produits seront tout près de là pour témoigner d'une manière irrécusable en sa faveur, pour dire à tous et son mérite et sa supériorité. Les récompenses qu'il obtiendra n'exciteront point l'envie, nul ne songera à récriminer, chacun applaudira à ses succès : un étalon hors ligne est un trésor précieux, un reproducteur de race est une source vive à laquelle on sait puiser en temps et lieu et d'où s'échappe toujours la richesse. *Eclipse*, coureur heureux autant qu'infatigable, lutteur invincible et bientôt sans rival, semait l'envie et soulevait les plus mauvais sentiments autour de lui ; la malveillance hurlait des menaces à son encontre, sa vie a été sérieusement menacée ; on le retire de l'hippodrome, les idées changent. On avait voulu sa mort, maintenant on voudrait multiplier en lui les principes de la vie. Si cher que soit le loyer de ses services, on souscrit volontiers aux exigences du propriétaire, on se dispute l'honneur de son alliance, et le calcul était si judicieux, qu'on a pu compter, parmi ses descendants directs, 344 vainqueurs de 852 prix, formant une somme de plus de 4 millions de francs, non compris la valeur des coupes et pièces d'orfévrerie de toutes sortes.

Mais, s'il est pauvre, grêle, aminci, déjeté, prématurément déshonoré par l'usure et les tares qui se transmettent, s'il n'est plus un corps, mais une ombre, et si sa postérité — ici présente — ne répète que ses misères et ses infirmités, le pur-sang sera honni, repoussé à l'égal du poison, car les preuves vivantes de son impuissance à faire le bien forceront à le condamner. En tout état de cause, néanmoins, l'exhibition publique aura eu la même utilité; elle aura été instructive au même degré. Dans un cas, elle aura dit où sont le beau, le bon, le supérieur, et reste affermi dans la nécessité de s'y maintenir; dans l'autre, elle aura éclairé sur le danger d'employer à une œuvre d'amélioration des reproducteurs incapables, dont l'intervention ne peut que nuire à la race et à l'éleveur.

Là est le nœud de la question. L'élevage du cheval de pur sang est, depuis quelques années, dirigé suivant des vues si extrêmes, que le produit arrive fatalement à la ruine; la chose a lieu, toutes proportions gardées, sur une si large échelle, que la race entière est atteinte. En faire montre aujourd'hui ne paraît pas opportun. Ceux qui élèvent le pur-sang n'aiment pas à entendre bourdonner à leurs oreilles les gros mots, les épithètes malsonnantes, voire les injures qui se débitent tout haut sur la défaillance de la race pure. Ils sont payés pour s'abstenir et ne redoutent rien tant que cette sorte de concours où tout le monde vient, passe, revient et s'arrête pour tout examiner à la loupe, pour juger ensemble et prononcer d'une grande et forte voix : *vox populi*.

Sur l'hippodrome, les choses sont autres : les petits éleveurs, qui ont en leurs mains la grande industrie, sont tenus à distance ; ils verront passer les toques et les casaques bariolées, ils applaudiront même aux succès des plus heureux, mais ils ne sauront rien du mérite intrinsèque des concurrents, de leur valeur réelle, de celle qui n'est dans la dépendance ni des conventions, ni de la mode, ni de l'enthousiasme du moment, ni du caprice de celui-ci ou de tel autre ; ils réserveront leur jugement et feront sagement.

Les courses éprouvent la constitution du cheval de pur sang, les éleveurs ne le savent que trop, là pourtant est l'unique raison d'être de ces luttes ; il faut les laisser accomplir cette tâche. Tant qu'il est cheval de course, le pur-sang appartient au *sport* et aux *sportsmen*, c'est à merveille ; mais, dès qu'il ne hante plus l'hippodrome, s'il se fait étalon ou poulinière, il rentre dans le domaine de l'industrie chevaline. Celle-ci a bien un peu le droit alors de savoir jusqu'à quel point il peut la servir ou lui être préjudiciable. Ce brillant cheval de course, dont le nom a tant de fois retenti dans les feuilles, ce vainqueur des grands prix qui mettent si fort en émoi les parieurs, les habitués du *beetting-room*, vu de près, que vaut-il au juste ? quel sera son mérite, comme père, comme améliorateur ? Cette question a son importance, sans doute. L'animal est de bon sang ; il a bien couru, l'Etat l'a mieux payé encore, et le voilà breveté, s. g. d. g. par exemple, et en possession d'exercer son influence, heureuse ou néfaste, sur plusieurs générations successives ; il les élèvera, s'il est bon ; il les empoisonnera, s'il est mauvais. C'est là ce qu'il faudrait savoir à l'avance, afin de généraliser le bien ou de prévenir le mal, tandis qu'il en est temps encore.

Les grands concours aideraient à obtenir cot important résultat, mais on n'en veut pas, on les redoute ; on craint le grand jour maintenant pour ces vaillants champions de la veille. On a si prématurément, si absolument abusé de leur courage et de leurs forces, pendant les trois ou quatre premières années de leur vie, ils sortent eux-mêmes d'ascendants si violemment éprouvés qu'on n'ose plus les produire, que toute l'ambition qu'on a pour eux se borne à les voir finir obscurément au fond d'une box, à l'ombre de toute critique, à l'abri de toute récrimination. Il y a péril pour l'industrie à ce qu'il en soit ainsi ; un intérêt supérieur commande qu'il en soit autrement.

II

UN CONCOURS HIPPIQUE RÉGIONAL.

Tôt ou tard. — Une question d'argent. — Un problème à résoudre. — Un peu de statistique. — Les chevaux bretons. — Lamballe et Hennebon. — L'industrie privée. — Une nouvelle famille. — Le cheval de luxe et le cheval de cavalerie. — Brelan d'étalons. — Le pur-sang. — Les races de trait. — La loi d'hérédité. — Les étalons primés à huis clos et les étalons élus en concours public.

On en viendra tôt ou tard, le plus tôt sera le meilleur, à des concours de régions, annuels et nomades, pour l'espèce chevaline. On en reconnaîtra l'utilité, la nécessité, et le jour où l'on en réglementera judicieusement l'organisation, l'industrie chevaline se trouvera en possession d'une précieuse conquête, elle sera mise sur la voie de progrès rapides, qui accroîtront considérablement la fortune publique en assurant, par surcroît, l'indépendance de la patrie.

Que la question d'argent n'effraye personne. Il s'agit bien plus d'utiliser intelligemment les sommes qu'on dépense aujourd'hui sans beaucoup de profit que de voter des allocations nouvelles.

Nous donnerons un corps à notre pensée, et nous dirons comment nous comprendrions que les choses fussent organisées.

Donc, étant donnée une population chevaline, déterminer le genre d'étalons le plus apte à en soutenir la valeur actuelle ou à concourir à sa plus complète appropriation aux besoins définis de l'époque.

L'examen de cette proposition peut conduire à la solution pratique d'un problème qui a souvent occupé les meilleurs esprits.

Transportons-nous en Bretagne ; constatons la situation chevaline de la contrée et abordons, en ce qui la concerne, la question posée.

Les quatre départements bretons nourrissent ensemble près de 300,000 têtes de chevaux ; c'est le dixième de la population chevaline de la France. Mais l'importance de ce chiffre se relève encore du chef de cette considération, à savoir : bien qu'elle utilise à son profit et dans une certaine mesure les forces du cheval, la Bretagne opère industriellement sur l'espèce et la produit spécialement en vue de la satisfaction des besoins généraux, des nombreuses transactions dont elle peut être l'objet. En effet, le commerce du cheval est si actif dans cette province, qu'il s'exerce annuellement sur 40,000 à 50,000 têtes, dont 30,000 au moins la quittent pour se répandre sur tous les points de la France, les uns à l'état de chevaux faits, le plus grand nombre en bas âge, à la condition de poulains, que d'autres localités s'approprient par l'élève, comme choses de revente facile et lucrative.

Le chiffre de la population femelle est de 125,000 têtes environ ; 50,000 ou 60,000 sont annuellement livrées à la serte et donnent 30,000 naissances. La force étalonnière employée à ce résultat est de 1,000 étalons au moins. Le jour où l'on voudra exercer une réelle influence sur cette production, on s'assurera du service de 300 reproducteurs d'élite, qui agiront efficacement et directement sur le tiers à peu près du renouvellement de la population, et, par contre-coup, d'une manière médiate et de proche en proche sur le reste.

Mais ce n'est pas chose aisée à réunir que 300 étalons bien nés, bien conformés et bien doués, capables d'imprimer à l'amélioration le cachet spécial d'une utilité propre et bien définie. C'est une richesse immense qu'un pareil nombre de reproducteurs sortis de la même souche, appartenant au même type, tenant à la même famille par le sang, par les qualités, par la conformation. C'est une richesse immense; mais où la trouver? Elle n'existe pas.

Cependant, nous supposerons un moment qu'elle existe. Il ne s'agit plus dès lors que de la fixer, de créer un intérêt à la conserver à l'œuvre projetée.

Les deux dépôts d'étalons de Lamballe et de Hennebon, supposerons-nous encore, fourniront aux éleveurs 100 étalons de tête, parmi lesquels un certain nombre de reproducteurs de pur sang, à formes régulières et athlétiques, de ces animaux qui marquent utilement leur passage à travers les générations et assoient sur des caractères indélébiles les fondements d'une race créée en vue d'exigences connues et pour une destination déterminée.

A l'industrie privée, aux particuliers échoira le soin d'entretenir les 200 autres. La spéculation sera aidée, encouragée par un système de primes, par une subvention indispensable.

200 étalons, primés à 500 francs l'un en moyenne, coûteront 100,000 francs par an. Le budget de l'Etat devrait supporter la moitié de cette dépense; le reste serait laissé à la charge des quatre départements bretons, qui

ont toujours compris la nécessité de subventionner assez largement l'étalonnage privé.

Ces prémisses posées, établissons encore, avant d'arriver à la question, ce fait incontestable et d'ailleurs incontesté : la population chevaline actuelle de notre Bretagne a besoin d'être modifiée dans sa structure et rapprochée par les qualités du cheval de demi-sang ample et corsé, fort et léger tout à la fois ; elle n'a point assez d'homogénéité dans ses caractères, elle est trop commune et point assez civilisée ; il convient d'en fondre les variétés les plus estimées en une seule et même famille, qui se recommande par son aptitude à remplir les services les plus nombreux de ce temps-ci, et qui ait pour extrêmes : — en haut, le cheval d'attelage, qui touche de près au cheval de luxe, — en bas, le bon cheval de ligne, qui doit se montrer moins élancé que trapu, plus résistant que distingué.

Cela étant, quels devront être, en dehors de l'étalon de pur sang dont nous venons de déterminer la forme et la teneur (on nous pardonnera ce dernier mot), cela étant, quels devront être les étalons à primer, quelles qualités les distingueront, quelle sera leur aptitude ?

Si l'on consulte le passé, si l'on interroge les faits avec le désir de les interpréter sainement et de mettre le doigt sur la vérité, la lumière se fera promptement autour du point cherché.

C'est une famille de chevaux de demi-sang qu'il s'agit de produire en Bretagne, une de ces races intermédiaires entre le prototype de l'espèce et le cheval de gros trait, une de ces variétés qui forment transition entre les deux extrêmes et les réunissent en un produit moyen ayant en suffisance l'énergie de l'un et la corpulence de l'autre,

8.

la force de celui-ci et la légèreté de celui-là, l'âme du premier dans le calme du second, du poids sans lourdeur, de la distinction et du gros, les impressions vives sans irritabilité.

L'emploi rationnel de l'étalon de pur sang bien choisi peut seul conduire à ce résultat vainement désiré, et à peine entrevu jusqu'ici.

Par elle-même, la population indigène est insuffisante et incapable : elle résume en elle toutes les influences locales, mais rien que ces influences. La nature même de leur produit prouve qu'il y a nécessité de modifier leur manière d'être, leur mode d'agir par l'introduction d'un élément nouveau, d'une force nouvelle qui en détruise la cohésion et facilite un nouvel arrangement des formes, tout en fortifiant la trame.

L'amélioration tentée par des reproducteurs empruntés à des races communes, ayant plus ou moins d'affinité avec celles de la Bretagne, n'a donné que des résultats fugitifs et contestables. Revenir au cheval percheron mènerait droit à l'encontre du but proposé.

L'étalon anglo-normand de demi-sang, sauf de très-rares exceptions individuelles, n'est pas assez confirmé dans sa race pour n'apporter ici que de bonnes influences. Il n'est encore ni assez ample, ni assez étoffé pour contre-balancer la tendance fâcheuse qu'il donne à ses produits à *s'enlever*, à rester plats et minces dans les parties que le cheval de demi-sang doit offrir pleines, larges et bien développées; il apporte enfin, quoique déjà imprégné d'une certaine dose de pur sang, le germe de défectuosités inconnues chez le cheval breton, mais inhérentes au cheval normand, très-anciennement fixées dans sa nature, et qui se répètent avec une constance désespérante chez ses fils, au détriment des qualités qu'il possède et qu'il ne transmet pas avec une égale certitude.

En dehors de ces trois sources, — l'étalon indigène, le reproducteur de trait emprunté à une race voisine, le métis anglo-normand, — il n'y a plus que le cheval de pur sang et ses dérivés issus de la race même, et, suivant une vieille expression, *triés sur le volet*, c'est-à-dire élus parmi les produits les mieux réussis d'un métissage intelligent.

Il faut donc que la Bretagne produise elle-même la spécialité d'étalons de demi-sang nécessaire au perfectionnement de sa population chevaline, à l'appropriation de celle-ci aux exigences du temps. Tout ce qu'on fera pour sortir de ce fait continuera le passé, et rien de plus. Or, la seule chose qu'il faille lui demander, c'est la lumière dont il éclaire le présent, au profit d'un avenir prochain, si l'on sait utiliser l'expérience acquise.

Ainsi, trois choses à poursuivre : — la bonne reproduction de la population actuelle par le choix judicieux, dans la race même, des étalons et des juments les mieux conformés et les mieux doués ; — le croisement des poulinières d'élite par le cheval de pur sang anglais bâti en force, près de terre et corpulent, exempt enfin de toutes tares héréditaires ; — la métisation s'opérant plus tard par les anglo-bretons les plus capables, donnant le moyen de se rapprocher des forces et des qualités dues à l'indigénat, aussitôt que la dose de pur sang paraîtrait trop élevée, et ramenant toujours avec certitude au point moyen que l'expérience ne tarderait pas à déterminer d'une manière très-précise.

Des étalons de pur sang anglais, des métis anglo-bretons et des chevaux d'espèce bretonne, tous choisis avec soin, tous également recommandables, tels sont les reproducteurs dont il faut encourager tout à la fois la recherche, la production, l'élève raisonnée, le bon emploi et la conservation.

Si nos idées paraissent fausses, qu'un autre les redresse et dise ce qu'il croira vrai et pratiquement utile, en s'appuyant sur les faits. Arrière les théories creuses et les idées préconçues, arrière les systèmes que le temps n'a point sanctionnés et que la bonne pratique réprouve.

Le cheval de pur sang contient les germes de toutes les améliorations, mais les germes avortent quand les circonstances ne favorisent pas leur entier développement. Ils veulent être déposés en bonne terre, en temps convenable et en proportion rationnelle, pour ne pas périr d'étiolement, pour suivre, au contraire, toutes les phases d'une heureuse évolution. La reproduction d'une population chevaline, d'une race, d'une famille, par l'emploi exclusif non interrompu de l'étalon de pur sang, conduirait l'éleveur à la ruine, et la race à l'inutilité à peu près absolue. Il n'y a que la race pure qui puisse et doive être exclusivement reproduite par le pur sang, et l'on sait déjà combien elle est forcée de subir de pertes, combien peu de sujets capables sortent d'elle-même, en dépit des soins et des sacrifices accumulés pour un tout autre résultat.

Les races de trait acquièrent, sous certaines influences et dans des circonstances particulières, des qualités et des formes très-difficilement conservées quand changent les influences sous lesquelles elles ont été produites; ces races ne se modifient d'une manière utile et profitable que par le contact d'un agent nouveau, par le mélange d'un élément étranger, par l'addition d'une force supérieure. Cette force réside dans le pur sang.

Pendant longtemps le métis n'a par lui-même qu'un

pouvoir incertain, une puissance héréditaire peu active, tout à fait insuffisante ou dangereuse quand on l'a sorti des circonstances propres à son indigénat, du milieu naturel à sa propre race : il n'en est plus ainsi lorsqu'il demeure sous les influences du lieu natal, et qu'on lui demande précisément d'en conserver les avantages. Il lutte alors appuyé sur lui-même et résiste mieux aux tendances opposées.

Voilà ce qu'enseigne l'expérience. Les théories sont bonnes qui ne sont pas un rêve ou seulement le travail de l'imagination, mais l'explication raisonnée des faits les plus constants qui ne s'arrêtent pas à la simple spéculation, et s'établissent sur la connaissance des lois de la nature, sur l'observation répétée des résultats d'une saine pratique.

L'institution des étalons primés n'a encore rendu aucun des services qu'on en peut attendre. Elle fonctionne assez mal et ne prend aucun essor vers le but qu'elle doit atteindre. Elle va boitant, ne bat que d'une aile, et peut se traîner ainsi longtemps encore sans plus d'utilité que par le passé. On lui donnera de la force en la modifiant dans la forme, en la faisant parler aux yeux en même qu'à l'intérêt. Jusqu'ici, les étalons subventionnés par les haras sont examinés isolément et primés à huis clos. Ce mode, très-convenable pour l'étalon de pur sang au service duquel on attache — quand même — une riche subvention, est très-défectueux, au contraire, quand il s'agit de chevaux de demi-sang qui n'ont subi aucune épreuve quelconque, et dont il serait néanmoins très-utile d'apprécier l'énergie et le mérite. C'est donc un concours public et régional qu'il faudrait provoquer pour ce genre de reproducteurs, comme il en existe maintenant pour les autres espèces domestiques.

Le cheval de pur sang est essayé, fait ses preuves dans des courses multipliées : l'étalon de demi-sang doit être soumis à des épreuves spéciales compatibles avec sa nature, proportionnées à l'étendue de ses moyens et répondant par la forme au genre d'aptitude qui lui est propre.

III

LA RÉGION NORMANDE.

Anglo-normands et percherons. — Les concours régionaux d'Evreux, Alençon, Saint-Lô et Caen. — Le pur-sang élevé en Normandie. — Le budget des encouragements. — Les divisions d'un concours spécial à la région normande. — Extension à d'autres contrées et à d'autres races. — Une idée mûre.

C'est au point de vue hippique seulement que nous parlerons ici de la région normande, restreinte alors aux départements de l'Orne, du Calvados et de la Manche pour une famille de chevaux de demi-sang sans rivale, et au département d'Eure-et-Loir pour la race percheronne, si haut placée dans l'estime du grand nombre.

Evreux, cet honneur lui revient, a pris en 1857 l'initiative des concours hippiques régionaux, innovation hardie pour cette époque pleine de mauvais vouloir. Son timide essai eut un si grand succès et promit à l'institution un si brillant avenir, que le chef-lieu de l'Orne, puis Saint-Lô et Caen organisèrent, sur une vaste échelle, les beaux concours de 1858, 1859 et 1860. Ceux-ci eurent beaucoup de retentissement et mirent en lumière bien des obscurités.

C'est que, dans cette partie de la France, l'industrie du cheval, occupant en quelque sorte la première place, a eu, de tout temps, une très-grande importance.

Nulle part on ne produit ni plus solide, ni meilleur, plus complet en un mot, le cheval de pur sang ; on y élève en des conditions exceptionnelles la précieuse famille anglo-normande, qui fournit de nombreux reproducteurs au pays ; enfin, un coin de cette région est le centre de production de cette race percheronne que nous avons déjà nommée. Les parfaire tous les trois est ici chose de premier ordre, un intérêt capital et non plus seulement un accessoire.

Un concours hippique, en Normandie, prend donc des proportions considérables, une importance qu'il ne saurait acquérir ailleurs. C'est un motif de plus pour le faire indépendant du concours d'ensemble de l'agriculture régionale, non pour les séparer et les disjoindre, mais pour éviter qu'ils se nuisent, et pour les laisser l'un et l'autre dans leur sphère propre. D'ailleurs, nous l'avons déjà fait observer, l'époque qui convient le mieux à celui-ci est vraiment impossible pour celui-là. Toutefois, si déterminante que soit déjà cette considération, on en trouverait d'autres encore s'il en était besoin.

Chacun des quatre départements de notre petite région s'impose annuellement de certains sacrifices, en vue de pousser à la conservation ou à l'accroissement de sa richesse hippique. De son côté, l'Etat entretient environ 200 étalons à Saint-Lô et au Pin ; diverses associations offrent des encouragements, et des primes, plus ou moins élevées et nombreuses, sont encore distribuées sur les fonds des haras ; bref, une foule de canaux versent une petite pluie d'or sur cette industrie avec la bonne intention de la vivifier. Mais les idées ne sont pas nettes, personne ne définit d'une manière bien précise ce qu'il cherche ou ce qu'il veut, la divergence est partout, dans les faits, dans les doctrines, dans les résultats, et la question reste toujours la même, c'est-à-dire sans solution.

Si, en dehors de l'entretien des dépôts d'étalons, des achats d'étalons par les haras et des subventions accordées aux courses plates au galop, nous réunissions en un seul chiffre toutes les sommes réparties, dans ces dépôts, entre les éducateurs de chevaux, nous arriverions facilement à un total de 200,000 francs et plus. C'est cette somme que nous voudrions voir donner entière et toute à la fois, à la suite d'une seule et même exposition publique qui se tiendrait successivement, à frais communs, sur les divers points de la nouvelle région, et dans laquelle chaque département pourrait conserver son concours spécial pour ses produits, pour ses éleveurs particuliers.

Au lieu donc d'avoir des réunions fractionnées, insignifiantes, qui n'apprennent rien ou presque rien, on ne formerait qu'une seule, grande et magnifique exhibition, où chacun amènerait ses richesses pour les faire valoir et pour en tirer parti. A la suite des concours départementaux, jugés par des jurys spéciaux, aurait lieu le concours général, jugé par tous les jurys spéciaux réunis. Ceux-ci, nommés à l'avance, devraient former une commission permanente, afin que des traditions s'établissent et qu'une direction plus certaine et plus réfléchie fût donnée à l'industrie tout entière.

Chaque année, à l'issue même de l'exhibition, et tandis que les idées seraient toutes fraîches encore dans les esprits (on nous passera le mot), la grande commission réviserait le règlement, nous allions écrire les statuts du concours, afin de ne pas laisser vivre les dispositions défectueuses, afin d'y introduire toujours les nouvelles dispositions que dicterait l'expérience.

Je vois d'ici la réunion, à nulle autre pareille : le cheval pur-sang, la race percheronne et la famille anglo-normande forment autant de divisions naturelles. Dans chacune, je trouve trois classes : celles des étalons, des poulinières et des produits ; puis ce sont des catégories d'âge, ou de sang, ou de position ; voici des étalons approuvés au service desquels on attachera des primes, tout à côté des étalons autorisés qu'une grosse médaille en bronze, ou simplement une plaque de cuivre, signalera comme étant supérieure aux fruits secs : ici, le nombre est illimité, celui des élus pourrait se rapprocher beaucoup du nombre des appelés. Il en est qui aspirent aux carrières officielles, le prix de vente élevé les tente, ils seront publiquement essayés, les mieux doués remporteront la palme, et la commission d'achat statuera en dernier ressort. Les poulinières ont été fécondes ou stériles ; on les classera sous ce rapport en les divisant aussi par âge : à ce sujet deux ou trois catégories peuvent être formées et détermineront des décisions plus équitables, en égalisant mieux les chances. Les produits de un à trois ans auront leur concours séparé, leurs encouragements spéciaux. J'aperçois même une autre classe : celle-ci est composée de chevaux de service ; ils sont prêts à subir le joug, on les voit brillants et pleins de feu, mais souples, dociles et maniables ; des primes leur sont réservées, mais on ne les décernera qu'après épreuves faciles et complètes. La foule est grande qui assiste, examine, discute et se renseigne ; il y a des amateurs de toutes les conditions, il y a des marchands de tous les pays, j'allais dire de toutes les nations. L'animation est grande, mais l'ordre est partout, parce que les organisateurs et les commissaires, ayant fait leur stage, ont l'expérience, l'habitude et le zèle qui savent prévoir et faire face à toutes les éventualités. Enfin, et pour terminer, des ventes publiques, réglées avec intelligence, facilitent des transactions nécessaires. Les écuries des éleveurs se vident, mais pour se remplir, et comme une année est à peine suffisante pour se préparer au concours suivant, personne ne s'endort, chacun travaille chaque jour dans l'espérance d'un succès prochain.

Une institution semblable pourrait être organisée, par imitation, dans d'autres parties de la France, mais plus tard. Nous voudrions la voir perfectionner et réussir sur la terre de Normandie avant de l'importer ailleurs, imparfaite ou incomplète. A chaque chose son temps et sa place. La question est mûre pour la Normandie ; commençons par elle, et nous verrons ensuite pour les autres parties de la France.

Nous écartons à dessein les détails ; aucun ne présente un obstacle sérieux. On dit un peu partout que les particuliers doivent s'accoutumer à faire leurs affaires eux-mêmes : nous avons toujours été et nous sommes très-fort de cet avis. Le moyen qu'il en soit ainsi est de leur apprendre à le faire. En provoquant les quatre départements désignés à organiser un grand concours hippique et en les y aidant, on donnera un exemple utile à suivre en d'autres régions ; nous sommes sûr que la Bretagne, que le Nord, que d'autres contrées encore se réuniraient bientôt pour faire mieux que par le passé, pour atteindre enfin aux résultats attendus depuis si longtemps.

La question mûrit un peu sur tous les points ; on n'attend guère qu'un signal intelligent pour se mettre en marche.

Il ne serait pas impossible que le concours tout spécial organisé à Lille, cette année, par le comice agricole, fût le commencement d'une bonne institution particulièrement favorable à notre excellente race boulonnaise. Désirons-le et espérons.

V

UN CONCOURS HIPPIQUE INTERNATIONAL.

L'appétit vient en mangeant.— Un prix de course de 100,000 francs, sans les accessoires !— Le cheval et la civilisation. — Partisans et détracteurs du turf. — — On parle et on déparle. — Les idées reçues ou préconçues. — Une enquête sérieuse. — Le pour et le contre.— Une exposition véritablement universelle.— Le cheval en chambre et le cheval en mouvement. — Les essais raisonnés. — Courses et dynamomètres. — Un grand service à rendre à la civilisation universelle.

Mais nous aurions encore une autre ambition pour l'espèce, nous rêverions de la voir convoquer à Paris, de tous les points du globe, à une exposition internationale universelle.

Ce désir est-il moins raisonnable que la course organisée avec un seul prix, montant à 100,000 francs, qu'on offre aux chevaux de pur sang de tous les pays, et qui sera prochainement disputée à Paris? Il aurait une bien autre utilité pratique et des conséquences bien autrement larges. Cependant on a trouvé d'un tour de main les 100,000 francs à dépenser sans raison, et on ne songera même pas au moyen de former le budget d'une exhibition rationnelle, si rationnelle même, qu'elle devrait se renouveler cinq à six fois de suite à dix ans d'intervalle entre chacune.

Ce n'est pas seulement en agriculture que le cheval occupe une place considérable, c'est dans la civilisation même des peuples, à tous leurs âges. Son rang est acquis depuis longtemps, et il importe beaucoup qu'il n'en descende pas. Les moyens de l'obtenir apte et capable, de plier sa nature malléable à toutes les exigences de l'époque ne sont pas si connus qu'on n'ait pas besoin de les répandre par l'appréciation du mérite propre à chacune des principales races cultivées dans les diverses parties du globe. Plus d'un enseignement, inattendu peut-être, sortirait à n'en pas douter d'un examen en commun, d'une étude impartiale, parce qu'elle serait comparative, des représentants des variétés les plus estimées dans chaque pays, eu égard à la diversité des services auxquels on les applique. Malgré tout le bruit qui s'est fait autour de ce grand intérêt, bien des erreurs ont couru dans le monde sur tout ce qui le touche, bien des obscurités voilent la vérité en ce qui le concerne. Et ces erreurs, si fortement enracinées, sont un peu partout, dans tous les camps. Le turf a ses partisans fanatiques et d'aveugles détracteurs; la production du gros cheval se partage l'opinion d'une manière non moins absolue, et l'élève intelligente des races intermédiaires est encore moins comprise. Nulle part enfin la confusion des langues n'est plus complète; bien peu d'hommes savent se retrouver et parviennent à se faire entendre au sein de ce tohu-bohu. Dès que la voix s'élève au sujet de la question chevaline, on ne parle plus, on déparle; on ne discute plus, on se dispute. Nul ne cède, parce qu'il est convenu à l'avance que chacun en sait plus que personne ou que tout le monde. Les plus instruits et les plus expérimentés n'ont aucune autorité ; les juges du débat ou la galerie prennent ce duel en pitié, car, loin d'avancer, la question reste toujours en l'état, sans que l'opinion puisse jamais être éclairée. Il y a donc des idées reçues ou plutôt préconçues. Bonnes ou mauvaises, fausses ou vraies, elles sont acceptées les unes par ceux-ci, les autres par ceux-là, à tort et à travers, sans rime ni raison, sans étude et sans examen préalable. Elles sont parce qu'elles sont. Arches saintes, nul n'est le bienvenu s'il fait mine d'y toucher. C'est un absolutisme désespérant pour les esprits consciencieux, pour les hommes qui se préoccupent de l'avenir hippique du pays. Celui-ci est peut-être aux mains des plus habiles, mais l'opinion n'est pas convaincue. N'y a-t-il donc rien à faire dans l'intérêt même des bonnes doctrines? Un grand concours ne mettrait-il pas sous les yeux du public les éléments d'appréciation utiles à la vérité? Ne serait-ce pas comme les pièces du procès loyalement communiquées à tous les intéressés? Ne serait-ce pas une sérieuse enquête que celle qui serait ainsi faite par le public guidé par un bon classement, et s'inspirant au contact des hommes les plus compétents? Est-ce que ces nombreux visiteurs, qui ont vécu pour ainsi dire au milieu de la dernière exposition n'ont pas sainement jugé les qualités d'ordre général ou spécial, les aptitudes propres à chaque race considérée en elle-même et par rapport aux circonstances dans lesquelles elle était appelée à donner telle ou telle nature de produits? Est-ce qu'ils n'ont pas franchement admiré tout ce qui commandait l'admiration? Est-ce qu'ils n'ont pas apprécié en dehors de toute idée préconçue la valeur réelle des animaux d'élite, après avoir judicieusement hiérarchisé les races quant à leurs facultés diverses? Est-ce que cette intéressante étude s'est arrêtée à la forme, à la surface? Est-ce qu'elle n'a pas soulevé l'enveloppe pour pénétrer jusque dans les profondeurs de l'organisation? Est-ce qu'on n'a pas fait la part de toutes choses, essentielles ou fortuites, avantages ou inconvénients, pour attribuer à chacune son mérite particulier? Est-ce qu'on n'a pas su peser le pour et le contre, avant de rendre un verdict dans la question de préférence à accorder à telle ou telle race dans des positions parfaitement définies? Est-ce qu'on ne s'est pas enquis avec soin de l'histoire physiologique de la création de ces beaux produits, qu'on ne pouvait pas accepter sur l'étiquette seule du sac? Est-ce qu'on n'a pas regardé de près, au contraire, afin de vérifier tous les dire, et de savoir à quoi s'en tenir sur les moyens employés pour obtenir les résultats présentés?... Sans aucun doute, une pareille étude aurait une immense influence sur la production améliorée de notre population chevaline; elle avancerait beaucoup la solution pratique de la question dont les grosses difficultés tomberaient sous la masse des faits vivants réunis sur un seul point pour un examen décisif.

Nous sommes donc pour une grande exposition de chevaux, mais nous la voudrions exclusive pour l'espèce, tout en lui conservant son caractère universel. Elle devrait comprendre toutes les classes et toutes les races sans exception, et présenter chacune des catégories systématiques. En effet, il faudrait pouvoir juger l'espèce entière dans ses races pures, dans ses races les plus massives et dans ses variétés intermédiaires. Il faudrait prendre ensuite chacune de ces grandes divisions à ses différents âges et dans ses conditions d'aptitude et d'emploi, car il y a ici une question de longévité qui ajoute aux qualités de la race ou qui lui ôte beaucoup de sa valeur, en raison de l'état de conservation ou d'altération des formes. On le voit, les choses se compliquent quand il s'agit de l'espèce du cheval. Celui-ci d'ailleurs a une telle importance qu'on peut bien lui réserver l'honneur d'une exposition spéciale. Le printemps ne serait pas une époque favorable, mais l'automne. Les étalons sont occupés pendant la saison de la serte; les poulinières et les produits ne doivent pas voyager à cette époque; pour les chevaux de troupe, qu'il faudrait amener là par groupes variés et nombreux, quant aux différentes armes et aux diverses catégories d'âge, les chevaux de troupe pourraient être disponibles en tout temps; mais les maladies sont plus fréquentes à la sortie de l'hiver qu'après l'été. Nous ne voyons enfin que des motifs pour ne pas provoquer la réunion au printemps, pour la renvoyer au contraire à une autre époque.

Mais ce n'est pas à l'écurie, ce n'est pas en place qu'on peut sainement juger le cheval. Meilleur il est et moins bien il se montre, pourrait-on dire, dans la stalle. Il y est au repos et se néglige. C'est une qualité. Celui-là travaille mal et s'use vite qui ne doit pas profiter des heures pendant lesquelles on le laisse en chambre, qu'on nous passe le mot. Les marchands, qui ont besoin de tenir sans cesse leurs chevaux sous les armes, sont obligés de les tourmenter sans relâche pour obtenir qu'ils prennent et conservent des attitudes présentables. Sans cette précaution, qui le torture, le cheval se plante mal pour le visiteur, il est indifférent à tout ce qui se passe autour de lui, il a l'oreille basse, l'œil éteint, mauvaise tenue et défectueuse apparence; il se donne les airs d'un rossard. Créé pour le mouvement et l'espace, c'est en mouvement qu'il faut le voir; il ne se produit qu'au grand air. Une machine quelconque, un instrument aratoire, un bœuf, un mouton, un porc, que sais-je? se laissent examiner au repos sans défaveur. Le bœuf offre ses maniements au connaisseur, le mouton sa toison ou son poids à l'homme compétent, le porc son obésité à tous les yeux; on ne leur en demande pas davantage. La machine veut de plus être essayée, car on ne peut en bien apprécier le mérite que lorsqu'on l'a vu fonctionner, que lorsqu'on a pu en mesurer la puissance, l'effet utile, tout ensemble la quantité et la perfection du travail qu'elle expédie dans un temps donné. Et de même du cheval dont la spécialité est toujours le travail.

Il ne faudrait donc pas qu'un concours universel de l'espèce se bornât à appeler de toutes les régions des chevaux de races diverses pour en faire les hôtes passagers d'un palais de l'agriculture. Une semblable réunion n'apprendrait rien à personne; elle ne satisferait même pas les simples curieux. Elle nuirait aux races qui la formeraient, et ceux-là seulement y enverraient des représentants qui n'auraient pas su se rendre compte du résultat certain. Des essais spéciaux, des épreuves variées devraient être exigés. Chaque classe d'animaux devrait subir un examen particulier, et tous ces examens, cela va de soi, devraient être publics. Le champ de Mars et l'hippodrome du bois de Boulogne se prêteraient admirablement à de pareilles opérations, dont les courses d'automne seraient le couronnement. Les étalons et les poulinières n'auraient pas à subir les épreuves dont nous parlons, on ne nous prêtera pas des vues impossibles ou ridicules, et de même des produits qui n'auraient pas atteint leur troisième année. Mais les animaux de service, chacun dans leur caste, après avoir été vus comme les autres, hors de l'écurie, devraient être engagés dans des essais spéciaux, à conditions bien déterminées à l'avance, et offrir au public des preuves non équivoques de leur aptitude propre, de leur docilité, de leur vitesse, de leur énergie musculaire, de leur résistance au travail. Si la course doit être un critérium pour quelques-uns, le dynamomètre seul donnerait la mesure de la vigueur des autres ; pour les intermédiaires, la forme à donner à la lutte n'est pas difficile à trouver.

Nous donnons une simple ébauche, non une organisation complète et définitive. Notre but a été de démontrer :

1° Qu'un concours de chevaux doit être universel, amener devant les juges et devant le public, non plus seulement des reproducteurs de certaines races, mais des représentants de toutes les races, de tous les âges et de toutes les aptitudes ; car il s'agit, une fois pour toutes peut-être, d'une grande étude comparative, impossible sans cela, et de résultats qui ne seraient pas décisifs, s'ils ne portaient pas sur l'ensemble même de l'espèce ;

2° Que la spécialité d'une pareille exhibition et son caractère à la fois compliqué et grandiose commandent de l'isoler de toute autre, afin de ne détourner l'attention de personne, et de concentrer sur elle seule les observations de tous.

A ces conditions, une exposition de chevaux serait certes une grande chose, une solennité féconde pour l'avenir. Ainsi faite, elle aurait une très-haute signification économique, et nul, aucune opinion, voulions-nous dire, ne pourrait en escompter les avantages à son profit, car tous les résultats en tomberaient forcément dans le domaine public. La France, chez qui toutes les nations se donnent si volontiers rendez-vous, aurait là un important service à rendre à la civilisation universelle.

L'EXPOSITION ORNITHOLOGIQUE DU JARDIN D'ACCLIMATATION.

Une innovation. — La première exposition de volailles en Angleterre. — L'agriculture anglaise et les poules. — *Cochinchina mania*. — Les coqs de bruyère. — *God save the queen*. — L'oignon et le dindon. — Albion tributaire de la France ! — Albion se venge. — Connais-toi toi-même. — Les oiseaux de basse-cour et les concours régionaux. — Les excentriques. — Quel désordre ! — L'enthousiasme tombe. — Supériorité des races françaises. — La Société d'acclimatation et ses actionnaires. — Crèvecœur et Houdan. — Poules de la Flèche et de Barbezieux. — Variétés de la Caussade. — La poule blanche de Brie. — Les absents ont tort. — Les autruches françaises. — Exposition de 1863.

La Société d'acclimatation a organisé cette année, pour durer du 20 au 27 avril, dans son magnifique jardin du bois de Boulogne, un grand concours d'animaux de basse-cour et de volière, dont les oiseaux de proie étaient seuls exceptés.

Applaudissons à cet essai, à ce premier pas dans une voie nouvelle, suggéré par l'esprit d'association. L'unanimité s'est faite chez nous sur ce point que nous demandons trop à l'État de se charger de nos affaires. Il ne s'y détermine souvent qu'à son corps défendant, mais une fois qu'il a commencé, il ne se retire pas volontiers. Le mal est moins dans le fait en lui-même que dans l'immobilité qui en résulte et qui en est comme une conséquence forcée.

En thèse générale, l'État pourrait demeurer chargé de tout ce qui a besoin de stabilité, de durée, et les particuliers de tout ce qui n'est qu'affaire du moment en quelque sorte, de tout ce qui doit changer souvent, quant à la forme et quant au fond, avancer toujours et progresser vivement.

La première exposition de volailles, faite en Angleterre, remonte seulement à 1853. Inutile de dire que l'initiative en a été prise par quelques-uns, que le gouvernement ne s'en est pas mêlé. Une société, mieux que cela, une grande association s'est formée pour donner à l'objet qu'elle se proposait une grande force, et depuis lors les expositions se renouvellent avec régularité, et se succèdent avec une réelle utilité. Des prix nombreux, considérables et variés, quant aux conditions imposées pour les obtenir, sont offerts; les concurrents se pressent et témoignent des efforts qui ont été tentés en vue de répondre à des programmes sérieusement étudiés; les visiteurs affluent par milliers, par intérêt et avec réflexion plus encore que par simple curiosité.

Jusque dans ces derniers temps, l'agriculture anglaise avait en aversion l'élevage des volailles, qu'elle tenait pour être plus onéreux que productif. La conséquence de cette proscription en masse avait été la nécessité d'importer de l'étranger d'immenses quantités d'œufs et de volailles. La consommation a de ces exigences, tant pis pour les producteurs nationaux quand ils ne savent pas y pourvoir.

Toutefois, les questions économiques sont étudiées de près chez nos voisins. L'importation, en quantités si notables des produits de nos basses-cours, leur donna l'éveil. L'attention fut appelée sur un sujet qui avait pris une si haute importance, et l'on en fit une affaire d'alimentation publique, une affaire d'intérêt national.

On introduisit en Angleterre la race cochinchinoise, et

le simple fait de l'introduction d'une race de poules dont on ne connaissait même pas les mérites, devint le point de départ d'un entraînement universel. A l'imitation des plus grands personnages, on l'a partout adoptée, et l'engouement fut tel, qu'on l'a qualifié de manie, *cochinchina mania*. Heureux pays qui pousse jusque-là tout ce qui prend à ses yeux le caractère d'un intérêt immédiat sérieux.

Le libre-échange, en Angleterre, s'entend surtout de la liberté de faire entrer sans bourse délier, chez les autres, ce que l'Angleterre produit en abondance, avec exubérance, car on s'y arrange de façon à demander le moins possible aux voisins, et même à ne pas permettre que ceux-ci puissent venir prendre chez elle ce dont elle n'a pas en surabondance. Il en est ainsi, par exemple, des coqs de bruyère et de quelques autres espèces de gibier particulières à son île, et dont la sortie est encore prohibée à cette heure. Mais, du jour où certaines importations prennent un développement considérable, on fait un retour sur soi. L'attention est appelée sur le point négligé jusque-là ; on organise une sorte d'agitation dans le sens du nouveau besoin, la production en masse est excitée, et le vide est bientôt comblé.

L'Etat n'intervient pas, mais la puissante aristocratie, à la tête de laquelle reste toujours la royauté. La reine Victoria, *God save the queen*, a donné le signal de la *cochinchina mania*, et on lui tient grand compte d'avoir découvert — une découverte renouvelée des Grecs — que l'oignon ordinaire, mêlé à la nourriture des dindonneaux, est un moyen héroïque de les préserver et de les sauver quand ils *poussent le rouge*. Comprend-on ce qu'il y a de force et d'efficacité dans une pareille recommandation partie de Windsor pour faire le tour des Trois-Royaumes sous le patronage de la reine? Elle sauve de nombreuses couvées de la mortalité, et conserve à l'alimentation publique des animaux dont la multiplication facile est néanmoins encore et trop lente et insuffisante.

L'Angleterre devenue tributaire de la France pour les produits de la basse-cour! Ceci fut considéré comme étant le monde renversé. On a voulu se soustraire aux conséquences d'une énormité économique de cette taille, et chacun s'est mis résolûment à l'œuvre ; on est en voie de développement rapide. Beaucoup de variétés nouvelles ont surgi chez les éleveurs anglais, qui se sont fait un jeu de les multiplier à l'infini pour nous les vendre au poids de l'or, ce à quoi nous nous prêtons vraiment de la meilleure grâce du monde, bien qu'elles soient toutes, et à tous égards, inférieures à nos bonnes races. Par contre, ces dernières ne nous occupent guère ; à peine les connaissons-nous de nom ; mais nous sommes ferrés sur la nomenclature des races étrangères.

Ceci devient un précieux enseignement. Nous voudrions bien qu'il ne fût pas complétement perdu : comment nous y prendre?

Rappelons simplement les faits.

Tandis que toute cette agitation se produisait utilement outre-Manche, nous assistions de ce côté-ci au développement des concours régionaux de l'agriculture. On y admettait toutes les choses de la grande industrie, toutes, moins les habitants de la basse-cour. Cette exclusion fut remarquée ; on se récria ; on réclama pour les volailles une place, tant petite fût-elle. Dès le premier jour, au contraire, nous avions pensé que mieux valait spécialiser ce nouveau concours ; il ne nous paraissait ni hors de la portée, ni au-dessus des forces des particuliers, et nous émettions le vœu qu'une société se formât pour organiser chez nous des exhibitions judicieusement entendues.

L'industrie privée fit la sourde oreille; mais on renouvela les premières sollicitations adressées au pouvoir. De guerre lasse, l'administration de l'agriculture attribua à chaque concours régional une somme de 400 à 500 fr., et les animaux de basse-cour formèrent dès lors un accessoire insignifiant de nos grandes exhibitions agricoles. Le temps manque pour les examiner sérieusement; ils y sont admis pêle-mêle, au tas, concourent ensemble sans remplir aucune condition quelconque; on ne sait guère ni d'où ils viennent, ni ce qu'ils sont, ni ce qu'ils valent; on les juge sans entente préalable quant au but à atteindre, par la raison que nul n'a pris la peine de le définir. On prime au hasard les excentriques, au détriment, au mépris des utiles, sans savoir ce qu'on fait, mais pour répartir en petite pluie la somme inscrite en un seul chiffre au budget de l'institution. A ce jeu-là, les étranges variétés de nos voisins l'ont emporté sur les nôtres; elles sont venues en nombre quand les nôtres faisaient défaut; elles n'ont point eu de peine à enlever du concours l'honneur et l'argent, argent et honneur peu mérités. Cependant elles ont fait fortune; on les a fort recherchées, très-chèrement payées, et, là est le mal auquel il faut remédier aujourd'hui, elles ont empoisonné presque tout le pays, car peu de localités ont eu la sagacité de les repousser tout d'abord.

Des programmes bien étudiés, classant les races avec connaissance de cause, imposant aux concurrents des conditions réfléchies, auraient forcé les jurys à mieux voir et les éleveurs à mieux raisonner leurs choix. La conclusion tardive qui ressort aujourd'hui de l'absence de toute direction intelligente et rationnelle est que l'administration aurait mieux fait de s'abstenir et qu'elle a tort de continuer dans les mêmes errements. C'est en vain qu'on lui a demandé de mettre un peu d'ordre dans la confusion qui s'est établie ; à son tour, elle n'entend point, trouvant sans doute plus commode de faire comme par le passé.

Chez nous, le but des concours pouvait être bien facilement déterminé. Ils devaient se proposer de montrer la supériorité de certaines de nos races qui n'ont pas leurs pareilles; ils devaient exciter le producteur des races moins avancées à accroître leur fécondité, à élever leur rendement en viande. Une bonne impulsion, facile à donner, aurait eu pour résultat certain de grossir les profits de l'élevage et de l'entretien des poules ; à supposer que les mêmes résultats se fussent montrés parallèlement ou en même temps des deux côtés du détroit, nous nous serions aisément consolés de nous voir abandonnés par le marché de l'Angleterre, car, tout en multipliant les bénéfices du producteur, nous aurions trouvé à satisfaire plus largement, plus complétement chez nous les besoins toujours croissants de la consommation.

Mal entendus de prime-abord, les concours de volailles se renouvellent sans utilité pour personne; ils n'exercent aucune influence sur la production ; ils ne l'améliorent pas, ils ne l'augmentent pas ; ils ont mis en relief des races étrangères qui ne valent pas les nôtres, et dont la malencontreuse introduction dans nos basses-cours laisse aujourd'hui de très-vifs regrets à ceux qui ont précipitamment et à la légère poussé à leur adoption générale. La lumière est faite sur ce point; on est revenu de l'engouement des premières années ; chacun se dépouille, en notre pays, de l'enthousiasme irréfléchi qu'y avait produite l'invasion des variétés étrangères. On devrait encore aider à ce résultat en donnant les moyens de mieux apprécier nos richesses, en portant sérieusement l'attention de tous sur les races d'élite, sur celles qui se montrent supérieures à la fois par leur précocité, par leur fécondité, par l'abondance et le haut goût de leur chair. On n'a pas manqué de dire à l'administration que ses programmes sont insuffisants, mais elle n'y prend garde et ne les modifie pas. Des concours organisés par l'industrie privée n'auraient certainement pas cette immuabilité; ils se feraient progressifs, et, sous leur influence, nos basses-cours se peupleraient d'animaux d'un meilleur choix, répondant mieux au but de leur entretien.

En l'état, dans une situation aussi abandonnée, il faut accueillir comme une bonne espérance l'organisation du concours spécialisé de la Société d'acclimatation.

Il n'a été, cette fois, qu'une manière de reconnaissance générale, un coup de sonde, un ballon d'essai ; il faut en augurer mieux pour l'avenir.

Une société comme celle-ci se doit d'abord à ses actionnaires. Cette obligation peut faire passer bien des choses avant l'utile, mais l'utile aussi peut y trouver place, et nous pouvons espérer que cette place s'élargira de plus en plus.

Le fait qui, dans l'ordre économique, a le plus marqué à cette exposition, composée de plus de 400 lots, a été la supériorité, désormais incontestée, de nos races de poules françaises. Malheureusement elles n'y étaient pas en assez grand nombre. Il faut que nos ménagères se rendent bien compte du profit qu'elles peuvent retirer de réunions semblables, et qu'elles ne leur fassent pas défaut.

Nos crèvecœurs, nos houdans, la race fléchoise et celle

de Barbezieux ont été fort justement distinguées; il y avait aussi une variété dite de la Caussade, expédiée par le comice agricole de cette localité, qui s'est montrée assez bien douée pour recevoir une médaille d'argent. Des poules à courtes pattes, d'un très-bon modèle, exposées par un éleveur de la Sarthe, M. Simier, ont reçu le même encouragement; on les dit très-méritantes et recommandables à plus d'un titre. Enfin, le jury a mis sur le même rang les poules blanches de Brie, particulièrement cultivées par M. Maupas, et qu'on signale comme excellentes pour peupler les localités peu favorables aux plus grosses races.

Cette exposition a donc révélé des variétés à peu près inconnues hors de chez elles, et qu'on trouverait grand avantage à cultiver de préférence à beaucoup d'autres dont la réputation usurpée a causé tant de mécomptes à l'élevage français.

Elle a enfin mis en relief un fait qui peut avoir son importance et auquel la société d'acclimatation attache un très-vif intérêt. Deux jeunes autruches, nées en 1861 et d'un beau développement, ont valu à l'exposant qui est l'éleveur, si nous ne nous trompons, une médaille d'honneur. M. Noël Jacquet est le lauréat. Il aura, le premier, exposé cette sorte d'oiseaux dans les conditions de l'élevage domestique. L'autruche fournit une bonne viande et produit, nous ne l'apprenons à personne, ces magnifiques plumes dont les dames aiment à se parer.

L'acclimatation de l'autruche, en France, est d'ailleurs chose acquise; reste maintenant à déterminer son utilité économique, au point de vue de l'élevage usuel.

Une nouvelle exposition aura lieu en avril 1863. Nous

verrons bien ce qu'elle sera; elle nous permettra de juger des tendances fantaisistes ou sérieuses de la Société zoologique d'acclimatation. En poursuivant la voie dans laquelle elle est entrée par ce premier concours, elle aurait à inaugurer des innovations pleines d'intérêt et d'actualité.

L'AGRICULTURE A L'EXPOSITION UNIVERSELLE DE LONDRES.

Petite précaution oratoire. — Agriculture et industrie. — Une nation essentiellement agricole. — Fécondité improvisée. — Services rendus à l'agriculture par les grandes expositions. — L'agriculture est fourvoyée à Londres.

Il ne s'agit point ici de curiosités mais d'études sérieuses. Nous commençons à nous familiariser avec les grands concours; leur physionomie n'est plus ce qui nous importe et nous touche le plus. L'étonnement et la surprise ont eu leur part. Il est temps que l'utilité pratique se dégage, et que la conclusion logique se présente à l'esprit pour entrer hardiment dans les faits.

Mais nous voulons, tout d'abord, dire brutalement son fait à cette grande exposition de Londres. Elle n'a tenu aucun compte du premier de tous les intérêts; elle a noyé les choses de l'agriculture dans les flots des produits de toutes sortes, et les agriculteurs auraient bien le droit de se plaindre s'ils n'étaient de pauvres moutons à tondre toujours et partout.

L'expérience est faite et complète. Il faut qu'à l'avenir l'agriculture ait ses expositions spéciales ou qu'elle s'abstienne; elle n'a rien à gagner à se mêler aux merveilles des autres industries. Quoique fort bien représentée au palais de Londres, elle y fait triste figure; elle y est dans un état infinitésimal et humiliée. On lui a donné la cinquantième partie de l'espace qui lui eût été nécessaire; on l'a dispersée, on l'a rendue introuvable, même pour ceux qui, avant tout, la cherchent. A l'exception de la mécanique agricole anglaise, qui a su se faire une belle part et qui se prélasse presque à l'aise, quand toutes les autres sont resserrées et disséminées au point qu'on ne peut les aborder ou qu'on ne les voit pas, un visiteur sur dix mille aura-t-il seulement aperçu les instruments de l'agriculture universelle à Kensington? Les produits ont toutefois moins à se plaindre.

L'agriculture de l'Angleterre proprement dite, nous ne parlons ni du pays de Galles, ni de l'Ecosse, ni de l'Irlande, est, sans contredit, la plus avancée, la plus opulente, la plus judicieusement menée du monde entier; mais pour le Royaume-Uni qu'est-ce donc, dans la balance des grands intérêts qui le pressent, que les douze millions d'hectares sur lesquels une culture hardie crée un peu, une parcelle des richesses dont il s'enorgueillit?

Pour nous, la question est autre et prend forcément des proportions plus larges. Nation essentiellement agricole, nous sommes tenus de ne rien oublier de ce qui touche à l'agriculture. Ne négligeons ni l'industrie ni le commerce, car aucune des sources de la prospérité publique ne doit être négligée; mais ne laissons pas plus longtemps à l'écart la plus vive et la plus précieuse de toutes, dans notre situation.

Le territoire de la France comprend une étendue de 53 millions d'hectares, presque tous susceptibles d'acquérir un haut degré de perfectibilité; prêtons-leur enfin la sérieuse attention que réclament nos besoins.

L'industrie est très-avancée, nous ne disons pas heureuse; mais enfin ses progrès enthousiasment à bon droit. Qui pourrait dire pourtant où elle en serait aujourd'hui si on ne l'avait incessamment provoquée, soutenue, éclairée? A-t-on fait pour l'agriculture en proportion de ce qui a été fait avec raison et avec succès pour l'industrie? Hélas! non. Aussi, quelle différence dans leur situation respective! Quels résultats n'eût-on pas obtenus, au profit de la société entière, si on avait professionnellement instruit l'agriculture, si on l'avait résolûment poussée en avant? Très-arriérée jusque dans ces derniers temps, on la voit ensuite promptement progressive, mais fort attardée encore, et surtout très-besoigneuse, car on n'improvise pas la fécondité du sol, quand tout manque à ceux qui le cultivent.

Les expositions industrielles datent déjà de loin et elles ont produit un bien immense. C'est d'hier que datent les expositions agricoles, et déjà l'agriculture s'en ressent au point de se montrer bientôt transformée. Mais, nous venons de le dire, il n'y a pas lieu de la mêler à l'industrie. Si on veut la servir, on la tiendra toujours séparée. Elle suffit à de grandes, à de magnifiques assises, ainsi que nous l'avons vu quelquefois en France, ainsi que le prouvent les concours annuels de la Société royale d'agriculture en Angleterre. Alors chacun s'intéresse de très-près, très-sérieusement et très-efficacement à tous les engins qu'elle emploie ou que le génie rural propose, à toutes les races d'animaux qu'elle cultive et perfectionne, à toutes les plantes qu'elle a civilisées, aux produits nombreux et variés qu'elle recueille, aux mille et un détails qui la touchent, à tout ce qui lui est indispensable ou seulement utile. Mais cet intérêt, si légitime pourtant, et la curiosité qu'il éveille s'évanouissent partout où on la met en compétition avec la puissante industrie, avec les merveilleuses créations de celle-ci et ses luxueux arrangements.

Ayons des expositions industrielles, moins rapprochées peut-être qu'on les fait ou qu'on les projette, mais organisons à côté, en dehors, d'une manière tout à fait distincte, les expositions universelles ou internationales de l'agriculture, car alors seulement elles auront leur utilité propre, une signification précise, une haute portée.

La solennité de Kensington, hantée par tous, intelligemment étudiée, savamment commentée par les plus capables, va profiter à toutes les branches du travail universel, moins l'agriculture. Qu'au moins cette leçon ne soit pas perdue pour l'avenir. L'agriculture est fourvoyée à Londres ; elle se retrouvera facilement le jour où elle sera seule conviée, où on la chargera de faire tous les frais d'une grande et splendide exposition.

I

LES ANIMAUX.

Les animaux empaillés. — Une ferme sans bétail. — Battersea Park. — Orgueilleuse Albion. — Les concours internationaux en deçà et au delà du détroit. — Payons la gloire du voisin. — L'économie du bétail en France et en Angleterre. — En avant, en avant !

Il y a des animaux, il y a même des animaux domestiques au palais de l'exposition, mais ils sont empaillés et ne représentent guère que les tendances de la Société zoologique d'acclimatation. Les animaux vivants, les créations de l'agriculture n'y sont pas. Qu'est-ce qu'une exposition agricole sans le matériel vivant de l'exploitation ? *Une ferme sans bétail*, dit un proverbe, *est une cloche sans batail;* il y a des cloches au bâtiment de Kensington, toutes ont leur batail et c'est bien vu ; mais la ferme n'y a pas son bétail. C'est que l'exposition universelle de Londres, nous le disions plus haut en toute justice, n'a oublié qu'une chose — l'agriculture.

Mais l'Angleterre agricole est depuis longtemps contituée ; elle a une société d'agriculture nombreuse, puissante et riche, qui tient chaque année ses grands jours, tantôt sur un point, tantôt sur un autre. Cette année elle a porté son concours à Battersea Park, non loin de Kensington même, et pour réparer en partie l'oubli ou mieux l'exclusion dont nous nous plaignons, elle a donné à son exposition agricole le caractère apparent d'un concours international d'animaux reproducteurs. Elle y a mis quelque solennité, et son programme ne manque pas d'une certaine ampleur. Cependant, et tandis que ce programme à vaste envergure promettait les plus beaux prix, les plus séduisantes récompenses aux diverses races de bétail anglais, il ne contenait, à l'adresse du bétail étranger, que l'offre de médailles d'or, d'argent et de bronze, mince appât et pauvre stimulant lorsque l'exposant éloigné a contre lui tant de mauvaises chances et doit faire voyager des animaux d'élite par chemin de fer et sur mer.

La riche, l'orgueilleuse Albion entend et fait les choses autrement que nous. Elle conviait, pour la fin de juin, nos éleveurs à s'imposer de gros frais pour prendre part à son grand concours agricole de Battersea, en souvenir ou par réciprocité de notre dernier concours de Poissy, dans lequel le gouvernement français offrait à ses engraisseurs de bétail d'aussi belles médailles que celles qui peuvent être frappées à Londres, mais en les accompagnant de prix en numéraire pour une somme assez ronde (près de 70,000 francs), et supérieure à celle réservée aux éducateurs des races françaises. Au surplus, ce qui s'est fait en avril 1862, à Poissy, n'était que la troisième répétition d'un précédent libéral, d'une munificence sans seconde. Nous sommes assez riches, a-t-on dit, pour payer la gloire de l'Angleterre. Sur ce terrain comme sur un autre, les deux peuples se sont donnés la main ; mais l'Angleterre a été charmée de trouver quelque chose dans celle que nous lui avons tendue avec tant et tant de grâce. Nous sommes si spirituels et si chevaleresques dans ce beau pays de France ! Nos chers voisins nous appliquent avec plus d'ironie que de finesse des appellations d'autre sorte... Dieu les entende et le leur rende !

Si ample cependant, si splendide qu'ait été le concours agricole de Battersea, il a été complétement manqué au point de vue international. Quelques-uns y sont allés; on leur a donné tout ce qu'on pouvait leur donner, le tiers environ des médailles offertes. Or, rien mieux que ce fait ne pourrait attester du défaut de concours, de l'abstention des étrangers.

Profitons néanmoins de l'occasion qui se présente pour jeter un coup d'œil rapide sur la situation respective de l'économie du bétail dans les deux pays que sépare le détroit.

On compte de l'un et l'autre côté de la Manche un nombre égal de bêtes ovines, soit 35 millions de têtes dépouillant annuellement 60 millions de kilogrammes de laine, et fournissant 144 millions de kilogrammes de viande en France, contre 360 millions de kilogrammes en Angleterre. Cette prodigieuse différence reconnaît deux causes : elle tient, d'une part, à ce qu'on abat 10 millions de têtes en Angleterre et seulement 8 millions chez nous;

d'autre part, à ce que chaque bête abattue livre à la consommation, ici 36 kilogrammes de viande nette, et là 18 kilogrammes seulement. Nos industrieux voisins tirent de la précocité de leur races des avantages que nous négligeons à tort, et ils nourrissent 2 têtes de moutons par hectare, quand, chez nous, on n'en trouve que 2/3 de tête seulement sur une même étendue. L'une des conséquences de ce fait, fâcheuse pour notre agriculture, heureuse pour celle de l'Angleterre, c'est une production de fumier plus concentrée ici, et deux fois moins abondante sur nos terres.

La statistique accuse en France 10 millions de gros bétail, et 8 millions en Angleterre, produisant chez nous 1 milliard de litres de lait contre 2 milliards, défalcation faite de l'allaitement des veaux.

On abat en France 4 millions de têtes, du poids moyen de 100 kilogrammes de viande nette, donnant conséquemment à la consommation 400 millions de kilogrammes de viande. Les Anglais n'abattent que 2 millions de bêtes bovines ; mais le poids moyen de celles-ci arrivant à 250 kilogrammes, ils en obtiennent 500 millions de kilogrammes de viande nette. On sait qu'en Angleterre on ne sacrifie par de veaux, et que l'existence des bêtes adultes n'y est pas prolongée au delà du terme du maximum de croissance. On sait aussi que nos spéculatifs émules ont depuis longtemps renoncé au travail des animaux de cette espèce pour les consacrer tous exclusivement à la production du lait et de la viande, ce en quoi notre pratique diffère essentiellement de la leur, puisqu'en beaucoup de contrées, chez nous, le bœuf et la vache sont encore les seuls moteurs ou à peu près employés par l'agriculture.

En fin de compte, tous produits quelconques pesés et

additionnés des deux côtés, on trouve qu'en France les bêtes bovines rapportent 70 francs par tête, ou 14 francs par hectare, contre une rente de 110 francs par tête et 30 francs par hectare dans toute l'étendue des Iles-Britanniques.

Nous avons 3 millions de chevaux correspondant à 6 têtes environ sur 100 hectares ; c'est la même proportion que pour la Grande-Bretagne, qui possède 2 millions de têtes de la même espèce. Toutefois, le prix auquel on les évalue est bien différent. On donne pour moyenne, par tête, 150 francs en France, et 300 francs en Angleterre, d'où ressortent ces deux totaux, 450 et 600 millions de francs. Le chiffre le plus faible s'inscrit encore à notre avoir, mais il doit être grossi d'une centaine de millions, valeur représentative des ânes et des mulets que produit la France. C'est une atténuation de notre infériorité, ce n'est pas encore une compensation.

En élevant à 400 millions, chez nous, la production de la viande de porc, on croît être très-près de la vérité, mais on ajoute tout aussitôt que cette production est double en Angleterre.

Pour les animaux de basse-cour, les nombres se renversent : on peut dire 25 millions de francs en Angleterre, et 200 millions au moins chez nous.

En récapitulant ces données, on arriverait à un résultat pénible pour la France. Heureusement, les chiffres qu'elles établissent remontent déjà à plus de dix années en arrière ; c'est dire qu'ils ne sont plus vrais, car l'agriculture en général, et l'économie du bétail en particulier, ont fait depuis dix ans, dans notre pays, d'immenses progrès, révélés et attestés d'une manière irrécusable et par nos concours régionaux et par nos expositions universelles. Est-ce à dire qu'il y a maintenant égalité dans la production du bétail des deux contrées? Nous ne le croyons pas; la différence à notre désavantage était trop forte; mais y eût-il égalité dans les chiffres, notre infériorité serait encore notoire, car nous ne saurions oublier que le territoire des Iles-Britanniques mesure 22 millions d'hectares de moins que celui de la France.

Nous ne gagnerions rien à nous dissimuler à nous-mêmes la situation exacte de notre agriculture. Ce n'est pas à un résultat faux, à un mirage trompeur que tend notre examen. Nous voulons être vrai et tirer des faits actuels le profitable enseignement qu'ils portent avec eux.

Nous n'entrons pas tout d'abord dans les détails qui résulteraient de l'étude comparée des différentes races de nos principales espèces domestiques. Nous y viendrons plus tard, mais ces généralités avaient ici leur utilité propre; elles posent du moins la question sur un terrain solide et déjà déblayé.

La première conclusion à tirer des données qui précèdent est celle-ci : l'agriculture française est encore inférieure à celle de la Grande-Bretagne pour la production du bétail. Ce n'est plus une révélation, c'est un fait que nous considérons en face, que nous sommes en train de détruire et que nous détruirons.

L'Angleterre nous offre à cet égard plus d'un bon exemple à suivre : c'est à charge de revanche; nous ne serons pas longtemps en reste. Des deux côtés, en effet, il y a puissance et volonté, énergie et aptitude.

Heureux ceux qui ne ferment pas les yeux à la vive clarté qui les inonde! Rappelons-nous ce trait du caractère national, il vaut son pesant d'or et beaucoup plus.

Lorsque leur première Exposition universelle, « *the great exhibition*, » eut démontré péremptoirement aux

Anglais qu'ils étaient inférieurs aux autres nations sous le rapport du goût, et que leur éducation artistique était nulle, la sensation fut immense parmi eux. L'orgueil britannique se tendit comme un ressort, et, en moins de deux ans, cent cinquante écoles de dessin s'ouvrirent dans le Royaume-Uni. On fit venir, à grands frais, de France et d'Allemagne, des maîtres, des dessinateurs, des artistes, afin de pouvoir désormais lutter avec honneur sur ce terrain où Albion venait d'être vaincue.

Notre infériorité dans la production du bétail ne sera pour nous qu'un stimulant énergique. Nous surmonterons sans de trop pénibles efforts les difficultés qui l'ont faite et nous lutterons, avant que beaucoup d'années s'écoulent, nous lutterons avec honneur, contre tous, sur ce terrain où, par une singularité qui pourrait nous surprendre, la victoire n'est pas encore partout avec nous.

II

LES MACHINES ET LES INSTRUMENTS.

Les introuvables. — Les couleurs voyantes. — Nouvelle édition, revue et corrigée. — Les perfections de détails. — Cérès et sa faucille. — Deux brins d'herbe et deux épis de blé pour un. — Le sombre économiste. — La terre réconfortée. — La vapeur et l'agriculture. — Un fait accompli. — Un problème résolu. — Prix de revient des diverses forces appliquées aux travaux agricoles. — La vapeur, le cheval et l'homme. — L'uniformité du travail. — Les surfaces tourmentées. — Les opérations manuelles. — Trois chiffres significatifs. — Une conclusion forcée. — L'agriculture de l'habileté et de l'intelligence. — La vapeur et la main-d'œuvre. — Les animaux d'attelage et l'ouvrier des champs.

Si nous rentrons au Palais de l'Industrie, nous trouvons, après bien des recherches, après des allées et venues sans fin, les machines et les instruments de l'agriculture. On eût rendu possible l'étude de cette classe, intéressante au plus haut point, si on l'avait massée, unifiée, si, réunissant dans une même galerie tous les engins envoyés par les diverses nations, on en avait formé autant de groupes faciles à examiner et à comparer. On a mieux aimé les isoler, pourquoi? Ils sont dans tous les coins, perdus et ignorés, entassés les uns sur les autres, et, pour la plupart, inabordables. Seule, nous l'avons déjà dit, la mécanique agricole anglaise, objet d'une grande industrie commerciale, occupe une annexe séparée qu'elle emplit.

Ah! celle-ci apparaît brillante et riche. Les instruments en fer sont polis et resplendissants comme l'acier le plus fin; les appareils dans la construction desquels le bois domine sont des meubles très-ouvragés, des meubles de luxe, qui figureraient très-bien dans les musées. Les envois des Etats-Unis d'Amérique, si cette appellation est encore de saison, luttent d'élégance et de fini avec ceux qui sont sortis des grands ateliers de l'Angleterre; mais l'homme des champs, le gentleman farmer, l'agriculteur sérieux préfèrent de beaucoup les engins moins luisants et d'aspect plus rustique. A ce point de vue, l'exposition des machines et des instruments venus de France, si mal placés qu'ils soient, satisfont davantage et arrêtent plus longtemps le visiteur intéressé. Toutes ces peintures aux couleurs voyantes et heurtées rappellent un peu trop les premières exportations, d'Angleterre pour la France, d'instruments qu'on disait perfectionnés alors, et dont la pratique d'il y a vingt-cinq ou trente ans a tiré si mince parti.

Mais les temps sont changés, et les instruments de toutes sortes, si lourds et si compliqués d'autrefois, se sont très-réellement améliorés. L'ère des nouveautés semble passée; l'époque actuelle est plus féconde en perfectionnements de détail. Les nouvelles éditions sont revues et corrigées avec un soin extrême, grâce à l'active concurrence qui s'est établie entre les grandes maisons. L'expérience a parlé d'ailleurs, et la simplification se fait. L'éducation des constructeurs s'achève; leurs produits ne sont plus seulement le fait de la conception théorique; ils résultent surtout des modifications réfléchies que la pratique a partout suggérées.

Cette division de l'exposition agricole de l'Angleterre eût beaucoup gagné à pouvoir être étudiée comparativement; on eût plus facilement jugé, plus sainement apprécié une foule d'améliorations introduites dans la plupart des appareils qu'on connaît le mieux et que l'on connaît surtout par leurs imperfections de détail. Il est donc bien regrettable, et pour l'agriculture et pour ceux qui travaillent à son intention, que le visiteur n'ait pas trouvé toutes facilités pour bien voir. La suppression d'une pièce parasite et l'addition d'un organe peu apparent, peuvent avoir une telle importance, qu'un appareil en soit presque changé, quant à ses effets, sans que rien l'indique tout d'abord. Beaucoup d'améliorations échappent ainsi à première vue, qui sont, au contraire, très-aisément reconnues quand on a sous les yeux des objets de comparaison. C'est le cas des instruments exposés à Kensington. Ils ont été, en une foule de petites choses, très-ingénieusement modifiés et réellement perfectionnés.

La plus brillante conception ne vaut que par son utilité pratique.

Une fois parvenu dans cette baraque en planches qui abrite les machines et les instruments de l'agriculture anglaise, on est saisi, il faut le dire. On a devant soi l'imposant spectacle qu'offrent toujours la grandeur et la puissance sous quelque forme qu'elles se manifestent.

En effet, tout prend ici d'amples proportions, à côté des machines à vapeur, des locomobiles, à la taille desquelles tout est forcé de se mesurer. Cérès pourrait venir là avec sa riche couronne d'épis et serait toujours la grande déesse; mais sa pauvre faucille, fût-elle en or d'Australie, y serait singulièrement dépaysée. Conservons-la, néanmoins, comme un emblème, afin de ne point oublier que tout doit être incessamment ramené à la simplicité dans les choses de l'agriculture.

L'industrieuse Angleterre est le pays de la culture puissante, de la production abondante. Les moyens qu'elle emploie multiplient les forces du sol; elle a su faire croître deux brins d'herbe et deux tiges de blé là où, naguère encore, il n'en poussait qu'un seul.

C'est ainsi qu'elle a conjuré tous les maux que lui annonçait, comme prochains, Malthus, le sombre économiste, effrayé de voir, d'un côté, le sol s'épuiser, les moissons s'amoindrir, les sources de la production se tarir, et, de l'autre, la population grandir dans des proportions formidables. La science agricole s'est faite pour éclairer la pratique jusque-là ignorante, et la richesse, c'est-à-dire la vie, est sortie du sein de la terre rajeunie ou réconfortée, de la terre conquise ou rendue à la fécondité.

L'application de la vapeur à tous les travaux agricoles est le couronnement de cette grande œuvre, et l'exposition de Kensington montre, en réalité, qu'elle est partout, dans la grange et dans les champs.

Ce dernier fait, qui étonne encore, avant peu se généralisera. On ne hasarde rien à le dire. La prédiction est facile, car la réalisation est dans la force des choses, dans les circonstances économiques qui nous pressent.

Quoique récemment introduite, la vapeur dans la grange devient chose usuelle du fait d'entrepreneurs, qui la mettent à la portée de tous, et ceux-là s'en trouvent bien qui, n'en pouvant prendre la charge entière, en louent passagèrement les services. Ainsi fera-t-on, bientôt aussi, pour les travaux de la culture, car l'expérience se prononce de toutes parts en faveur de cette innovation, qui n'est déjà plus une nouveauté pour la France.

Heureusement pour notre agriculture, la solution pratique de l'important problème qu'elle a soulevé tout d'abord a été essayée et cherchée par des intelligences d'élite, par des hommes bien décidés à aller jusqu'au bout dans un but d'intérêt général plus encore que dans leur intérêt propre.

En tout cela, d'ailleurs, ce n'est pas l'agriculture qui change, mais seulement les moyens qu'elle applique aux divers travaux nécessaires à la fertilisation du sol. Parmi les engins nouveaux, qui font l'admiration des uns et la stupéfaction des autres, il n'en est point qui s'attaque aux principes de la pratique agricole, il n'en est point qui vise à renverser la tradition, qui tende seulement à substituer un système à un autre.

La vapeur est une force, rien de plus. Quand on l'applique à un instrument de labourage, celui-ci fouille et retourne la terre comme autrefois, comme toujours, mais il va plus vite, il pénètre aussi avant qu'on le veut, et opère plus complétement, plus efficacement. La vapeur n'empêche pas que le fumier soit, comme par le passé, le réparateur par excellence des sols épuisés et la cause de leur fertilité; mais la conservation et l'application des engrais sont mieux comprises aujourd'hui, et, par suite, le fumier est devenu plus puissant dans ses effets. Le grain est toujours séparé de l'épi; mais au lieu du lent et fatigant fléau, que nous avons encore tous vu aux mains de l'ouvrier agricole, c'est la machine à battre qui se charge du travail pour l'exécuter mieux, tout en allégeant la tâche de l'homme. La semence est, comme précédemment, confiée à la terre ; mais au lieu du bras incertain, irrégulier et prodigue du semeur, c'est le semoir mécanique qui dépose sûrement et économiquement la graine à la profondeur voulue, et dans les conditions les plus favorables aux diverses phases de la végétation. Les moissonneuses, les faucheuses, les faneuses, remplacent avantageusement la faucille, la faux, la fourche… et de même de tous les autres progrès dus à l'avancement de la science, car la science ne marche plus que solidement appuyée, d'une part, sur l'étude des besoins, et, d'autre part, sur l'examen attentif des *desiderata* de la pratique la plus autorisée.

En aucun pays les populations rurales ne sont plus laborieuses, plus intelligentes, plus économes qu'en France ; personne ne leur contestera ces qualités éminentes ; mais, demandant tout au travail, elles négligent trop les ressources et les avantages de la science. C'est là pour nous une cause d'infériorité qu'il faut combattre à outrance pour l'effacer ; car l'agriculture ne peut plus rien aujourd'hui sans le savoir, sans le savoir approfondi. Nous ne demandons pas au cultivateur de se faire savant, nous lui disons seulement de s'instruire, de se familiariser avec les découvertes utiles à son art et de ne rejeter aucun des enseignements que la science lui apporte ; nous ne voulons pas qu'il abandonne aventureusement les voies qui lui sont connues ; nous ne l'engageons pas, il s'en faut, à se défaire du précieux legs d'une tradition éclairée, mais nous serions heureux qu'il comprît la nécessité d'être progressiste, de n'être réfractaire à rien de ce qui peut l'aider dans le pénible labeur dont il a fait sa tâche de tous les jours.

L'application de la vapeur aux travaux de l'agriculture est désormais un fait accompli, contre lequel il n'y a point à se gendarmer. Les Anglais ne jouent pas avec les choses sérieuses; ils n'ont pas accumulé des objets de simple curiosité dans la galerie réservée, à Kensington, aux engins de l'agriculture. Tous ceux qui sont là se retrouvent dans nombre de fermes, non plus à l'état d'essai, mais à la condition de pratique large et usuelle. Le problème est donc résolu, sauf les améliorations et les perfectionnements que l'expérience ne tardera pas à compléter, grâce à l'adoption généralisée des moyens dès aujourd'hui employés par les plus habiles et les plus instruits.

Ce n'est pas le goût de la nouveauté qui a porté la vapeur dans les champs de l'Angleterre, mais l'esprit de calcul, la spéculation raisonnée, intéressée. On a mûrement étudié le prix de revient comparatif des forces appliquées aux importants travaux du sol, et l'on a mathématiquement établi que la plus économique est la vapeur, comme la main de l'homme est la plus chère : la force intermédiaire, celle qui résulte de l'emploi comme moteurs, ou du cheval ou du bœuf, tient aussi le milieu pour les avantages.

Jetons un coup d'œil rapide sur ces trois forces, en nous aidant des études scientifiques qui ont été faites par les Anglais eux-mêmes.

Toutes les opérations de la ferme viennent se ranger en trois catégories, qui correspondent exactement aux trois forces qu'emploie l'agriculture : la vapeur, le cheval et l'homme.

La première de ces catégories est celle où existe la

plus grande uniformité du travail; c'est aussi celle qui réclame l'application de la force la plus grande. Voilà toute faite, et sans aller plus loin, la part de la vapeur. En effet, à cause même de l'uniformité du travail, une force purement mécanique, agissant au moyen de poulies, de leviers et de roues, est suffisamment soumise à la direction de l'homme pour accomplir les travaux qui lui sont confiés. L'agriculture progressive met tout en œuvre en ce moment pour créer cette uniformité dans le travail des champs. Ainsi, le nivellement des surfaces, l'approfondissement de la couche végétale, la destruction de beaucoup de haies séparatives, inutiles ou nuisibles, les échanges facilitant la réunion des parcelles formées par le morcellement, c'est-à-dire l'agrandissement et la régularisation, non-seulement des pièces dont se compose un domaine, mais le domaine lui-même. Il s'ensuit que les propriétés qui rentrent dans les conditions de cette première catégorie vont nécessairement en se multipliant à chaque amélioration effective et permanente.

Les terrains pierreux, à surface tourmentée, ceux que les rocs et de fortes racines obstruent, que le morcellement a émiettés, irrégulièrement couverts de haies et de fossés, et où la diversité des cultures étonne à première vue, sont très-nombreux en France, et forment la seconde catégorie. Ils ne demandent pas à ceux qui les fertilisent une somme d'efforts moindres que les terres dont nous venons de parler, mais l'engin qui les fouille et les travaille doit être plus flexible et plus maniable que ne le sont les leviers, les poulies, les engrenages. Aussi applique-t-on judicieusement à leur culture ou le bœuf ou le cheval, moteurs vigoureux, dont la force devient intelligente et docile par le dressage. Ce qui fait la supériorité de ces animaux en l'espèce, comme on dirait au

Palais, c'est que leur force s'adapte facilement aux accidents du sol. Effectivement, on en suspend soudain l'action en arrêtant l'attelage, si un obstacle imprévu se présente : on le surmonte alors d'une façon ou d'autre, soit en le tournant s'il ne peut être vaincu, soit en doublant l'effort s'il ne s'agit que d'augmenter momentanément, *par un coup de collier*, l'effet utile des moteurs.

Jusque dans ces derniers temps, de semblables difficultés n'admettaient pas la possibilité de l'emploi de la vapeur, mais nous verrons bientôt comment la pratique a surmonté cette impossibilité d'hier lorsqu'elle la rencontre sur des surfaces dont l'étendue permet l'intervention puissante de la force mécanique; et puisque l'occasion s'en présente, déterminons bien vite l'étendue minimum au-dessous de laquelle la culture à vapeur ne promet plus de profit, quant à présent du moins.

Un chiffre a toujours une signification, une signification rigoureuse. Qu'on pèse donc celui de quatre hectares, et ce sera une surprise de plus pour ceux qui croient encore que l'adoption de la vapeur à la culture des terres doive être rangée à toujours, parmi nous, au nombre des réalités... irréalisables.

Au surplus, les conditions culturales, qui font si considérable la seconde catégorie, ont une tendance très-marquée à diminuer au profit des conditions particulières aux propriétés classées dans l'autre. Notre avenir agricole repose même en partie sur les conquêtes que la première classe fera successivement sur la seconde, et dès à présent presque toutes les améliorations suivent cette pente. Ceux-là feront surtout utilement qui opéreront suivant cette bonne direction.

Quant à la troisième catégorie, elle comprend les soins et la culture que réclame la vie individuelle des plantes et des animaux. Celle-ci n'exige pas une grande force, mais en revanche un exercice constant et immédiat de la volonté qui la dirige, car cet exercice doit nécessairement varier à l'infini et à chaque instant de son activité; à cette catégorie donc s'adapte et doit s'adapter de plus en plus la main de l'homme, qui est et qui restera toujours le plus parfait des instruments, car il est dirigé par l'intelligence qui juge et le raisonnement qui applique.

D'après des calculs minutieux, basés sur des expériences renouvelées, et dont nous ne saurions donner ici que le résultat sommaire, c'est-à-dire le dernier chiffre, il a été établi en manière de conclusion que le coût du travail du cheval vivant revient dans la ferme à 55 centimes par heure, et le coût réel du travail de chaque cheval-vapeur à 30 centimes, par heure également, bien que celui-ci exprime un effort deux fois plus grand. Quant au coût du travail de l'homme, il ne supporte point la comparaison ; car, pour accomplir l'effet utile du cheval vivant, il faudrait 33 hommes, qui coûteraient 10 francs par heure, au lieu de 55 centimes, et 66 hommes au moins, coûtant 20 francs par heure, au lieu de 30 centimes, pour remplacer le cheval-vapeur.

Il y a donc lieu à remplacer et l'homme et le cheval vivant par la vapeur, partout où celle-ci peut être appliquée aux travaux agricoles, comme on a partout substitué à la force musculaire de l'ouvrier humain les forces d'un moteur animé, du bœuf ou du cheval. Il résultera de l'emploi de la vapeur une économie immense, déjà réalisée par ceux qui ont commencé, et l'importance du fait n'a rien qui puisse surprendre, si l'on veut bien réfléchir à ce que perdrait aujourd'hui l'agriculture si, après avoir remplacé nombre de bras par l'application d'un animal domestique au travail des champs, elle avait à revenir sur ses pas pour substituer aujourd'hui aux chevaux et aux bœufs de harnais la quantité d'ouvriers humains qu'ils représentent très-utilement dans notre économie tout entière.

Une fois soulevées, de pareilles questions voudraient être traitées à fond, et nous ne pouvons guère que les poser en passant. C'est déjà beaucoup si elles deviennent pour le lecteur l'occasion d'un examen plus approfondi, et nous en avons l'espérance. D'ailleurs, nous y reviendrons nous-même, non pour tout dire, mais pour solliciter à l'étude ceux-là à qui l'étude doit le plus profiter.

Quoi qu'il en soit, et ce sera notre dernier mot pour le moment, c'est vers l'agriculture de l'habileté et de l'intelligence, plutôt que vers celle de la force brute, que les efforts de l'ouvrier doivent tendre désormais, car c'est seulement par là qu'il pourra, dans l'avenir qui se prépare et qui est déjà un peu le présent, établir et maintenir la supériorité de son travail et de son action.

Qu'on ne croie pas non plus que l'emploi de la vapeur en agriculture puisse avoir pour effet de diminuer le besoin de la main-d'œuvre. L'expérience démontre déjà le contraire dans les fermes qui appliquent cette force à tous les travaux.

Notre assertion est certainement destinée à trouver des incrédules, par un reste de préjugé universel qui achève de s'éteindre, mais nous ramènerons toujours à l'exemple de l'emploi agricole du bœuf et du cheval, car il est intelligible pour tous : est-ce que l'ouvrier des champs a cessé d'avoir du travail là où les animaux d'attelage se sont multipliés? C'est le fait absolument contraire qui s'est produit. Plus de chevaux sur un domaine créent plus de travaux qu'il n'y en avait avant l'accroissement du nombre des moteurs; l'introduction du cheval-vapeur diminue la part des travaux qu'exécutent les chevaux vivants et élargit de beaucoup celle qui revient à l'homme, tout en la rendant moins pénible bien souvent; mais les bêtes de trait que supprime la vapeur sont très-avantageusement remplacées par des bêtes de rente qui accroissent d'autant la production alimentaire de l'homme.

III

LA VAPEUR DANS LA GRANGE ET DANS LES CHAMPS.

Première application de la vapeur en agriculture. — Machines fixes et locomobiles. — Les petites bourses et les gros capitaux. — Science et travail. — Les constructeurs d'appareils à vapeur en Angleterre et en France. — La perfection se généralise. — La machine à battre. — Faux et faucille. — Les waggons agricoles. — Les rails-ways portatifs. — Les moteurs à vapeur de grande puissance; — Les moteurs animés et les machines de force inférieure. — Une révolution. — L'eau ne remonte pas vers sa source. — 1630 et 1862. — Système de Halkett, de Fowler, de Howard. — L'appareil de Howard en France : — M. le marquis de Poncins ; — M. Pepin-Lehalleur ; — M. de Chassaigneau-Brasse. — Un apprentissage nécessaire. — Les améliorations. — Un peu de comptabilité.

Bien qu'il ne soit plus précisément d'hier, l'emploi des machines à vapeur est de date encore récente en agriculture. On les a d'abord adoptées en Ecosse, dans le Mid-Lothian, et ensuite en Angleterre, dans le Northumberland. Dès avant 1840, on voyait peu de fermes, dans ces contrées, qui n'eussent leur haute cheminée déroulant sur les verts paysages d'alentour les noires spirales de la fumée. C'étaient des machines fixes, dont les forces animaient des batteuses, des hache-paille, des coupe-racines, des concasseurs de grains et de tourteaux, des barattes, que sais-je? et dont la chaleur était utilisée pour la préparation des aliments de l'homme et des animaux.

Les machines fixes ont été le point de départ d'un immense progrès en familiarisant l'agriculture avec une force dont l'usage direct lui était inconnu; mais si importants qu'aient été leurs services, ils n'auraient pas généralisé l'application de la vapeur aux travaux agricoles au même degré que les locomobiles. C'est de l'introduction de celles-ci, en effet, qu'est venu le fait usuel. Cela est aisé à comprendre à raison des plus grands avantages, des services plus multipliés qu'elles offrent à l'agriculteur.

A la machine fixe il faut nécessairement apporter les matières sur lesquelles doit s'exercer son action; c'est la locomobile, au contraire, qui voyage et qu'on transporte au point où se trouvent les récoltes sur lesquelles elle doit agir. Les avantages sont ici dans l'immense différence qui existe entre le transport facile de la machine et le transport long et compliqué des céréales à battre, par exemple, ou des fourrages et des racines à diviser.

Etant démontrée l'utilité de la vapeur, l'agriculture n'avait plus à hésiter, dans la très-grande majorité des cas, entre ces deux modes d'application. La machine fixe a ses mérites propres quand elle peut être utilisée sur place, sans augmentation de dépenses résultant de la répétition des transports; mais elle cesse d'être économique et cède forcément le pas à la locomobile dans les circonstances contraires. La machine mobile, se multipliant par le transport, dispense d'en avoir deux ou trois dans les fermes d'une certaine importance, où l'on trouverait trop lourd d'établir autant de machines fixes, qui seraient trop souvent au repos, et à supposer qu'un fermier ne trouvât pas à l'employer en suffisance, chez lui, il a la ressource d'en louer les services à d'autres ; or, ceci devient une nouvelle source de produits qui enrichit à la fois l'entrepreneur et le locataire. Ce qui est mieux encore, c'est de s'associer pour l'achat, et de s'entendre pour l'exécution des travaux. Ce mode serait partout profitable aux petites bourses et aux petites exploitations, mais il ne sera jamais qu'un point de départ parce que, sous l'influence des diverses améliorations qui se produisent sur tous les points de la culture à la fois, les petites fermes sont destinées à recueillir d'abondantes récoltes, et à réaliser de suffisants bénéfices pour que le grand nombre puisse avoir chez soi la machine à vapeur qui lui deviendra bientôt indispensable.

Pour la plupart, nos agriculteurs sont dans une situation malaisée. Ils ne constituent leur capital d'exploitation qu'à la sueur de leur front, ils le forment sou à sou, sur leurs petits profits, grâce à l'épargne et à bien des privations. L'agriculture riche débute autrement ; elle dispose de gros capitaux et leur fait rendre de beaux dividendes ; elle se procure du même coup tout ce qui peut l'aider ; elle n'a jamais connu le besoin, elle a toujours eu le nécessaire et quelquefois plus : mais l'autre est forcée de procéder différemment et d'obéir à certain proverbe italien, fort oublié par la politique aujourd'hui, elle va lentement afin de ne point s'arrêter à mi-chemin, elle va *piano, sano e lontano*, et elle ira d'autant plus sûrement qu'en avançant elle amasse, qu'en amassant elle prend des forces toujours grandissantes elles-mêmes. A la considérer dans ses commencements, on doit trouver qu'elle a déjà parcouru une belle carrière. Dans cette première partie de la route, difficile et encombrée, elle a vraiment déployé une rare énergie ; on peut être certain qu'elle gravira la côte jusqu'au sommet avec une égale ardeur. Ce qui lui manque le plus en ce moment, nous l'avons déjà constaté, c'est le savoir, la connaissance des applications nouvelles de la science que ne suffit pas à donner, seul, le travail opiniâtre de la terre aux soldats même les plus courageux et les plus dévoués de l'armée agricole.

Quoi qu'il en soit, et si tardive qu'ait été chez nous l'adoption des machines à vapeur, elles y sont nombreuses dès à présent, beaucoup moins toutefois que de l'autre côté de la Manche, où l'on comptera bientôt, comme des exceptions très-clairsemées, les fermes qui n'en ont pas ; mais elles se multiplient assez rapidement pour que nos constructeurs s'en occupent avec une certaine activité. Le fait n'est pas trop en saillie à l'exposition de Londres qui n'a pas attribué, à la classe des appareils agricoles, les machines à vapeur à l'usage spécial de l'agriculture, mais il ressort plein d'évidence, dans nos concours régionaux par exemple, où beaucoup sont surpris d'en voir le nombre s'accroître autant d'année en année. D'ailleurs, tous nos constructeurs ne sont pas représentés au palais de l'Industrie, tandis que ceux d'Angleterre s'y trouvent en force, mais aux noms des principaux fabricants qui se partagent la faveur des acheteurs de l'autre côte du canal : Hornsby, Fowler, Tuxford, Ramsomes et Sims, Garrett, Clayton et Shuttleworth, Barrett et Exall, quelques autres encore, nous pouvons opposer des noms bien connus de fabricants dont les produits commencent à être fort recherchés par les agriculteurs progressistes ; ainsi Derosne et Cail, Calla, J. Cumming, Barbier et Daubrée, Laurens et Thomas, Hubert, L. Bréval, etc.

Dire quels sont les meilleurs parmi ces nombreux

constructeurs serait sans doute bien difficile et bien grave ; au surplus, cette lourde responsabilité ne nous échoit pas ici. Nous apprécions les choses au point de vue de leurs généralités, non au point de vue de la personnalité ou des personnes. Fidèle à cette manière, nous pouvons bien dire ceci, par exemple : La construction des machines à vapeur adaptées à l'agriculture a subi la loi commune du progrès. Profitant du précieux enseignement de la pratique, précieux parce qu'ici la pratique est toujours éclairée, attentifs aux leçons de l'expérience, les fabricants ont fort amélioré les différents systèmes qui se sont produits presque simultanément. Toutefois, aucun perfectionnement n'est resté isolé, la propriété d'un seul ; chacun s'en est successivement emparé, qui sous une forme, qui sous une autre, si bien que toutes les machines sortant d'un bon atelier se présentent à peu près *ex æquo* au jugement des plus sévères. Une plus grande perfection sur un point est presque toujours compensée par une petite infériorité constatée sur une autre, et chacune se montrant ainsi, il y a réciprocité et compensation générale en les comparant entre elles.

Au surplus, l'introduction de la vapeur dans la grange, et nous n'avons guère encore parlé que de cela, n'est elle-même que le premier pas dans l'application de cette force aux nombreux besoins de l'agriculture. Elle s'est réalisée très-vite et gagne chaque jour du terrain, sans reculer jamais. Si l'on veut se reporter à d'autres innovations, plus ou moins considérables en soi, on verra que celle-ci a conquis plus largement la pratique et en beaucoup moins de temps. La machine à battre, par exemple, d'un usage si universel aujourd'hui, n'est pas entrée si résolûment, il s'en faut, dans les faits, et la faux, bientôt détrônée, la faux, cet infiniment petit en apparence, a-t-elle donc si rapidement remplacé la primitive faucille ? La vapeur, force motrice énergique et docile, est en train de s'imposer à l'agriculture comme elle s'est imposée à l'industrie. Bientôt elle généralisera sur le sol, chez toutes les nations, les merveilles de travail qu'elle accomplit déjà sur une grande échelle en Angleterre et sur quelques propriétés en France ; on l'appliquera à toutes les préparations du sol, à la plupart des façons que réclament beaucoup de plantes pendant la durée de la végétation, à l'arrosage des récoltes, à la moisson, au transport des engrais dans les champs, à la traction ou à la rentrée des denrées. Elle ne sera sans doute jamais complétement substituée au cheval de trait, mais elle le remplacera dans une proportion très-notable. Tout cela se fait déjà : tout un matériel a été inventé ou plutôt approprié aux usages, aux besoins agricoles : voici des waggons à caisse automatique extrêmement ingénieux et qui laissent bien loin en arrière les véhicules lourds et grossiers, qui ne sont plus de cette époque ; voici de petits rails-ways portatifs et leur plaque tournante qui feront bien vite oublier les chemins creux et défoncés, les voies impossibles. On croit rêver, mais tout cela est pratique ; il ne s'agit que d'ouvrir les yeux et de regarder pour voir : ici des fumiers que l'on conduit au milieu des terres, là des récoltes qu'on dirige vers la grange ou qu'on porte à l'usine.

Quand les choses en sont là, tout est bien, et l'acheteur, qu'il s'adresse à celui-ci ou à celui-là, est sûr de ne pas se fourvoyer. N'est-ce donc pas chose essentielle en affaire de cette conséquence ? N'en demandons pas davantage et tenons-nous pour satisfaits, puisque tous ceux qui sont actuellement en possession de machines nouvelles, fixes ou locomobiles, se montrent eux-mêmes satisfaits à tous égards des résultats qu'ils obtiennent. Laissant donc aux jurys des concours le soin d'établir l'ordre des préséances entre les concurrents en présence, contentons-nous de la bonne fortune, *rara avis*, qui nous permet d'avoir également confiance en tous les constructeurs dont la réputation s'est faite sous la garantie de leurs œuvres. Les grandes différences se sont effacées, emportant les imperfections réelles. C'est que tous les fabricants, à la recherche du mieux, se sont posés dans les mêmes termes, très-étudiés et très-nettement définis, la solution du même problème, savoir :

La légèreté unie à la solidité ;

La perfection du travail proposé ;

L'économie du combustible combinée avec la prompte génération de la vapeur ;

La facilité de transport et de réparation en cas d'usure ou d'avarie ;

La modération, relative ou absolue du prix, eu égard à la puissance de la machine et à la qualité des matériaux employés à sa construction.

Ces conditions remplies constituent l'excellence des machines, plus assurée aujourd'hui que jamais par les progrès réalisés dans la fabrication, par la nécessité aussi de soutenir une réputation fondée et bien acquise, en face de la concurrence active que chacun fait à tous.

On établit des moteurs à vapeur de puissance très-variable, échelonnée de deux à vingt chevaux de vapeur. Mais l'expérience s'est faite aussi sur ce point, et l'on a reconnu que des machines trop faibles, au-dessous de la force nominale de quatre chevaux, par exemple, offrent peu d'avantages dans la pratique. En effet, si l'on tient compte des accessoires, et il ne faut pas en oublier l'im-

1.

portance relative, la dépense première ne présente pas une différence très-notable pour des moteurs d'une puissance donnée, au double. En second lieu, pour les machines de force inférieure, la dépense en combustible est proportionnellement bien plus considérable, tandis que leurs frais d'entretien et de conduite sont tout aussi élevés ; enfin, elles ne peuvent convenir qu'à des exploitations peu considérables, dont elles semblent en quelque sorte limiter l'extension. A tout prendre, mieux vaut encore se servir de moteurs animés que de machines aussi faibles.

C'est une révolution, c'est certain, car le mot n'est que juste dans son acception la plus large. C'est surtout un événement providentiel, car l'application de la vapeur aux travaux des champs ne créera que des éléments de richesse et de bien-être social. Le cultivateur ne suffit plus à la tâche ; l'agriculture ne peut plus remplir les besoins d'une consommation toujours croissante qu'en s'aidant de moyens plus puissants. La vapeur est appelée à abréger le temps, à procurer une immense économie de travail ; elle donnera plus de produits, tout en dégrevant la production des frais énormes du labeur lent et dispendieux qu'elle supporte en ce moment. Au lieu de combattre l'adoption de la vapeur par l'agriculture ou de se montrer théoriquement incrédule à ses bons résultats, il faut s'efforcer d'en étendre et d'en généraliser l'application. D'ailleurs, pour se convaincre que le système est radicalement bon, sérieusement pratique, il suffit de savoir qu'aucun de ceux qui s'en sont emparés n'est revenu sur ses pas, que tous, au contraire, se félicitent d'avoir renoncé aux anciens errements. Ceci n'est pas un fait nouveau. Dans l'industrie, dans mille et une branches du travail national, on a successivement abandonné, comme arriérés et par trop dispendieux, les anciens métiers à bras ou les moteurs animés sans avoir eu jamais à regretter de leur avoir substitué une force plus énergique, celle de la vapeur.

Il n'y a pas similitude parfaite, dira-t-on. Dans les manufactures, les matières premières sont apportées aux usines qui s'en emparent, les travaillent et les renvoient aux consommateurs sous la forme qui convient à ceux-ci. En agriculture, au contraire, c'est la machine à vapeur qu'il faut faire passer par tous les points où son action doit s'exercer. Rien n'est plus vrai, et ceci a été précisément la grande difficulté à vaincre. On n'y est point arrivé de prime-saut ; bien des tentatives se sont renouvelées depuis le premier essai, qui date de 1630. Les inventeurs ont été en mal d'enfant pendant deux siècles et plus pour trouver « un système dont l'objet était de rendre la terre fertile au moyen d'une force motrice plus puissante et plus expéditive que celle des chevaux. »

Voyons donc où nous en sommes aujourd'hui.

Parmi les modes qui ont surgi, trois se disputent encore la prééminence :

Celui de Halkett est sans contredit le plus complet. Malheureusement il exige une mise de fonds si abondante, que, par cela même, il devient peu praticable. Cependant il applique la force motrice de la vapeur à toutes les opérations agricoles. Il laboure à toutes profondeurs, il herse, il roule, il brise les mottes, ameublit le sol, extrait le chiendent et toutes plantes ou racines parasites ; il sème en lignes, couvre la semence, opère les binages, arrose la terre, distribue les engrais de toutes sortes, coupe et enlève les récoltes, transporte les ouvriers et leurs outils, non-seulement de la ferme aux champs, mais encore pendant que s'accomplissent certains travaux qui seront toujours le fait de la main, tels que le triage et le repiquage de quelques espèces légumineuses ou fourragères. Et tout cela se fait régulièrement et gaillardement, sans crainte d'aucun accident. C'est féerique, mais non encore économiquement praticable ; attendons.

Deux autres systèmes, fort améliorés dans ces derniers temps, sont à l'état de large application en Angleterre, ceux de Fowler et de Howard ; le dernier pourtant, plus simple, d'une manœuvre plus facile, moins coûteux surtout et non moins efficace dans son action, est considéré comme convenant mieux à la France, où il fonctionne déjà sur trois points. Le système Fowler y existe aussi, mais ses résultats n'y sont pas encore bien connus.

Il faut rendre hommage aux trois premiers importateurs du système Howard dans notre agriculture, dont ils ont bien mérité ; il faut surtout leur savoir gré de faire participer le public agricole à l'expérience qu'ils ont acquise, et de lui avoir montré qu'il n'y a pas lieu de se rebuter pour les quelques difficultés de pratique à surmonter au début, quand tout est encore nouveau pour tous. Il y a plus : s'inspirant de la difficulté même, l'obstacle est toujours généreux, ils ont su introduire plusieurs modifications nécessitées par la nature du sol.

Ainsi, chez M. le marquis de Poncins, qui cultive au beau milieu de la plaine du Forez, l'appareil de Howard s'est trouvé aux prises avec des bancs de pouding aussi résistants que la pierre, ou bien avec une argile noire que le pic seul pouvait entamer ; il a souvent aussi rencontré des troncs d'arbres et de grosses pierres fortement enfoncées dans le sol. L'instrument de culture qui avait été construit pour remuer puissamment des terres ordinaires, n'a point résisté à une si rude épreuve ; mais ceci ne s'attaquait qu'à un détail d'application et non au système général de l'appareil. En fortifiant le point qui avait besoin de l'être, on a triomphé, et M. le marquis de Poncins est en pleine possession des avantages qu'il s'était promis.

Dans une autre partie de la France, dans Seine-et-Marne, c'est un habile ingénieur, M. Pepin-Lehalleur, qui applique ses facultés et de vastes connaissances à la conquête pratique de la vapeur dans les champs. Ses débuts lui ont fait reconnaître la nécessité de quelques améliorations. La solution des difficultés était en bonnes mains; les difficultés ont disparu et l'appareil tient toutes ses promesses.

Dans le Midi, M. Chassaigneau-Brasse se renseigne et introduit l'application de la vapeur aux travaux du sol; il en fait constater les résultats par le comice agricole de Limoux, dont il fait partie. Ici, les conditions étaient ordinaires pour le pays, et tout marche à souhait dans une terre argilo-siliceuse très-forte.

Quand, pour la première fois, on voit labourer un champ au moyen de la vapeur, on reste tout étonné de la simplicité avec laquelle l'appareil est monté, de la facilité avec laquelle le laboureur qui tient le gouvernail peut donner à la ligne de traction une direction oblique et suivre avec une précision surprenante tous les contours irréguliers de sa surface; il en est de même de toutes les ondulations du terrain dans lesquelles l'instrument pénètre et fonctionne avec la même perfection que sur un sol plan.

Il nous resterait beaucoup à dire, mais nous sommes forcé de nous borner. Nous ne pouvons, dans un travail de ce genre, que faire naître le désir d'une étude plus approfondie.

L'appareil de Howard, avec tous ses agrès, coûte en fabrique 250 livres sterling (soit 6,250 francs). Il faut en plus une locomobile de 7,000 à 8,000 francs, dont les usages sont multiples, ainsi que nous l'avons dit; mais cette machine supprime tout aussitôt huit chevaux, et voilà une compensation dont il y a lieu de tenir grand compte. Plusieurs cultivateurs anglais sont décidés à faire l'économie de l'entretien des moteurs animés pour louer les services très-économiques de l'appareil Fowler ou de l'appareil de Howard.

La culture à vapeur, sortie du domaine de l'expérimentation, est pleinement entrée dans celui de la pratique de la ferme.

IV

LES INSTRUMENTS DE CULTURE.

Un grand fait inaperçu. — Grandes fabriques et petits ateliers. — L'usine agricole de Bedfort. — Vendeur et acheteur. — Les charrues de Grignon, de Mettray, de M. Parquin, de Mathieu de Dombasle, de Howard. — Les *cultivateurs*. — Labours superficiels et labours profonds — Défonceuses, — fouilleuses, — charrue-taupe, — charrue-*Vallerand*. — Les herses. — Les rouleaux. — Les semoirs.

Dans une exposition agricole, les instruments propres à la culture du sol eussent formé un groupe nombreux et varié, intéressant et instructif par sa diversité même. A Londres, ils sont si rares, qu'on ne les remarque guère, qu'on ne s'y arrête pas. Aucune fabrication cependant n'a d'importance relative mieux établie, car elle fournit, sans qu'on ait l'air de s'en apercevoir, les machines les plus nombreuses de toutes celles qu'on emploie dans le monde entier, en même temps qu'elles y emploient plus de bras. Ceci constitue assurément un grand fait. On ne s'en douterait pas à voir la place qu'on lui a réservée au palais de Kensington. C'est chose courante et usuelle. Partout et toujours l'agriculture, ce premier des arts, ainsi qu'on le répète de tous côtés et sur tous les tons depuis des siècles, se trouve reléguée au dernier plan.

En ce qui touche plus particulièrement aux instruments aratoires, à ce vaste outillage qui fonctionne sans relâche sur tous les points du globe, de manière à assurer la subsistance du genre humain, il faut dire qu'à l'exception de l'Angleterre, ils sont pour la plupart humblement fabriqués par des ouvriers isolés, ou dans des établissements de modeste importance, qui ne se mêlent pas au mouvement industriel de l'époque. Toutefois, cette situation se modifie peu à peu. La petite fabrication ne sera jamais entièrement remplacée parce qu'elle sera toujours nécessaire, mais l'agriculture commence à avoir ses grandes usines, et elle lui sont devenues indispensables à raison de la multiplicité des instruments qu'elle emploie et de la perfection qu'elle prend l'heureuse habitude d'exiger pour leur construction. L'Angleterre aura donné le premier élan, mais l'exemple qu'elle nous offre sous ce rapport ne sera pas perdu. Nous n'avons rien de comparable, chez nous, à la gigantesque usine créée à Bedford, il y a vingt-cinq ans, par les Howard, et dans laquelle on construit, dit-on, jusqu'à deux cents charrues par jour, mais nous avons de beaux ateliers de construction desquels sortent, chaque année, des engins excellents, de bons types d'instruments qui enrichissent plus encore l'acheteur que le vendeur. De rare qu'il était, le premier se multiplie très-rapidement, grâce aux concours régionaux qui sont devenus les grands marchés, les foires utiles pour cette sorte de produits, où chacun vient les voir et les juge par comparaison entre eux, après en avoir entendu parler, bien souvent aussi après en avoir médité tout à son aise, à la nouvelle qu'un voisin en avait introduit avant tout autre sur un coin de terre, où rien n'a encore été fécondé par les procédés nouveaux.

Quoi qu'il en soit, il a été envoyé quelques bons instruments aratoires à l'exposition de Londres; il en est même venu de très-estimés de France. Ainsi les charrues de Grignon et de Mettray, celle de M. Parquin y ont été remarquées à juste titre. Il semble que ce premier des instruments soit arrivé aujourd'hui à sa plus grande perfection dans le type plus ou moins modifié de M. de Dombasle et dans celui des célèbres constructeurs de Bedford. Nous ne possédons pas une bonne charrue en France qui ne procède de celle de notre illustre agronome, mais celle de la maison Howard a pénétré dans toutes les parties du monde. C'est une machine à toutes fins, nombre de fois essayée en concours publics, et nommée *Champion* pour rappeler qu'elle n'a reculé devant aucun concurrent, qu'elle n'a jamais été vaincue. Elle plaît d'ailleurs à première vue par son élégante simplicité et par sa solidité. Toutes ses lignes sont calculées avec une précision mathématique; le tirage en est donc facile et la qualité du travail assurée. Quand elle fonctionne, elle séduit tout autant. On voit la bande de terre, nettement tranchée par le coutre et complétement soulevée par le soc, glisser sans effort le long de l'ellipse du versoir, s'y retourner sens dessus dessous et tomber brisée, ameublie sur le guéret précédent. C'est le travail de la bêche horizontalement accompli; c'est donc la perfection du labour.

Mais voici qu'à cet égard même les idées changent. Si bien entendue qu'elle soit, commence-t-on à dire, la charrue ne saurait être qu'une sorte de coin tiré à travers le sol et exerçant sur le sous-sol une forte pression qui le tasse assez pour que les racines des plantes ne puissent pas le pénétrer et aller chercher dans son épaisseur les éléments de nutrition ou de prospérité qu'il contient. Tous les constructeurs intelligents de la charrue visent à atténuer autant que possible les mauvais effets de cette pression, qui n'existe pas dans le travail tout vertical de la bêche. De là la nécessité de renoncer, dès qu'on le pourra, aux charrues même les mieux étudiées et les mieux faites pour leur substituer la sorte d'instrument connue sous le nom de *cultivateur*.

Ceci serait l'avenir.

Il y avait, cela va de soi, plusieurs modèles de cultivateurs à l'Exposition. Le type du genre paraît être celui que Howard a construit en vue du labourage à la vapeur : c'est un engin assez énergique pour briser, ouvrir et ameublir le sol, à une profondeur très-convenable, sans exercer aucune pression sur le sous-sol. Pour cette fois, on croit tenir enfin la solution satisfaisante du problème : on retournera la terre sans la presser plus que ne la presse la bêche au-dessous du point qu'elle entame.

Tous les agriculteurs avancés savent ces choses à merveille; mais au-dessous de cette première couche, si mince, hélas! combien peu soupçonnent les inconvénients très-réels que porte avec soi la charrue, même la meilleure. Des labours superficiels on est arrivé aux labours profonds; on est allé ensuite plus avant afin de pénétrer et de soulever le sous-sol toujours plus resserré, toujours plus fortement tassé ; alors sont venus les défoncements à la main, puis ceux qu'on accomplit d'une manière plus expéditive au moyen d'instruments spéciaux, charrues, cultivateurs et fouilleuses. Il en résulte le plus ordinairement deux opérations au lieu d'une, c'est-à-dire une complication de travail, l'emploi pénible de moteurs vivants plus nombreux, et en définitive une grosse dépense.

Nous ne sommes plus, on le voit, au temps des charrues primitives auxquelles on ne demandait, pour ainsi parler, qu'un simple grattage du sol, et pourtant, il faut bien le constater, nombre d'araires employés en quelques contrées arriérées n'exécutent pas encore un labour beaucoup plus efficace. Ils rompent la croûte superficielle de la terre, l'ameublissent à un certain degré et enterrent plus ou moins complétement les mauvaises herbes qui l'envahissent et croissent quand même ; mais la terre n'est pas assez riche aujourd'hui pour que cette simple préparation suffise au développement des abondantes récoltes devenues nécessaires à la satisfaction des besoins d'une population très-condensée.

La tâche de la charrue s'est insensiblement et successivement agrandie, au point que cet instrument, spécialisé aujourd'hui, ne peut plus accomplir, en réalité, qu'une partie du travail auquel il suffisait seul autrefois. Il lui faut donc des auxiliaires et des auxiliaires puissants. On les a trouvés dans les engins préposés au défoncement, au large approfondissement de la couche habituellement remuée par la charrue ordinaire. Cette sorte d'instrument se fabrique aussi bien chez nous que de l'autre côté du détroit. Il en existe deux types : l'un donne le moyen de fouiller, d'ouvrir, de soulever le sous-sol, qui devient alors meuble et perméable ; l'autre pénètre de même le sol et le sous-sol, les retourne et les mêle l'un à l'autre, de façon à augmenter d'une manière notable la profondeur des terres. Dans les deux cas, qui se particularisent par les conditions et la nature du sol et du sous-sol, l'opération sert à l'aération plus complète des couches remuées, à leur plus facile assainissement ; elle aide à la pénétration des racines et en favorise le développement ; elle diminue l'influence pernicieuse des sécheresses ; elle modifie enfin, plus ou moins promptement et heureusement, dans un temps donné, les forces actives de la couche arable.

La théorie des défoncements est large et hardie dans ses recommandations, qui n'ont toutefois rien de hasardé, mais la pratique s'y montre d'une timidité extrême. L'opération a ses règles ; elle veut être judicieusement entreprise et menée, mais l'avenir est certainement pour elle, à considérer de près les importants services qu'elle a déjà rendus aux mieux avisés, à ceux qui l'ont adoptée. En attendant que la culture à vapeur la fasse entrer par le gros bout et dans les esprits de la multitude et dans les faits de chaque jour, nous ne pouvons que la conseiller et la recommander chaleureusement à notre tour.

Les bons instruments de défoncement sont nombreux. A solidité égale, on n'a pour ainsi dire que l'embarras du choix. Il y en a pour les terres fortes et pour les terres légères, il y en a pour des profondeurs très-diverses ; en tant qu'elles fonctionnent bien, toutes arrivent au même résultat, elles rajeunissent utilement la terre.

Les fouilleuses, les charrues-taupes, etc., suivent la charrue ordinaire et travaillent au fond du sillon qu'elle ouvre. Cela fait, ainsi que nous le disions plus haut, deux opérations pour une ; mais il est une charrue, une charrue française, nommée la *Révolution*, qui suffit à la double tâche. Nous croyons l'avoir vue à Londres, dans quelque coin, comme honteuse de sa forme peu avenante.

Ah! elle n'a pas la coupe élégante et gracieuse de la jolie howard, elle n'attire pas, elle n'excite même aucun intérêt : elle ne satisfait, à coup sûr, au premier coup d'œil, ni l'amour-propre de l'inventeur, ni l'orgueil national. Un moment cependant ; elle peut paraître déplacée au milieu de toutes ces choses du luxe et de la richesse qui se font le plus admirer ou envier à Kensington, mais portez-vous par la pensée aux champs, où est sa place, voyez-la fonctionner pendant cinq minutes, et vous m'en direz des nouvelles. Là, on ne la discute pas, elle s'impose, car elle opère de façon à enterrer toutes les objections. Elle change toutes les idées théoriques et économiques sur les labours profonds ; car bien qu'elle exige un attelage de six, huit, dix ou douze bœufs, elle produit en fin de compte des récoltes à plus bas prix que les autres. Elle fait que la végétation utilise mieux le sol au profit des bonnes plantes, car la récolte est plus abondante dans les terres qu'elle remue ; elle justifie en tout un judicieux proverbe de nos pères, qui établit ceci :

« Bonne culture vaut demi-fumure ; »

Et elle s'est fait nommer « *ma bienfaitrice* » par un agriculteur intelligent de la Gironde qui l'a adoptée. L'inventeur, M. Vallerand, est lui-même un agriculteur distingué dans le département de l'Aisne, et l'un des lauréats de la prime d'honneur.

La herse primitive n'est ni moins défectueuse, ni moins impuissante que n'était la première charrue. Les nouvelles sont aux anciennes ce que les charrues actuelles sont à celles de nos pères. Quiconque a reconnu l'insuffisance des dernières ne peut plus s'en tenir aux mauvaises petites herses d'une époque antérieure.

L'amélioration de cet instrument, le plus utile après la charrue, n'est pas de date reculée, et l'on a lieu de s'en étonner autant que de la lenteur avec laquelle il a été adopté. Toute la petite culture exécutait à bras d'homme la tâche considérable qui revient à la herse. C'est la rareté de la main-d'œuvre, non le raisonnement, qui a forcé de recourir à ses bons effets, ou plutôt à son emploi. Mais alors on s'est adressé à des constructeurs peu capables, à des charrons et à des forgerons de village, bien étrangers à la connaissance du génie rural, et en s'outillant à nouveau, on a commis la faute de se mal outiller.

Oublier les bons engins pour s'en tenir aux mauvais qu'on possède et qu'on veut user jusqu'au bout, peut être, chez beaucoup, une nécessité de position ; mais quand on s'est décidé à se procurer un instrument nouveau, c'est faire preuve de bien peu d'intelligence que de le prendre défectueux au lieu de le choisir parmi les meilleurs. De semblables erreurs ont pu être mises autrefois sur le compte de l'ignorance, mais les grandes expositions agricoles, les concours renouvelés de l'agriculture, ont fait partout connaître aujourd'hui et les bons instruments et les constructeurs les plus habiles et les plus consciencieux. Aussi les herses perfectionnées (elles méritent cette qualification) commencent à se répandre. Elles sont partout où l'on soigne les travaux des champs; elles pénétreront partout où la main-d'œuvre fait défaut ; d'ailleurs elles exécutent économiquement, vite et bien, une besogne qui n'a jamais été faite aussi complétement par les ouvriers du sol.

La herse Valcourt, les herses parallélogramiques ont résolu le problème d'une bonne confection et d'un travail achevé. Elles sont dans le domaine public et on les construit réellement bien partout. Celles de Grignon n'auraient pas été moins remarquées à Londres que celles de Howard, si elles avaient été aussi bien placées. En figurant à l'exposition, elles n'étaient guère exposées qu'à n'être point vues.

La herse-chaîne, imaginée depuis quelques années seulement, semble appelée à faire fortune près de tous ceux qui la suivront sur le terrain. Composée d'anneaux quadrangulaires en fer carré, elle couvre une surface de 6^m, 25 carrés et pèse 160 kilogrammes. Elle ramasse en les roulant les herbes parasites et le chiendent, qu'elle laisse ensuite en petits boudins sur le sol, d'où on les retire très-économiquement ; elle est un excellent brise-mottes et pulvérise la terre sans la plomber. A la considérer au repos, elle ne dit pas grand'chose ; mais en mouvement elle séduit, par la quantité et la qualité du travail qu'elle exécute sous la traction de deux chevaux.

Puisque l'occasion s'en présente, ajoutons un mot sur les rouleaux, dont l'usage est très-répandu, sans qu'on ait encore assez généralement adopté les bons modèles. Le rouleau à disques dentés, dits Crosskill, en fonte, conserve sa supériorité. Il rend, en effet les plus importants services dans les terres motteuses. C'est au printemps, sur les céréales, que son action se montre particulièrement efficace ; il ne se borne pas à tasser le sol sur les racines, il ameublit la surface à la manière d'un léger binage. A Grignon, on a très-heureusement modifié la forme des dents, et l'engin en est devenu plus énergique, tout en se manœuvrant plus aisément. L'importation anglaise s'est donc améliorée dans la fabrique d'instruments aratoires de notre Ecole d'agriculture.

Les semoirs sont en quelque sorte les instruments nés de toute exposition agricole. Ils se produisent volontiers et s'étalent sous les couleurs les plus voyantes, comme pour attirer plus sûrement les regards. Il y en a de toutes les tailles et de toutes les formes. Malheureusement, ils sont en général d'un prix très-honnête et fort peu modéré. Les Anglais en ont amené à foison ; on en voit dans tous les coins et dans tous les passages : c'est à vous en donner la berlue. Il faut bien, bon gré malgré, leur jeter un coup d'œil en passant ; mais il ne leur est pas plus favorable aujourd'hui que par le passé. Ce sont toujours des machines lourdes et très-compliquées, de ces instruments auxquels on laisse faire tapisserie sous les hangars de la grande propriété, où la poussière les couvre en témoignage de leur inutilité. Les semoirs ne sont pourtant pas des hors-d'œuvre, mais chez nous la pratique les veut à la fois plus simples et moins chers. Elle s'est tellement entêtée à ce sujet, que la mécanique agricole a dû s'évertuer à la servir suivant ses goûts ; elle y réussira, j'en réponds, si ce n'est déjà fait. Ceux de nos petits semoirs qui se trouvent à Londres ne vont pas à la cheville des semoirs anglais, mais qu'ils nous plaisent mieux !

V

LES INSTRUMENTS DE LA RÉCOLTE.

La bêche et la charrue. — Bêchage et labourage. — La faucille, la faux, la fourche, le râteau à main et les instruments nouveaux. — Le rebattage de la faux. — A production chère, minces bénéfices. — Bien compter a son prix. — Nécessité des institutions de crédit. — Faucheuse, faneuse et râteleuse. — L'outillage agricole et le capital. — Les moissonneuses. — Un peu trop d'exigences et pas assez d'expérience. — Manuel du faucheur. — 6,000 moissonneuses et 60,000 travailleurs. — Le principe de la division du travail. — Les moissonneuses américaines, anglaises et françaises. — Un dernier mot.

Si parfait que soit le travail de la bêche appliquée au labourage de la terre, il a bien fallu consentir à lui substituer le travail incomplet et tout d'abord très-défectueux d'une machine plus expéditive. On a mis des siècles pour perfectionner la charrue, pour rapprocher la façon qu'elle donne, sur une grande échelle, de la perfection presque absolue du travail nécessairement restreint qu'on obtient de l'emploi du premier outil. Cela n'a point empêché la charrue d'envahir et d'occuper la totalité des terres cultivées. C'est que, bien ou mal, et tout simplement pour obéir à la loi de la nécessité, la terre devait être ouverte, fouillée, retournée, ensemencée. Seule, la charrue, énergiquement tirée par des moteurs animés, pouvait suffire à cet immense labeur que la bêche eût laissé partout en souffrance. Pour retourner avec celle-ci les 26 millions d'hectares qui sont depuis longtemps livrés à la charrue, en France, il faudrait un milliard de journées d'ouvriers robustes : toute notre population agricole, exclusivement employée au bêchage, ne mettrait donc pas moins de deux années pour donner un seul labour à toute notre surface arable.

Le travail accompli, telle est donc la première condition en agriculture ; le travail perfectionné ne vient qu'au second rang.

Nous avions besoin de rappeler ou d'établir ce fait avant de parler des instruments dont on se sert pour dépouiller le sol des récoltes qu'on lui a confiées.

Du jour où le bétail a cessé de vivre complétement dehors et de consommer les herbes sur pied, on s'est forcément enquis du moyen le plus expéditif et le plus économique de couper le produit des prairies pour le convertir en foin de bonne qualité. Dès lors furent trouvés la faux, la fourche et le râteau à bras, trois instruments qui vont de pair et qui sont fort bien appropriés à leur destination respective.

Si simple pourtant qu'il nous apparaisse aujourd'hui, le premier ne laisse pas que de présenter, dans sa construction, certaines combinaisons mécaniques qui, à l'origine surtout, ont pu paraître quelque peu compliqués. Nous y reviendrons plus bas, car en soi le fait porte un enseignement qui ne doit pas être négligé. Constatons seulement au passage que nous n'avons pas aperçu une seule faux à Londres. Evidemment, l'intérêt du moment est ailleurs. La faux occupe une très-grande place dans les travaux de la récolte. Sa fabrication est du ressort de la métallurgie et de la taillanderie, mais son emploi est exclusivement agricole. Il est vrai que sous le double rapport de la forme et du montage, les deux choses essentielles pour le travail qu'elle accomplit, elle ne semble plus avoir désormais aucun progrès à réaliser. C'est au moins ce qu'aurait démontré notre exposition de 1856, où les variétés de faux étaient nombreuses et où l'on a pu se rendre compte approximativement de l'importance industrielle de cet engin. La particularité à relever, en ce qui le concerne, a son prix. En effet, il est arrivé de modification en modification, par l'unique effort de la pratique, à toute la perfection désirable, sans que la science s'en soit jamais occupée ou préoccupée. Aussi les praticiens tiennent-ils beaucoup à la faux. Elle nécessite chez celui qui l'emploie un apprentissage que la tradition rend aisé ; mais alors l'ouvrier s'identifie si bien avec l'instrument, qu'ils ne font bientôt plus qu'un, pour ainsi parler, et que l'homme ne voit rien qui vaille la faux.

Voici venir pourtant une machine bien autrement puissante, qui a la prétention de les supplanter tous les deux ; mais n'anticipons pas.

L'usage de la faux n'est pas limité à la coupe des herbes ; il s'étend assez généralement aujourd'hui à la coupe des céréales, opération importante à tous égards, car elle couronne en réalité tous les travaux antérieurs, tous les soins qui ont été pris en vue de la récolte. Mais avant qu'on appliquât ainsi la faux au moissonnage des grains, ceux-ci tombaient tous sous l'opération du faucillage.

La faucille est, à proprement dire, l'instrument primitif du moissonneur. Il est à la faux, ou plutôt aux faucheuses mécaniques, dont nous parlerons bientôt, à peu près ce que la bêche est à la charrue ; il fait un travail excellent, sinon accompli, mais il expédie très-faiblement, très-lentement une besogne qui veut être menée très-rapidement au contraire ; son adoption oblige donc à recourir à de nombreuses brigades d'ouvriers qui ne peuvent plus être réunies avec autant de facilité qu'autrefois. De là une moisson presque interminable et des récoltes beaucoup plus exposées. Le procédé du faucillage occasionne d'ailleurs une perte notable de paille et laisse, adhérant au sol, un chaume gênant ensuite pour les labours. En dépit de ces inconvénients, et bien qu'il ait été dès longtemps familiarisé avec la faux, seule employée à la coupe des foins, le cultivateur a résisté autant qu'il a pu à l'innovation de la faux appliquée au moissonnage. C'est que, à côté d'avantages très-réels, que le faucilleur ne voulait pas voir, apparaissait de suite à ses yeux des inconvénients qu'il exagérait à plaisir. Toutefois, l'habitude aidant, ceux-ci ont été atténués — plus en apparence qu'en réalité, bien certainement — et l'on ne voit personne, en aucun lieu vraiment, abandonner la faux pour revenir à la faucille, après avoir réformé celle-ci pour celle-là.

Nous n'avons rien à dire de la faucille que personne n'avait envoyée au palais de Kensington, mais nous voulons constater qu'elle ne disparaîtra jamais complètement du matériel agricole. On aura beau perfectionner les grands engins dont la mécanique enrichit l'agriculture, les instruments manuels resteront encore longtemps en usage, concurremment avec les nouvelles machines et régneront même seuls dans les exploitations morcelées, si nombreuses en France.

Avant de quitter la faux, recommandons les moyens perfectionnés dont on se sert aujourd'hui pour en opérer le rebattage, pour rendre à la lame son mordant quand la pierre à repasser n'y suffit plus. Les rabots à aiguiser, les enclumes pour rebattre les faux sont nombreux, d'un prix généralement modéré et d'un emploi tout à la fois plus simple et plus sûr que le mode d'autrefois, plus expéditif et aussi plus efficace. Ce tout petit détail devient une grosse perte de temps quand la faux travaille sur des terrains pierreux ou dans des prés dont on n'a pas eu soin de détruire les taupinières. Sur une bande de huit à dix faucheurs, on peut compter une journée de moins de fauchage, nécessairement employée au rebattage des instruments. C'est donc affaire de conséquence, à une époque surtout où le travail doit être mené à la hussarde, sans pour cela cesser jamais d'être bien fait.

Si je ne me trompe, c'est en France qu'ont été imaginés les instruments divers que la pratique éclairée adopte aujourd'hui pour l'entretien en bon état du tranchant de la faux. Il y en avait plusieurs modèles à Londres. Tous sont bons, tous ont une supériorité très-marquée sur le mode ordinaire; ils ne constituent pas une dépense proportionnée aux bons services qu'ils rendent et méritent d'être partout acceptés.

De même que la bêche et la faucille, la faux maniée à bras d'hommes est devenue insuffisante, plus insuffisante encore à la tâche que la charrue tirée par des moteurs vivants. Bien qu'il ne soit pas indifférent d'accomplir labours et travaux d'ensemencement en temps très-opportun, on se sent en général moins pressé en ce qui les concerne que par la nécessité d'exécuter rapidement les travaux de la récolte dont la durée est toujours limitée ou par le degré de maturité des plantes, ou par des circonstances météorologiques défavorables, ou par le besoin d'occuper le sol par de nouvelles cultures. D'ailleurs, la pratique agricole est forcée de se faire plus industrielle que par le passé. Les principes de la comptabilité l'envahissent à la fin et les plus simples éléments de l'arithmétique lui ont appris que plus elle produit chèrement, moins elle bénéficie.

En dépit de la première mise de fonds, qui effraye beaucoup avant qu'on y regarde de près, la culture à vapeur coûte moins que la culture par les animaux. Or, ce fait deviendra certainement la cause déterminante de la généralisation de la culture à vapeur, et cette révolution sera plus prompte qu'on ne pense. La charrue n'aurait jamais été substituée à la bêche sans l'immense économie d'argent qu'elle procure sur le travail bien plus parfait de l'outil à la main. En ce moment, on repousse encore en France les moissonneuses et les faucheuses, sous prétexte qu'elles font avec moins de perfection la besogne du faucheur, mais le motif sérieux et vrai de la résistance est ailleurs ; il est principalement dans la grosse somme qu'il faut émettre tout d'un coup pour se procurer les engins nouveaux. L'agriculture attend toujours les bonnes institutions de crédit, sans lesquelles elle ne sortira que bien lentement et bien difficultueusement des voies de fâcheuse parcimonie dans lesquelles la nécessité l'oblige à se débattre. Le capital lui manque ; là est son plus grand mal. Elle accomplit tous les prodiges du travail, mais elle ne peut s'élever à la puissance que, seul, l'argent donne à ceux qui le possèdent. Si cette question du capital revient à tout propos, c'est qu'on ne peut rien sans lui.

Tous les cultivateurs reconnaissent aujourd'hui que les trois grandes opérations de la récolte des foins : fauchage, fanage et râtelage, sont faites plus opportunément et plus économiquement avec la faucheuse, la faneuse et le râteau à cheval qu'avec la faux, les fourches et les râteaux à main. La perfection plus grande du travail exécuté avec la faux ordinaire, derrière laquelle on s'était retranché tout d'abord, est désormais résolue. Les faucheuses opèrent aujourd'hui d'une manière très-satisfaisante. Le faucheur ne fait pas mieux que la faucheuse, et celle-ci conserve tous ses avantages.

Quant à la faneuse, elle n'a jamais soulevé d'objection.

Dès qu'on la voit en marche, on est séduit; les plus prévenus lui sont aussitôt acquis et par la façon dont elle répand l'andain et par la manière dont elle retourne ensuite l'herbe en fanage. Il n'y a ici aucune comparaison possible avec les fourches et les nombreux faneurs qui travaillent péniblement et longtemps pour faire plus ou moins imparfaitement ce qu'elle accomplit comme par enchantement sous le double rapport de la rapidité et de la perfection.

Les râteaux à cheval marchent à souhait.

Ces instruments figurent à toutes les expositions. Il y en avait à Londres, et tous n'étaient pas de fabrication anglaise : on les fait un peu partout et aussi bien ici que là, même en France, où les constructeurs d'instruments se tiennent plus près de la petite propriété et des petites bourses Nous avons même quelques inventeurs dont les engins d'apparence modeste le disputent très-vivement aux plus prétentieux, à ceux dont on a fait le plus de bruit et dont on a parlé de la façon la plus élogieuse. Ceux-ci nous attirent plus particulièrement, et c'est justice; mais pour le cultivateur, la question d'argent est toujours la grosse affaire. Ainsi, relativement à la récolte des foins, qui nous occupe en ce moment, il additionne très-bien le prix des trois engins et arrive, pour cet objet seul, à une mise de fonds de 1,260 francs. La somme est forte pour les petits, mais si les petits s'associaient, le fardeau serait moins lourd et la récolte des prairies de tout un village se ferait dès lors à frais excessivement réduits.

Tout incomplet, ou, mieux, tout insuffisant qu'il est, notre outillage agricole ne laisse pas que de représenter un capital considérable. Cependant, il s'agirait plus encore de le transformer que de l'augmenter. Cette rénovation se fera peu à peu, en proportion des ressources disponibles. C'est la transition qui est difficile. Nos constructeurs peuvent y aider en modérant les prix exagérés des fabricants anglais; ceux-ci visent à la fourniture des machines agricoles dans le monde entier; ce monopole ferait leur affaire, et déjà ils exportent sur une grande échelle; que les nôtres se contentent de conquérir le marché national; il est assez vaste pour leur ambition s'ils s'attachent à la satisfaire. Au surplus, nous leur devons cette justice, dès le début ils ont compris qu'ils avaient plus à gagner à vendre beaucoup à des prix abordables, qu'à vendre peu à des prix britanniques, et ils sont intelligemment entrés dans cette voie.

Mais nous n'avons rien dit encore de la moissonneuse proprement dite. C'est ici que l'agriculture s'est particulièrement montrée difficile; il est à craindre même qu'elle ait demandé aux instruments d'accomplir l'impossible, c'est-à-dire une perfection achevée et constante qui ne se rencontre vraiment dans aucune des opérations qui lui sont le plus familières. Les reproches qu'on adresse aux moissonneuses sont bien moins en elles-mêmes que dans les circonstances au milieu desquelles il faut les placer pour agir. La mécanique n'a sûrement pas dit son dernier mot, mais elle ne peut rien ni quant à l'état du sol, ni quant à la condition des plantes au moment choisi pour les couper; or, là précisément sont les grands obstacles à vaincre. On les a abordés de front, et l'on est aujourd'hui bien près de la solution absolue, si on ne la tient pas encore tout à fait. Si l'on peut davantage, on n'atteindra peut-être jamais à la perfection rêvée et imposée.

Dans les vastes étendues, là où les bras ont toujours manqué, on est satisfait de suppléer à leur insuffisance, ou plutôt à leur absence complète, par l'emploi d'engrais même imparfaits, car sans eux, l'on ne peut rien et l'on perd tout. Il n'en est plus ainsi dans la situation où nous sommes, et quand il s'agit, fait bien autre dont les exigences se font mêmes excessives, quand il s'agit de remplacer la perfection à laquelle on s'est accoutumé du travail de l'homme par le travail d'appareils nouveaux, d'instruments qu'on ne connaît pas encore et qu'on dirige avec une complète ignorance des effets d'une mécanique plus ou moins savante.

« Il y a, dit M. F. Bella, l'un de nos agriculteurs les plus autorisés, il y a quelque chose qui manque au moins autant que la perfection des moissonneuses au résultat que nous attendons d'elles, c'est l'habileté et l'expérience des hommes qui sont appelés à s'en servir.

« Réfléchissez à la peine qu'on a à introduire la faux dans des localités qui, jusqu'ici, n'ont encore moissonné qu'avec la faucille, et vous aurez une idée des difficultés que nous rencontrons. Les faux sont des outils bien simples en comparaison des moissonneuses, mais il faut apprendre à les *rebattre,* à les aiguiser, à les monter et à les *armer.* Or, l'armature doit varier suivant que le blé est fort ou faible, *versé* ou droit ; et puis il faut faire varier l'angle que la lame fait avec l'horizontale, ce que nous appelons le *petit angle*, suivant la nature de l'herbe qui est au pied du blé ; l'angle de la lame avec la hampe, le *grand angle* doit changer aussi suivant la force du faucheur et la direction du fauchage par rapport à l'inclinaison du blé !... On écrirait facilement un petit livre sous ce titre : *Manuel du faucheur*.

« Jugez donc de ce qu'il doit en être des faucheuses et moissonneuses ! »

Malgré cela pourtant, ces engins fonctionnent déjà

d'une manière assez satisfaisante pour être usuels dans une partie de l'Angleterre, où cinq à six mille moissonneuses en action, au temps de la coupe des grains, font en un jour autant de besogne que cinquante à soixante mille travailleurs. Toute la question est là. On adoptera, sans y regarder, la moissonneuse et la faucheuse le jour où l'on ne trouvera plus le moyen de faire couper les foins et les céréales par les faucilleurs et les faucheurs. En ce moment, on fait pour le mieux en résistant; avant peu on sera bien heureux de trouver le problème posé par l'agriculture économiquement résolu, car il est résolu.

Pour la pratique, d'autres points, très-essentiels aussi, restent à examiner, et, par exemple, une question de spécialisation, de division du travail. Doit-on se procurer à la fois des faucheuses et des moissonneuses, ou donner la préférence aux machines doubles, aux faucheuses-moissonneuses, par conséquent? En principe, il faut repousser les machines à plusieurs fins, quand des travaux nécessairement dissemblables, sinon opposés, doivent être exécutés par un même organe d'une même machine.

En l'espèce, l'appareil coupeur ne doit pas être le même pour les céréales et pour les herbes, et sa vitesse ne doit pas être la même dans les deux cas. Un seul instrument ne pourrait donc remplir les deux offices si l'on n'était arrivé à disposer l'appareil à deux fins très-distinctes. Il a été facile de le faire pour recevoir, suivant les besoins, une scie à herbe et une scie à blé, la première marchant plus vite et la seconde allant plus lentement. On a complété ce résultat de telle sorte que les deux scies coupent plus ou moins près du sol, suivant les exigences de la récolte; la faucheuse doit nécessairement opérer plus ras que la moissonneuse. D'autre part, l'appareil ramasseur a pu varier en raison du travail à exécuter, sans nuire en quoi que ce soit à l'appareil complet, lequel de simple faucheuse se transforme sans difficulté aucune en moissonneuse et réciproquement, jouant ainsi alternativement le double rôle qu'on lui impose.

L'agriculture possède aujourd'hui de bonnes moissonneuses : celle de Mac-Cormick et celle de Burgess et Key tiennent le premier rang; elle a aussi une excellente machine dans la faucheuse Allen, mais deux constructeurs français l'ont enrichie de machines à deux fins qui prennent le haut du pavé dans les essais comparatifs les plus soutenus. A eux, croyons-nous, revient aujourd'hui le difficile et important honneur d'avoir résolu le problème dans les termes compliqués d'une machine combinée : ce sont MM. Peltier, qui a apporté de très-utiles perfectionnements à la machine américaine de Wood, et Lallier, qui a produit un engin nouveau, imaginé et construit par lui-même.

Le prix de ces machines, moins élevé que celui des instruments anglais, ne fait plus obstacle à leur introduction dans nos moyennes exploitations.

Il ne faut pas qu'on s'y trompe, en effet. Après l'application de la vapeur aux diverses opérations agricoles, il n'y a pas, au temps présent, de meilleur et plus complète utilisation des forces de la mécanique aux travaux des champs que celle qui résulte des perfectionnements apportés aux faucheuses-moissonneuses.

VI

LES INSTRUMENTS D'INTÉRIEUR.

Que le lecteur se rassure ! — Battage des céréales. — Le fléau. — La batteuse mécanique. — Le nécessaire et le superflu. — Les machines à bras et les manéges. — La perfection du travail — Le *gentleman farmer*. — Le cultivateur américain et l'émigrant anglais. — Deux manières de procéder. — La machine à battre écossaise. — Les batteuses en bout et les batteuses en travers. — Maison Duvoir. — Les machines portatives. — Batteuse et manége mobiles de Damey. — Les machines de la grande et de la petite propriété. — Manéges et machines à vapeur. — Les locomobiles de louage et les batteuses nomades. — Vans, trieurs et cribles. — L'arbre de couche. — Le marché national. — Les excentricités. — Egrenoir à maïs. — La batteuse du colza. — Les barattes. — *Basta cousi.*

Que le lecteur se rassure, nous n'avons pas le dessein de passer en revue un à un, mais en bloc, les nombreux instruments qui pourraient venir se ranger sous ce titre, gros de menaces pour l'attention qu'il consent à nous prêter. Nous n'abuserons pas de sa patience ; les principaux seuls nous occuperont un instant.

Le battage des céréales, opération des plus importantes de la ferme, affecte plusieurs modes et emploie des moyens divers : le fléau, le rouleau, le pied des animaux et la batteuse mécanique. Celle-ci, tard venue à la pratique, puisque la première qui lui ait été offerte date seulement de 1786, tend à supplanter les procédés anciens.

On n'a envoyé à l'exposition de Londres ni rouleau, ni fléau. Le rouleau à dépiquer, très-usuel dans toutes les contrées méridionales, a déjà fait perdre beaucoup de terrain au mode de dépiquage par le pied des animaux ; à son tour, il paraît devoir disparaître assez prochainement devant la batteuse mécanique qui, après avoir pé nétré dans toutes les régions, envahit de proche en proche toutes les fermes. Le fléau résistera probablement davantage ; on en trouvera toujours quelque part, aux mains du propriétaire de quelque coin de terre, accomplissant par lui-même tous les travaux quelconques de sa petite, toute petite exploitation. Mais partout ailleurs, la machine à battre s'impatronisera pour remplacer l'homme dans sa tâche la plus rude, la plus accablante parmi tous les travaux de l'agriculture. Ce n'est pourtant pas pour s'épargner un pareil labeur que le cultivateur renonce au fléau, c'est pour profiter des avantages considérables que lui assure l'emploi de la machine à battre. Celle-ci triomphe sur toute la ligne. Plus n'est besoin de plaider en sa faveur ; elle règne sans partage en de vastes contrées et se multiplie avec une rapidité peu ordinaire aux habitudes agricoles. Ce mouvement remonte déjà à quelque trente ans, mais il s'est accéléré, s'il est permis de dire, en raison du carré des distances. A son début, la batteuse mécanique n'était pas aussi complète que nous la voyons aujourd'hui ; elle s'est très-améliorée depuis sa naissance ; cependant elle était fort suffisante, même à l'origine, et nous aurions pu, sans rien compromettre, lui faire meilleur accueil. Pendant près d'un demi-siècle, nous sommes restés sourds à ses sollicitations, ou à peu près. Nous lui avons cherché toutes sortes de querelles, nous ne voulions pas de ses bienfaits. Le batteur en grange tenait à son fléau pour le moins autant que le faucilleur à sa faucille, que le faucheur à sa faux. Rendons-lui justice, il est complétement revenu de son erreur, et serait bien fin aujourd'hui celui qui réussirait à mettre un fléau aux mains de ceux qui ont consenti à servir une machine à battre.

Il y a loin au moins du fléau à cette dernière. Le premier coûte-t-il 2 francs ! Tout au plus. L'autre ne valait pas moins de 4,500 à 4,000 francs tout installée; nous ne disons pas assez. La distance qui sépare les deux instruments se mesurait donc par la différence du prix d'achat; elle était : : 3 : 3,500 ; toujours la question d'argent, ce nerf de toutes choses.

Comme beaucoup d'autres bons instruments, la machine à battre nous est venue d'Ecosse, revêtue du caractère particulier aux engins du Royaume-Uni : les grandes dimensions, les fortes proportions, la somptuosité ; le nécessaire et le superflu : le nécessaire qu'il faut tâcher de procurer à tous ; le superflu qui, en l'espèce, ne convient même pas à la richesse. La batteuse écossaise ne s'adressait donc qu'à la grande propriété, qu'à l'opulence. Ce n'était pas notre affaire : la moyenne et la petite culture ne pouvaient avoir, chez nous, des aspirations aussi hautes. Cela ne fit pas que la machine ne fût très-désirable. Les hommes de progrès comprirent que l'agriculture restait en face d'un besoin pressant ; nombre d'associations et de comices proposèrent des prix et des médailles, qui pour l'invention, qui pour l'introduction de batteuses mécaniques plus appropriées à notre situation. Cet appel fut entendu ; il provoqua un certain mouvement et fut notre point de départ. La mécanique s'éveilla à l'idée qu'elle pouvait rendre des services à l'agriculture, à laquelle elle n'avait pas encore songé. On chercha donc. Malheureusement, la visée n'avait point assez de hauteur. On s'évertua surtout à construire une machine à bras. Les plus entreprenants allèrent bien jusqu'au manége, mais un manége s'appliquant à un engin qui ne demandait pas au delà de la force d'un âne ou d'un petit cheval. Ce n'était pas seulement nous faire par trop modestes, c'était malencontreusement ouvrir une voie fausse, dont nous sommes à peine sortis. On l'a déjà dit, il faut le répéter : l'homme s'abaisse au niveau de l'animal, et ce n'est point là son rôle, toutes les fois que, pour opérer un travail, il choisit un engin qui n'emploie que sa force musculaire sans rien demander à son intelligence ; il ne se ravale pas seulement, il se fatigue davantage.

Quand un ouvrier bat au fléau, il dirige principalement ses coups sur la pointe de la gerbe, où il frappe directement l'épi ; le mouvement du fléau peut être plus fatigant que celui d'une manivelle de machine ; mais chaque coup porte, et le batteur n'est pas obligé, comme avec la machine, de battre la paille sur toute sa longueur et de surmonter les résistances de rouages qui frottent. Puis, quand deux, trois ou quatre hommes battent ensemble, il s'établit une cadence qui charme jusqu'à un certain point et fait oublier la fatigue.

Nous aurions compris qu'on eût cherché à améliorer le fléau, qui n'est pas judicieusement établi partout, comme ont été successivement améliorées et la bêche et la faux ; nous ne saurions comprendre qu'on ait voulu substituer une machine à bras à un simple outil. Celui-ci peut toujours être utile dans sa sphère ; l'autre, si perfectionnée qu'on la fasse, ne sera jamais qu'un instrument barbare. Ecartons-la de nos études, et formons des vœux pour qu'on ne lui réserve plus, à l'avenir, d'encouragement d'aucune espèce dans aucun programme de concours.

Il y a, cela est certain, une corrélation très-marquée entre les instruments agricoles d'un pays et les circonstances spéciales dans lesquelles se trouve l'agriculture de ce pays.

Ce que nous venons de dire de la machine à battre,

touchant ses commencements en France, n'est évidemment qu'un reflet. La situation pécuniaire de nos fermiers et de nos petits tenanciers ne peut s'accommoder d'un matériel considérable et cher. Nous aimons le travail bien fait, habitués que nous sommes à le faire de nos mains, et nous repoussons volontiers, avec plus de dédain que de raison, tout instrument, simple ou compliqué, qui ne nous promet pas de l'exécuter avec la même perfection. Le *gentleman farmer* de l'autre côté de la Manche et le cultivateur américain, placés dans des circonstances différentes, ont un tout autre outillage que nous. Cependant, alors qu'ils entreprennent tous deux le même travail, ils procèdent différemment, et miss Martineau a pris le soin de nous bien édifier à cet égard, dans l'intéressante relation de son *Voyage en Amérique*. Voyons-les donc à l'œuvre, dit M. L. Moll, lorsqu'il s'agit, par exemple, d'un défrichement de forêt.

Derrière l'émigrant anglais, il ne reste ni souches, ni pierres ; le terrain est profondément fouillé, assaini et ameubli, soigneusement préparé ; les récoltes y seront magnifiques, mais la dépense... Ah ! l'Anglais n'y a pas trop regardé ; il est accoutumé à semer à pleines mains, pour recueillir abondamment. Le pionnier américain a une autre manière d'opérer ; il a mince souci de la perfection du travail qu'il réduit, au contraire, à ses proportions les plus minimes. Il coupe les arbres à 1 mètre de hauteur et les brûle. Les souches restent sur pied, et il ne s'en inquiète guère ; il passera dans les intervalles avec sa petite charrue, dont le soc touchera légèrement la terre. Le moins expert des nôtres médirait fort de ce labour superficiel, incomplet, irrégulier surtout, mais il effleure une terre vierge et féconde, dont l'activité est aussitôt mise en demeure par les cendres qu'a laissées la combustion des grands arbres. Le maïs et le blé pousseront, moins beaux, moins luxuriants que ceux de l'autre défrichement; cependant la récolte aura encore son prix. Quatre, cinq ou six ans plus tard, les souches auront disparu sous la décomposition naturelle qui les aura transformées en terreau. L'opération aura été plus lente, mais elle se sera accomplie presque sans dépense. Avec la même somme, le pionnier américain aura pu défricher une étendue cinq fois plus considérable que l'émigrant anglais, mais celui-ci aura joui cinq ans plus tôt du fruit de son labeur et de l'accumulation de ses capitaux sur une surface limitée, trouvant bientôt à se rembourser par l'abondance des produits d'une partie des avances qu'il a pu faire au premier champ conquis sur la forêt. Tout est là; il a pu faire des avances; grâce au capital, il a marché résolûment au but pour l'atteindre tout aussitôt. L'autre n'avait pas d'argent à consacrer à de coûteux travaux, et s'est résigné à attendre du temps ce qu'il ne pouvait demander à l'argent qu'il ne possédait pas. Tous deux ont fait suivant les circonstances, et c'est ainsi que font les nôtres chez nous.

La machine à battre écossaise était trop puissante, d'un prix trop élevé pour les besoins et pour les ressources de la petite et de la moyenne propriété, mais ses résultats étaient acquis à la pratique, savoir : un rendement en grains plus fort que par le battage au fléau, la substitution du travail des chevaux ou des bœufs, de la force de l'eau, du vent ou de la vapeur au travail de l'homme; beaucoup plus de latitude pour la vente des céréales à un moment donné favorable; une surveillance plus facile de l'opération, une qualité de paille meilleure, d'autres avantages encore, et, finalement, une économie réelle, résultat précieux auquel on n'avait point songé tout d'abord, eu égard au prix d'achat et d'installation de la machine. Tout cela fit désirer qu'on trouvât une batteuse moins chère, un instrument plus approprié à nos besoins. Le problème était digne de fixer les méditations savantes de notre grand agronome. M. de Dombasle ne lui fit pas défaut ; il parvint à établir un bon modèle, qui fut promptement dépassé. La pratique se montra d'ailleurs pleine d'exigences ; chaque perfectionnement semblait avoir pour effet particulier d'exciter de nouveaux désirs. Le génie rural accepta le défi ; nos machines à battre sont aujourd'hui très-perfectionnées, et, croyons-nous, ont dépassé toutes les espérances. On avait commencé par les faire pour le battage en long ou en bout ; un caprice du consommateur des villes a voulu qu'on s'ingéniât à conserver la paille intacte et non brisée, la mécanique a construit des batteuses en travers. C'est la maison Duvoir, continuée par MM. Albaret et Ce, qui, la première, a résolu cet important problème commercial ; sa machine à battre est restée comme le type supérieur et avoué du genre. Pour la solennité de Londres, elle en avait construit une double, qui avait déjà paru dans l'un de nos concours régionaux. Le plus grand éloge qu'on en puisse faire est de dire que plus les analogues s'approchent de cette batteuse, plus grande est leur valeur au point de vue de l'effet utile et de la perfection du travail accompli.

De France, le battage en travers a passé en Angleterre ; mais en revanche nos constructeurs ont adopté l'idée anglaise des machines portatives. Le système locomobile a tout de suite conquis la vogue, vogue bien méritée d'ailleurs. C'est M. Damey qui, chez nous, a pris cette heureuse initiative. Sa batteuse et son manége mobiles, construits d'après des vues toutes nouvelles, ont eu et devaient avoir un immense succès. Les concurrents, les imitateurs sont nombreux ; en se multipliant, ils prouvent que la machine se répand chaque jour davantage. On en fait de dimensions très-diverses ; celles qu'on demande le plus, cependant, battent en moyenne 30 hectolitres de grain par jour. Ce chiffre se trouve assez en rapport avec les récoltes, les bras, les attelages de la plupart de nos exploitations.

Bien qu'ils établissent aussi des machines pour la petite propriété, les Anglais se complaisent davantage dans les proportions gigantesques. Leur système de batteuses ne vaut pas mieux que le nôtre ; il n'est pas plus solide et il est plus compliqué ; il s'étale très-pompeusement à Londres, où l'on voit des engins à grande puissance, battant, vannant, et criblant tout à la fois jusqu'à 230 hectolitres de grain dans une journée de dix heures de travail effectif.

Nos machines se montrent aussi complètes et font de même les trois opérations à la fois, mais nous ne leur donnons pas ces vastes dimensions ; on commence même à les munir d'un *sasseur* qui secoue les balles ou menue-paille et les débarrasse de toute la poussière qu'elles renferment ; cette opération, utile à tous égards, n'absorbe pas plus de 3 à 4 kilogrammes de force.

Bien qu'en réalité ils conviennent peu à la mise en mouvement des machines à battre, les manéges sont encore, chez nous, très-généralement consacrés à cet emploi : la machine à vapeur la plus ordinaire ferait bien mieux leur affaire, mais les petites bourses acquittent plus facilement le prix d'un manége que le prix d'une machine à vapeur. Heureusement les entrepreneurs de battages se multiplient et se transportent sans difficulté d'un point à un autre pour se mettre à la portée des plus petits. En louant les services des locomobiles et des batteuses nomades, on se trouve exonéré de toutes avances de fonds, et l'on a le bénéfice de la perfection du travail des meilleures machines. Les industriels, en effet, ne trouveraient pas leur compte à tenir la campagne avec des appareils mal construits ou d'un système inférieur. En usant de leurs engins, on apprend encore à connaître les bons, et on se familiarise avec la manière de les diriger, car en tout, et ici particulièrement, il y a un apprentissage nécessaire. Quand l'apprentissage est fait, ceux qui peuvent acheter sont bientôt décidés.

L'application de la vapeur est trop généralisée en Angleterre pour qu'on se serve beaucoup des manéges; il y en a cependant, mais les nôtres ont fait leurs preuves et laissent peu à désirer en tant qu'on ne leur demande que ce qu'ils peuvent donner. Leurs inconvénients les feront partout abandonner; c'est une question de temps et d'argent. Ils forment une utile et bonne transition entre le travail direct de l'homme et l'application de la vapeur aux grands travaux d'intérieur de la ferme.

A côté de la machine à battre viennent désormais se placer une foule d'instruments d'une adoption ou d'une généralisation assez récente. Au premier rang se placent les vans, trieurs, cribles de toutes façons, moins les anciens toutefois, qui disparaissent complétement de la pratique, singulièrement distancés qu'ils sont par les machines nouvelles plus expéditives et d'une action plus énergique. Londres en expose de provenances très-diverses; les Anglais ont les leurs comme nous avons les nôtres. Tous se valent aujourd'hui; en ce qui les concerne, la perfection semble être tombée dans le domaine public. Sous ce rapport au moins, nous n'avons rien à envier à personne. Les instruments de ce genre, bien qu'ils ne sortent pas d'ateliers millionnaires, sont très-convenablement construits et remplissent au grand complet leur destination : nettoyer, cribler, trier les grains, donner à chacun, suivant leurs qualités particulières ou recherchées, ce qu'on appelle la dernière main. Tous peuvent être mus à bras et n'imposent pas à l'ouvrier une fatigue au-dessus de ses forces ; il en est même qui en dépensent si peu, que des cultivateurs les livrent aux efforts d'un simple tourne-broche et économisent ainsi un homme sur deux. Dans ce cas, au surplus, un enfant capable suffit pour surveiller l'instrument et pour remplir opportunément la trémie.

La tendance générale est à la substitution de la machine à l'homme pour tous les travaux d'intérieur. Partout où il y a un moteur mécanique, les ouvriers servent les machines et ne les mettent plus en mouvement : ceci est devenu l'affaire ou des animaux ou d'une force inanimée quelconque, s'appliquant simultanément à plusieurs engins qui reçoivent leur mouvement d'un arbre de couche muni de poulies de divers diamètres. On dispose alors, non loin de la batteuse, le tarare, le hache-paille, les concasseur ou aplatisseur de grains, le brise-tourteaux, le laveur de racines, le coupe-racines, l'égrenoir de maïs, que sais-je encore ? de manière à pouvoir marcher, suivant les besoins, en raison de la force dont on dispose, ou tous à la fois, ou deux à deux, etc. On met en mouvement de la même façon les pompes de puits, et tout ceci a l'avantage de ne supprimer l'action directe de l'homme qu'autant qu'on le veut. Chacun de ces engins redevient, à volonté, un instrument à bras.

Ceux que nous avons nommés et leurs analogues se fabriquent maintenant en tous lieux et s'y fabriquent avec soin. C'est sans doute un résultat, un bienfait de la concurrence. Il faut actuellement que celle-ci achève son œuvre en visant à des prix très-modérés ; elle y est conviée par l'extension du marché intérieur, dont l'importance s'accroît très-rapidement et très-manifestement d'une année à l'autre. Plusieurs de nos constructeurs sont entrés dans cette voie avec une résolution très-ferme et très-patriotique. C'est aux acheteurs à les y maintenir, car ils seront les premiers à en recueillir les fruits ; cependant les dispensateurs officiels des récompenses honorifiques peuvent beaucoup aussi en ne mettant en oubli aucun des services réellement profitables à la société. Il serait encore mieux de les provoquer que d'attendre qu'ils se produisent spontanément. Ce genre d'initiative ne constituera jamais une atteinte à l'action individuelle. On peut l'appeler de tous ses vœux et le pratiquer sur une large échelle, sans courir le risque de froisser aucun intérêt, avec la certitude, au contraire de les servir tous et de la meilleure manière.

Nous pourrions parler de beaucoup d'autres machines encore, mais à quoi bon ? A part quelques excentricités, dont on fait bientôt justice, et qui, d'ailleurs, deviennent de plus en plus rares aujourd'hui, grâce aux immenses progrès de la mécanique, les instruments ne se modifient plus que pour faire un nouveau pas vers la perfection. C'est à ce titre qu'on peut en recommander l'emploi plus généralisé dès qu'ils ont leur raison d'être. C'est ainsi que la batteuse des céréales a fait naître l'égrenoir à maïs, la machine à battre le colza, qui est d'une invention toute récente et qui accomplit si bien son office. En expédiant vivement une opération qu'il faut exécuter au temps même de la récolte, elle permet de faire presque simultanément d'autres travaux non moins pressants et que le battage à bras de la plante oléagineuse forçait de reculer et de manquer en partie.

Voici maintenant une foule de barattes. Ici, c'est un pêle-mêle regrettable, un véritable chaos. La science s'est prononcée pourtant, mais son enseignement est encore comme non avenu pour les masses. Le sujet est encore trop gros pour être traité incidemment. Il est plus particulièrement du ressort de la bonne ménagère, avec qui nous nous proposons d'en causer un peu plus tard, puisqu'en ce moment l'heure nous presse et nous dit : « Assez ; » donc *basta cousi*.

VII

DRAINAGE ET IRRIGATIONS.

La vie ou la mort. — Une grande agitation. — Le drainage et les concours. — Une bonne opération. — L'appareil de Fowler. — Petite pluie abat grand vent. — Le drainage en Angleterre, en Belgique et en France. — Un renseignement. — 100 millions de chaque côté de la Manche. — Le drainage aux expositions de 1856 et de 1862. — L'irrigation chez les anciens et chez les modernes. — Glorieuse conquête. — La législation. — Les irrigations de la Lombardie. — Un idéal. — La ferme expérimentale de Vaujours. — Les engrais liquides.

L'eau donne la vie ou la mort aux plantes.

A ce titre, drainage et irrigation deviennent choses de très-grande conséquence et forment comme les deux pôles de toute bonne pratique agricole.

Vers 1850, il s'est fait un immense remue-ménage autour de la question de l'assainissement des terres par le drainage souterrain. L'Angleterre avait donné l'exemple. Nous nous sommes fort agités, mais nous avons fait ici plus de bruit que de besogne. De bonnes études ont embrassé l'opération nouvelle dans toutes ses ramifications ; la bibliographie agricole s'est enrichie d'excellents traités sur la matière; un outillage complet, considérable même, a surgi sur bien des points ; de belles machines ont été construites, des usines ont été créées ; on disait de tous les côtés que l'avenir agricole du pays était là, et beaucoup ont mis le cap sur la bienheureuse innovation dont les effets avaient quelque chose de magique. Jamais élan n'a été plus général et plus vif. Dans tous les concours, et ils sont nombreux en France, on ne voyait que malaxeurs, machines à étirer les tuyaux, outils de toutes les formes et de toutes les dimensions, tuyaux de toutes sortes, plans de drainage et prix courants, offres de services, que sais-je ? On ne parlait de rien avant d'avoir épuisé la conversation à l'ordre du jour. On fit des essais ; les plus entreprenants prirent les devants; les résultats furent magnifiques. Partout l'opération tint ses promesses; plus d'une espérance même fut dépassée ; dans les circonstances les moins favorables, le drainage constituait un placement de fonds à 10 pour 100. De vie d'agriculteur et de propriétaire foncier on n'avait rien vu de pareil. On parla sérieusement du drainage à la vapeur, et une petite société, qui avait la prétention de devenir une puissante compagnie, acheta à grand prix un appareil complet de Fowler.

Que nous sommes loin de tout cela aujourd'hui, et comme toute cette agitation s'est calmée ! On peut voir à Kensington quelques plans de propriétés qui ont été drainées, car il y en a, mais on y chercherait vainement deux machines à fabriquer les drains. On en trouverait une pourtant d'origine anglaise, cela va de soi, mais personne ne l'entoure, aucun visiteur ne la regarde. L'intérêt s'est donc retiré du drainage en Angleterre; c'est qu'il n'y est plus à l'état de question pendante, comme on dirait ici.

De toutes les améliorations agricoles réalisées sous nos yeux, celle-ci restera certainement comme l'une des plus considérables pour ses résultats. On a drainé, beaucoup drainé en Angleterre, où les sols difficiles ne manquaient pas, où leur ténacité constituait même pour l'agriculture une difficulté principale. Les eaux surabondantes, emprisonnées dans les terres, étaient une cause d'infertilité et d'impuissance ; leur écoulement facile et régulier devenait, au contraire, une cause de fertilité et de richesse. Une fois trouvé le moyen d'opérer ce changement, chacun s'est mis à l'œuvre à la fois, sur tous les points, et les terres qui avaient le plus besoin d'être assainies furent drainées comme par enchantement.

Voilà pourquoi le drainage, fait accompli, n'est plus la préoccupation générale du moment, une actualité pour tous.

Qu'on nous pardonne cette trivialité, nos voisins ont passé à un autre exercice. Leur grosse affaire aujourd'hui, nous nous y sommes complaisamment arrêté, est la solution pratique de cet autre grand problème, l'application de la vapeur à tous les travaux des champs. Tous les efforts se concentrent, toutes les forces de l'esprit se tendent vers ce point important, qui n'est déjà plus du domaine de la simple expérimentation.

Sans avoir été conduites avec la même ardeur, les choses du drainage n'ont pas été menées avec moins d'ensemble, de résolution et de succès en Belgique qu'en Angleterre. Seuls, nous sommes encore au point de départ, après avoir dûment constaté que nous pouvions obtenir de l'opération, sagement entreprise, les mêmes améliorations foncières, les mêmes avantages pécuniaires.

D'où vient donc que le drainage est resté chez nous à l'état d'essai et de question pendante? c'est que le drainage est cher ; nous avons reculé devant la carte à payer. La propriété est tellement obérée en notre pays; l'impôt, cette machine à épuisement continu, pèse si fort sur elle, qu'elle a peu, bien peu d'avances utiles et productives à faire au sol. Voyons ce qu'eût exigé d'argent cette opération du drainage, étendue à toutes nos terres malsaines, aux plantes qu'elles doivent porter.

La statistique, bien renseignée a écrit ce chiffre : 12 millions d'hectares à drainer, c'est presque le quart du territoire. La pratique a aussitôt mis en regard de ce nombre une addition bien autrement grosse : 2 milliards 400 millions de francs, soit une dépense moyenne de 200 francs par hectare, prévision modeste et qui serait certainement dépassée.

Nous avions commencé pourtant avant de nous rendre compte exactement de ce dont il s'agissait au fond, mais nous avions commencé avec les ressources restreintes que notre situation nous laisse. Eh bien ! en sept ou huit années, de 1848 à 1856, nous avons drainé environ 32,000 hectares, qui ont coûté 7 millions de francs.

Tel a été le résultat d'un effort suprême de l'agriculture ; telle a été la mesure de son insuffisance, en dehors des forces considérables qu'elle applique à la satisfaction des exigences de chaque jour.

Quelques optimistes admettront difficilement une pareille impuissance, mais leurs illusions n'y peuvent rien. Ceux qui nient la lumière en plein soleil n'empêchent pas que la lumière soit. Faisons la part aussi large que possible aux optimistes. Pour leur être agréable, disons qu'après cette mise en train, qui s'est accomplie sous l'influence d'un élan, fort ralenti depuis, on drainera à l'avenir, — c'est une supposition que les faits ultérieurs n'autorisent même pas, il s'en faut, — on drainera à l'avenir, chaque année, une surface égale à celle qui l'a été durant cette première période. Eh bien, savez-vous ce qu'il faudrait de temps, à ce compte, pour mener à fin ce grand travail? — 374 ans. Il faudrait décupler les forces actuellement disponibles pour arriver au résultat voulu en 35 ou 40 ans. C'est déjà bien long.

Le gouvernement anglais, qui, assure-t-on, n'est pas coutumier du fait, a aidé l'agriculture à réaliser sur le sol britannique les bienfaits du drainage. Il lui a alloué un prêt de 100 millions, et cette somme a été rapidement absorbée, efficacement employée; de puissantes compagnies se sont formées à la suite, la richesse privée a fourni le reste. Aussi le caractère agricole de districts entiers en a-t-il été transformé; des sols rebelles et stériles sont devenus des terres faciles au travail et productives.

Frappé de ces résultats, le gouvernement français a voulu de même soutenir les bonnes dispositions que nos propriétaires terriens manifestaient très-ouvertement et en masse à l'endroit du drainage. Nous avons aussi notre loi des 100 millions; elle porte la date du 17 juillet 1856. Mais comment tout cela s'est-il arrangé? Cette loi ne fonctionne pas, en dépit des décrets, convention et règlement d'administration publique qui l'ont suivie. Non, et cela est vraiment étrange; la propriété, si obérée pourtant, n'utilise pas les libéralités de la loi du 17 juillet. Prêts et emprunts sont rares, rares et de faible importance. Aussi, l'opération avance peu. Plusieurs Compagnies, prêtes à naître à cette grande affaire, ne sont point sorties de l'œuf ou se sont éteintes en naissant; et les particuliers, voués à toutes les difficultés qui les étreignent, se sont forcément restreints à leurs minces ressources, par impossibilité de faire plus, d'aller plus vite et plus loin.

L'assainissement des terres, qui n'est guère moins ancien que l'agriculture elle-même, se poursuit et se poursuivra quand même, mais sur une échelle qui en fait un infiniment petit au lieu d'une de ces vastes entreprises qui changent de fond en comble le caractère agricole de contrées entières. Il ne se complètera jamais, car les travaux, qui en pareille occurrence le constituent, n'ont qu'une durée limitée. Il faut donc y revenir par nécessité d'entretien sur des terres conquises, avant d'avoir pu l'entreprendre sur beaucoup d'autres qu'il serait si important de conquérir. C'est là tout ce que peuvent les particuliers ; on serait bien injuste de leur demander plus ; à l'impossible nul n'est tenu.

Pour revenir à ce que nous avons voulu établir, le drainage est à peine représenté à l'Exposition universelle de Londres, en 1862. Il occupait une toute autre place à l'Exposition universelle de Paris, en 1856. En effet, qu'on nous permette ce rapprochement qui a une haute signification : il y avait à Paris, des machines à étirer les tuyaux de 18 fabricants français, anglais et allemands ; des malaxeurs envoyés par 5 fabriques ; des tuyaux de drainage exposés par 26 fabricants, et de belles collections d'outils inscrites sous vingt noms différents, français et étrangers ; il y avait des spécimens de drainage, et, nous ne croyons pas nous tromper, un cours théorique et pratique fait par un grand propriétaire avec un dévouement tenace, qui n'a pas trouvé dans l'estime des visiteurs tous les encouragements imaginables. Le professeur ne se rebutait pas ; chaque jour, il reprenait, pour l'accomplir avec le même zèle, une tâche imposée à son courage, et croyait faire utilement, car il entrevoyait que l'opération, achevée sur notre territoire, équivaudrait à une augmentation annuelle de revenu de plus de 350 millions, quelque chose comme le prix de 14 millions d'hectolitres de froment à 25 francs l'un.

Le drainage opère souterrainement, et cependant chacun a pu en apprécier les merveilleux effets. L'irrigation, au contraire, agissant à ciel ouvert, crée visiblement la richesse, sans qu'on le reconnaisse autant qu'il le faudrait. Il y a de vastes régions qui ne valent quelque chose, et d'autres qui ne prospèrent que par l'apport et la distribution intelligente des eaux superficielles et courantes. Les preuves de ce fait sont partout, et les contrées les plus deshéritées n'ont même pas l'air de s'en douter. Les anciens comprenaient mieux l'utilité de l'arrosement des cultures. Sous ce rapport, la civilisation semble avoir reculé. On ne citerait chez les modernes aucun grand travail d'irrigation comparable à ceux qui furent exécutés dans l'antiquité. Ceux-ci portent tous un caractère de grandeur, de bienfaisance générale que les gouvernants ont oublié au préjudice de l'abondance des biens de la terre. Les Romains avaient rapporté en Italie la connaissance approfondie de la pratique des irrigations, prise en Egypte et en Grèce, glorieuse conquête qui fut regardée, avec le temps, comme l'un des plus utiles trophées de leurs victoires. La plupart des immenses travaux qu'ils avaient consacrés à ce grand intérêt ont été détruits pendant les siècles de barbarie qui ont suivi la chute de l'empire. Mais la tradition des avantages dus à l'arrosement des terres cultivées s'était conservée en Italie ; à la renaissance, l'agriculture y revint, s'empara des eaux qui courent à travers le territoire et parvint à rétablir un système général d'irrigation dont la perfection est justement vantée.

Nous avons en France quelques parties bien arrosées dont personne ne s'occupe; nous en avons un plus grand nombre qui seraient immédiatement transformées, si on portait sur leurs terres un bon système d'irrigation. Malheureusement, les difficultés — elles viennent de la législation — sont à peu près insurmontables pour les particuliers. Ceux-ci paraissent avoir accompli sur tous les points, en fait d'arrosement, tout ce qu'en l'état actuel il leur a été donné d'accomplir. Le reste, sauf quelques exceptions, et c'est de beaucoup le principal, regarde spécialement l'administration publique, c'est-à-dire le ministère des travaux publics et de l'agriculture et le législateur.

A ce point de vue, de rares visiteurs auront été, autant que nous, intéressés en s'arrêtant au palais de Kensington devant un petit plan en relief, fort bien exécuté, des grandes et belles irrigations de la Lombardie. Ce sont des travaux d'ensemble qu'il nous faut aujourd'hui, pour porter la fertilité et la richesse sur des terres désolées, qui n'attendent pour produire abondamment que l'eau propre à les vivifier; mais, encore une fois, ces travaux d'ensemble ne pourraient être entrepris chez nous qu'avec le concours de l'Etat et qu'après une refonte complète de la législation des eaux.

En examinant avec attention le plan en relief que nous avons trouvé unique en son genre, nous nous prenions à regretter très-vivement que d'autres plans, moins grandioses mais non moins intéressants, n'aient pas été exposés. Sous ce rapport, il y aurait eu de fructueuses études à faire, de bons exemples à prendre parmi les faits accomplis en notre pays et ailleurs. Ainsi, la combinaison pratique du drainage et de l'irrigation, qu'on considère avec raison comme présentant, en quelque sorte, l'idéal agricole, n'est pas assez généralement adoptée, et c'est grand dommage. Nous en connaissons de profitables applications, dont les spécimens eussent très-bien figuré à côté des plus brillantes applications de la science à l'industrie. Avoir toujours de l'eau, n'en avoir jamais trop, tel est l'important problème résolu par la combinaison des deux procédés sur lesquels nous cherchons à attirer sérieusement les réflexions du lecteur, empêcher à la fois les plantes de souffrir de l'excès de la sécheresse et de l'excès de l'humidité, tel est le grand but à atteindre. L'eau, c'est par là que nous avons commencé ; l'eau donne la vie ou la mort aux plantes ; c'est la fortune de l'agriculture quand on sait l'utiliser, quand on a le bon esprit de ne la point gaspiller.

Dans une autre partie du palais, bien éloignée de celle où nous avons trouvé le plan en relief des irrigations de la Lombardie, nous avons fait une autre découverte : accrochés en placard à une cloison, nous avons aperçu les plans des travaux exécutés à la ferme expérimentale de Vaujours (Seine-et-Oise) pour l'application des engrais liquides aux terres et aux récoltes. Ceci est une autre forme de la combinaison du drainage et de l'irrigation, forme empruntée à des essais plutôt qu'à une application large, mais qui a fait un certain bruit en Angleterre, sans avoir encore fixé l'opinion en ce qui le concerne. Chez nous, l'expérimentation du système est aux mains de l'homme le plus capable de dire au juste ce qu'il vaut. Laissons-le donc achever l'œuvre entreprise, sans nous en occuper davantage, quant à présent. Aussi bien les plans que nous avons vus si haut perchés ne sont qu'un incident sur notre route, et n'appelaient, de notre part, qu'une simple mention au passage. Nous pourrons y revenir, d'ailleurs, en temps et lieu.

VIII

LES PRODUITS.

Un vaste horizon. — Les forces virtuelles du sol. — Uniformité et variété. — Deux caractéristiques. — Céréales et fourrages.— Chiffres significatifs. — Culture intensive et culture extensive. — Il faut des « achetoires ».— Cultures épuisantes. — Engrais. — Bétail. — Cultures améliorantes. — Soyons sincères. — Les qualités apparentes et les qualités réelles. — Tant vaut la terre, tant vaut le produit. — Le progrès est la loi du monde. — Le blé généalogique — Les variétés fécondes. — Triage et sélection. — Le blé de Nursery. — Un stimulant énergique. — Les efforts de l'agriculture anglaise. — M. L. Vilmorin et M Hallett.— L'exposition des produits agricoles de France et d'Angleterre. — La cuisine des bêtes. — Caisses et fioles. — Les prairies en Angleterre. — *Pluie d'or* en Belgique.

On a groupé dans une division spéciale de la troisième classe les produits spontanés du sol, ceux des exploitations rurales et forestières, ceux enfin des industries annexes, qui se préparent dans des ateliers dépendant des exploitations.

L'horizon est vaste, comme on voit.

Aussi les produits agricoles occupent une place très-considérable au palais de Kensington. Toutes les nations y ont envoyé, en foule, les fruits de leur territoire ; ceux de la France y figurent sous 2,000 numéros environ.

La première pensée qui germe en les regardant est la définition même de la culture. On sent que tous les efforts d'intelligence et que toute la somme des forces vivantes ou inanimées dépensées sur le sol ont partout le même but : la production aussi large que possible sur une surface donnée des matières nécessaires ou utiles à l'homme. Parmi ces matières, les plus importantes, les plus nombreuses et les plus variées sont celles qui doivent servir à l'alimentation humaine.

Il eût été fort intéressant de pouvoir juger, sur l'ensemble des produits réunis à Londres, des forces virtuelles du sol de chacun des grands territoires qui les ont fournis. Les exposants ne s'étant proposé rien de semblable, nous ne saurions songer à aborder un pareil travail. Toutefois, nous arrêtant aux produits déposés et par la France et par l'Angleterre, nous hasarderons de premières données.

L'immense variété des productions propres au sol français forme contraste avec l'uniformité des produits de la culture anglaise. Ce fait emporte la nécessité de travaux plus variés et plus multipliés chez nous. Il n'est certainement pas le résultat d'un simple caprice ; il est sorti de la diversité du climat qui crée des circonstances très-différentes et des besoins très-divers.

Cependant, deux grandes récoltes semblent imprimer à l'agriculture des deux côtés de la Manche leur caractéristique particulière : celle des céréales pour la France, celle des fourrages pour l'Angleterre. Depuis longtemps lancés dans la direction qui leur est propre, les deux pays semblent s'y avancer chaque jour davantage. La production fourragère s'élève toujours dans la Grande-Bretagne, et se mesure aisément par le nombre toujours croissant du bétail qu'elle nourrit; nous avons précédemment posé des chiffres qui établissent à cet égard une incontestable et formidable supériorité chez nos voisins. Les progrès de la production céréale se révèlent, chez nous, par les recherches renouvelées de la statistique. Ainsi le froment, qui n'occupait pas tout à fait

5,600,000 hectares en 1840, est semé aujourd'hui sur près de 7 millions d'hectares. Cette augmentation est due à l'emploi de la batteuse mécanique généralisée et à l'amélioration de terres précédemment livrées à la culture de grains inférieurs ou moins exigeants, lesquels se retrouvent aujourd'hui sur des terrains plus récemment conquis à la culture régulière. La preuve de cette assertion est faite en chiffres. La moyenne du froment récoltée à l'hectare était, en 1840, de 12 hectol. 45 ; elle s'élève aujourd'hui à 13 hectol. 64. Il s'ensuit que cette récolte a été portée de 70 millions à 95 millions d'hectolitres, soit une augmentation de 25 millions d'hectolitres, mesurant le progrès général accompli depuis 1840.

Ces données témoignent tout à la fois en faveur des deux modes de culture intensive et extensive ; mais la proportion la plus forte est du côté du premier. C'est l'inverse qui eût été désirable. Notre moyenne est bien bien faible, comparée à celle de 25 hectolitres qu'obtiennent les Anglais. Supposant que notre agriculture n'ait pas étendu mais seulement amélioré la surface précédemment occupée par le blé, on peut bien croire qu'en un laps de temps pareil — vingt ans environ — il ne lui eût pas été impossible d'élever le rendement général de 5 hectolitres à l'hectare. A ce compte, et sans accroître proportionnellement le travail, elle eût récolté sur les mêmes terres 28 millions d'hectolitres de plus. Elle a préféré l'autre mode ; pourquoi ? nous l'avons expliqué en disant plus haut comment procèdent, lorsqu'ils défrichent, l'émigrant anglais et le pionnier d'Amérique. L'agriculture intensive ne convient qu'aux riches, ne s'y adonne pas précisément qui veut ; elle exige des masses d'engrais qu'il faut acheter quand on n'est pas en mesure de les produire. Or, « pour acheter, nous disait, il y

à peu de jours un bon paysan, il faut des *achetoires...* »
Cette question des engrais reviendra bientôt ; elle est capitale. Le cultivateur français est donc forcé de s'y prendre à la façon du pionnier américain : il attend beaucoup du temps qui ne lui fait pas défaut, puisqu'il ne demeure stationnaire sur aucun point. Mais, bien que travaillant avec une ardeur infatigable, avec un courage que rien ne peut abattre, il n'avance qu'à petits pas, suivant ses moyens : un accroissement de produit de 1 hectol. 19 à l'hectare, après vingt ans d'efforts soutenus ! telle est la mesure de ce qu'il a pu.

Examinant les choses de près, et s'assurant que les agriculteurs anglais n'opèrent pas sur des terres plus généreuses que les nôtres, on arrive à se demander si le cultivateur français est dans le meilleur système de culture lorsqu'il livre de si vastes espaces à la production directe de la nourriture de l'homme ; on est surtout amené à l'étude de cette proposition quand on voit une production double sortir d'un système opposé, soit en Angleterre, où il est général, soit partout ailleurs, et même en France, où on le suit en quelques parties avec un succès éclatant.

On découvre bien vite alors la vérité, à savoir : les céréales, le froment surtout, épuisent le sol qui les porte ; elles imposent la nécessité de rétablir la fécondité des terres, ou par le repos, ou par l'apport répété d'engrais puissants, sous peine de les voir faiblir bientôt sous le double rapport de la qualité et de la quantité.

Tout devient engrais sous la main du cultivateur intelligent. De tous cependant le fumier est le meilleur agent pour renouveler la fertilité du sol. Il s'ensuit qu'en produisant des montagnes de fourrages, dont on nourrit substantiellement un bétail d'élite et nombreux, on arrive par le chemin le plus court à la production des masses fertilisantes qui, seules, donnent les riches moissons.

Voilà tout le système. En théorie, il n'est guère plus vieux que l'agriculture elle-même. On ne trouve pas de praticien qui ne le sache et ne l'enseigne; mais l'application est bornée. L'expérience démontre pourtant, chaque jour, que plus on étend les cultures fourragères, sans se préoccuper du reste, plus s'élève le rendement des céréales. L'extension se fait d'abord aux dépens de la jachère morte, mais elle ne s'y arrête pas, elle empiète bientôt sur les espaces réservés à la production des graminées, et c'est à leur profit. En effet, plus s'élève le nombre d'animaux entretenus par des fourrages toujours plus abondants, plus grossit le rendement des céréales sur une même surface. La production du blé s'accroît partout où augmente la production animale, et, tandis que cette dernière s'élève en raison des étendues qui lui sont consacrées, l'autre gagne en intensité tout ce qu'elle perd en étendue. L'agriculture réalise ainsi un double profit, puisque la viande est l'aliment par excellence de l'homme en nos climats.

Deux chiffres à l'appui : sur un territoire de 31 millions d'hectares, réduits à 20 par les terres incultes, et à 19 par le retranchement des parties boisées, l'agriculture anglaise consacre 15 millions à la nourriture directe des animaux, et 4 à celle de l'homme ; le domaine agricole proprement dit de la France mesure 34 millions d'hectares, dont 9 seulement portent des cultures améliorantes ou fourragères, et 18 au moins des cultures épuisantes. Voilà ce qui fait la supériorité de la première et notre si grande infériorité. Ajoutons à cela que les 8 millions d'hectares de prairies naturelles des Anglais leur donne bien trois fois autant de fourrages que nous en recueillons sur nos 4 millions de prés et la totalité des jachères. La masse des fumiers est proportionnelle; mais si grande qu'elle soit, on ne s'en contente pas et l'on achète d'immenses quantités d'engrais, dont le chiffre ne supporte aucune comparaison avec ce que nous achetons en France pour remplir la même destination.

La conséquence de pareils faits est bien facile à tirer. Contrairement à ce que l'amour-propre national a dicté à d'autres, nous la dirons telle qu'elle est, car, de parti pris, nous voulons rester vrai. Manquer sciemment à la sincérité, et de la sorte tromper sciemment les autres ou seulement essayer de donner le change à l'opinion, n'est pas métier avouable, et ne fait pas d'ailleurs que ce qui est ne soit pas. Notre système général de culture n'est plus en rapport ni avec la densité de la population, ni avec nos besoins, reconnaissons-le franchement et efforçons-nous de le modifier. Nous avons des produits d'une qualité exquise, nous leur rendrons justice ; mais, en nous extasiant à leur endroit, n'en prenons pas prétexte pour taire notre infériorité sur les points essentiels que nous avons touchés, — les céréales et les fourrages.

Nous avons de ceux-ci de très-beaux échantillons à Londres, mais ceux de plusieurs nations sont encore plus beaux, et leur supériorité évidente, indéniable, ne se révèle pas seulement par des qualités apparentes, elle se trouve surtout dans leur substance, dans leurs propriétés nutritives plus hautes, car leurs effets physiologiques sont plus marqués. Sous ce rapport, l'expérience a vivement éclairé la pratique. Le mérite des animaux de la Grande-Bretagne ne vient pas exclusivement des attentions d'une production et d'un élevage mieux entendus ou plus savants, il tient pour une bonne part à la valeur des aliments dont on les nourrit. Les fourrages sont la matière première de la production animale; mais dans le degré de fécondité du sol, dans la quantité et la qualité des engrais qui constituent cette fécondité, se trouve la matière première de la production végétale. Tant vaut l'homme, tant vaut la terre, dit le proverbe; tant vaut la terre, tant vaut le produit, ajouterons-nous, et puis encore : tant vaut le fourrage, tant vaut la bête. Ne serait-il pas étrange, en effet, que plus d'engrais et une culture plus parfaite donnassent des grains et des fourrages moins bons, moins généreux que ceux d'une agriculture plus pauvre et moins complète à tous égards?

Non, les produits de notre sol fatigué ne valent pas les produits des terres réconfortées de nos voisins. Nous sommes en progrès très-marqué, nous pouvons le constater, mais loin encore du but que la nécessité inflige à nos efforts.

Au surplus, le progrès est la loi du monde. Les Anglais ne comptent pas s'arrêter au point élevé où nous les voyons parvenus : les grains qu'ils ont exposés sont d'une grande richesse, c'est incontestable; ils tiennent pour magnifiques ces froments, cette orge, toutes ces variétés d'avoine qu'on a luxueusement étalées à tous les yeux, afin qu'on pût les voir sans les chercher, les voir et les admirer; mais, après tout, ce ne sont que des échantillons laborieusement triés grain à grain, ou soigneusement choisis en épis parmi les plus splendides de la moisson. Nos voisins passent devant sans rien dire, sachant bien ce que l'exception en tout est à la réalité; mais ils entourent, afin d'examiner plus sérieusement que curieusement, un certain « blé généalogique » apporté là par M. Hallett, un des leurs.

Ceci n'est pas une excentricité. Nous nous trompons

fort si ce premier essai, renouvelé des Grecs, n'est pas le point de départ d'une culture beaucoup plus productive du froment. Le blé généalogique, très-amélioré par une sélection éclairée et persistante de la semence, sous le rapport combiné de la fécondité et du développement des qualités particulières à cette céréale, a été « élevé, » suivant le mot de l'exposant, conformément aux principes de production et d'élève qui ont donné aux Anglais leurs races pures d'animaux.

En y réfléchissant, il y a longtemps que pour la première fois la remarque en a été faite, il est facile de se convaincre que 10 pour 1, que 25 pour 1 même, n'approchent guère du terme de fécondité extrême révélée par de nombreux exemples. Les terres exceptionnellement favorables produisent beaucoup plus. Mais on pourrait demander, cela n'est pas douteux, à la nature de la semence de concourir pour sa part à un plus brillant résultat dans les circonstances ordinaires. Tout n'est pas dans le sol assurément ; il y a quelque chose aussi dans les dispositions propres des graines qu'on lui confie. C'est ce point de physiologie transcendentale que M. Hallett vient de rappeler à l'agriculture, et, pour le faire mieux sentir, il a cherché une comparaison dans les faits les mieux établis de la production animale. Pour celle-ci, on demande aux plus beaux et aux plus forts de léguer à leurs descendants des mérites ou des aptitudes qu'on ne retrouverait pas au même degré chez les produits de tous ou des premiers venus.

M. Hallett applique ces idées à la production du froment, et il les appuie en mettant sous les yeux du public les résultats obtenus. Et d'abord, les épis et le grain de la première semence, choisie elle-même parmi le plus beau blé de Nursery, puis ceux qui en sont nés pendant quatre générations successives. Au point de départ, il compte 17 épis pour un grain, puis 39, puis 52, puis 80 ; voilà la progression. Mais ce n'est qu'une face de la médaille, voyons donc l'autre côté. Nous y trouvons inscrites, au compte des plus beaux épis, les quantités de grains ci-après : sur l'épi original, 45 grains, et sur les suivants, 76, 91 et 123.

Ainsi, au moyen de la sélection, qu'on appelle triage en l'espèce, la longueur des épis a été doublée, leurs contenus presque triplés, et le pouvoir de propager augmenté huit fois. Ces chiffres ont le mérite d'attirer d'une manière décisive l'attention sur des faits, ou mieux, sur des principes incontestables mais d'une application négligée. On a toujours conseillé de n'employer à l'ensemencement que des grains ou des graines de la plus belle extraction ; c'est la pratique qui manque au précepte ; c'est le précepte qu'ici la pratique a voulu remettre en honneur. Or, pour atteindre ce but, il fallait réveiller chez tous le plus grand véhicule du progrès, l'intérêt.

L'homme se laisse aller volontiers à l'incurie, à moins d'une stimulation puissante à la combattre. Ici, le stimulant est tout trouvé. M. Hallett vend à la meunerie le blé généalogique 5 francs de plus les huit boisseaux anglais que le blé ordinaire. Le producteur de céréales peut passer à côté des promesses d'une méthode qui s'annonce comme lui offrant le moyen de doubler ses récoltes, mais il s'arrêtera, croyez-le bien, à ce fait d'une réalité agréable, une plus-value certaine sur le marché.

Les efforts de l'agriculture anglaise se sont concentrés jusqu'à présent sur les conditions mécaniques les plus favorables à la végétation et sur la mise en bon état de fertilité des terres ; ils vont désormais se porter avec une louable ardeur sur le développement de la fécondité des plantes, sans se détourner pour cela du but primitif. C'est une ère nouvelle qui s'ouvre à l'accroissement des produits. On n'y mettait qu'une main, en quelque sorte, on va y employer tout à la fois les deux mains, afin de compléter une œuvre encore inachevée.

Les Anglais, pourtant, il faut bien que nous le constations, n'auront ici que les honneurs de l'application en grand. Tous les essais du genre ont été faits en France, sous le point de vue scientifique, mais les travaux, mais les plus précieuses recherches de nos savants agricoles ne tombent guère, parmi nous, dans le domaine public, que lorsqu'ils ont été pris par les étrangers, chez qui nous sommes ensuite tout étonnés de les retrouver. Nous avons, sur divers points du territoire, des écoles pratiques de céréales et de plantes fourragères dont les études ne se répandent pas; ces écoles possèdent pourtant des observations utiles au plus haut degré pour tous. M. L. Vilmorin avait trouvé le moyen de mesurer le degré de richesse en sucre de la betterave, et ce moyen lui permettait de conserver comme porte-graines les sujets les plus complets sous ce rapport. On pouvait donc lui acheter des graines de betteraves avec l'assurance d'acheter de grands producteurs de sucre. M. Hallett ne fait pas autre chose avec le blé généalogique, car par la génération M. Vilmorin était parvenu à former une race de betterave beaucoup plus riche en sucre que celle d'où elle était sortie. Mais ne soyons pas jaloux. Si les Anglais réussissent à mettre à la portée de tous la pratique d'une culture perfectionnée, donnant des races de céréales d'une plus grande fécondité, non-seulement sur le sol, mais à la meunerie et à la boulangerie, inclinons-nous et empruntons-leur, pour les répéter, les résultats que les travaux de nos savants leur auront mis dans la main, au plus grand profit de l'humanité. Que si les prévisions de M. Hallett se réalisaient, nous verrions l'Angleterre récolter dans un temps donné, sur les 1,800,000 hectares qu'elle consacre année commune au froment, autant de blé que nous en recueillons aujourd'hui sur 7 millions d'hectares. Voilà de quoi tenter les plus froids spéculateurs du monde.

L'une des choses qui frappent le plus quand on s'arrête devant cette exposition des produits agricoles de l'Angleterre, exposition qu'on a qualifiée de petite et d'insignifiante, c'est l'ordre ou plutôt la méthode qui a présidé à son arrangement. Sans chercher l'effet, on l'a rencontré par l'importance donnée à tout ce qui est réellement important. Or, ceci contraste fort avec ce qu'on peut voir d'analogue dans les diverses parties du palais réservées aux produits agricoles des autres nations. Ainsi, rien n'est épars, disséminé, indépendant dans l'exposition anglaise; tous les semblables, tous les similaires sont rapprochés, réunis, groupés de manière à former famille, et à se présenter tous à la fois et d'un seul coup à l'œil du visiteur. On dirait d'un tableau synoptique. Mais tout y est largement offert à l'examen du curieux qui veut étudier. C'est ainsi qu'on trouve dans la même case, pour ainsi parler, sans que la confusion puisse se faire, toutes les matières alimentaires spécialement employées à l'engraissement des divers animaux, depuis la plus élémentaire ou la plus simple jusqu'à la plus compliquée, en quelque sorte.

Chose étrange, la cuisine ordinaire des bêtes à l'engrais est plus complexe, et plus variée, et plus assaisonnée chez nos voisins que celle de l'homme. Les condiments de toutes sortes ne font pas défaut à côté de

14.

préparations que nous ne pratiquons guère en général, dont plusieurs même sont tout à fait inconnues de nos engraisseurs, et dont les Anglais tirent grand avantage, à raison de l'immense quantité de graisse qu'ils aiment à se mettre sous la dent et dans l'estomac. L'animal, livré à son appétit naturel, ne mangerait pas assez si on ne l'excitait puissamment à consommer au delà de ses propres besoins. Nous ne poussons pas si loin les choses, et nous avons raison, nous qui préférons la bonne viande au trop de graisse.

Une autre remarque, qui n'aura pas échappé non plus à tout le monde, c'est la manière dont on a su présenter les graines fourragères. Dans la partie anglaise, elles s'étalent symétriquement en larges surfaces dans des caisses plates découvertes, qui permettent de les voir et de les reconnaître. Ailleurs, on les trouve enfermées dans de toutes petites fioles, très-hermétiquement bouchées, et on n'y voit goutte; je défie bien qu'on puisse en distinguer une seule... Ce détail, en apparence insignifiant, a au contraire sa signification. Il dit tout uniment que nous recueillons chez nous peu, très-peu de petites graines de graminées, qui font la richesse des prairies de nos voisins. Nous les mettons sous verre de crainte que le vent les emporte, auquel cas nous ne saurions plus où en prendre; les Anglais, qui les récoltent en grand, parce qu'ils en font un grand usage, n'ont pas les mêmes appréhensions et permettent, non-seulement qu'on les regarde, mais qu'on les touche, pour peu qu'on ait l'air d'étudier sérieusement ce qu'ils ont sérieusement offert à l'étude. Aussi quelle différence n'y a-t-il pas entre leurs prairies et les nôtres? Chez nous, ce qu'il y a de moins dans la généralité des prés, c'est la bonne herbe; par contre, les espèces parasites, voire les plantes vénéneuses y abondent. C'est en Angleterre seulement qu'on trouve des herbages qui se vendent 20,000 et jusqu'à 50,000 francs l'hectare. Nous aurions par là encore quelques bons exemples à prendre.

La Belgique, ou plutôt un agriculteur belge du Hainaut, a exposé un blé qu'il a nommé, un peu prétentieusement peut-être, *pluie d'or*, et qu'il dit avoir semé et récolté mûr en quatre-vingt-cinq jours, du 1er juillet au 23 septembre.

IX

LES ENGRAIS.

L'usine agricole. — Matières premières et métier. — Les vérités de Sully. — Le rôle des engrais. — L'agriculture en Chine. — Les gros rendements. — Le bénéfice net. — Riche par la profondeur et par la surface. — Le système intensif. — Curiosité et utilité. — La tour de Babel. — Qu'allaient-ils faire en cette galère? — Trois régions. — Les questions à l'étude. — Une exposition spécialisée. — Une actualité — Fourier, la poule et l'œuf. — L'épuisement du sol. — Les engrais commerciaux. — Phosphates et guano. — Le sang et la vie. — L'étiquette du sac. — Le vol à l'engrais. — Un grand dommage. — Tout n'est pas pour le mieux. — Une industrie à régulariser.

L'agriculture, a dit un éminent agronome, n'est qu'une vaste usine où l'on transforme des matières premières.

Ces matières premières sont les engrais et les amendements de toute sorte.

La terre est le métier; l'homme et les animaux sont la force.

Le fabricant aurait beau multiplier ses métiers et ses navettes, si la soie et le lin, si le coton lui font défaut, son vaste établissement lui devient plus onéreux qu'utile;

il n'occupe qu'un vain espace qui fait sa ruine et qui ferait la fortune de vingt fabricants mieux pourvus.

C'est dans la transformation accélérée des éléments, c'est dans l'usine travaillant nuit et jour, c'est dans la prompte évolution des capitaux qu'on trouve la richesse. Si sur nos champs nous joignons au chômage d'hiver le chômage d'été, alors que la végétation serait dans toute son énergie, alors que la terre ne demande qu'à produire avec luxe et rapidité, notre climat, qui semble si bien doué, devient une cause d'appauvrissement.

Il y a bien longtemps qu'un grand ministre, Sully, avait condensé ces vérités dans une maxime souvent rappelée depuis : « Les biens que donne la terre sont les seules richesses inépuisables, et tout fleurit dans un Etat où fleurit l'agriculture. » De cette maxime on n'a su faire qu'une phrase à effet; l'ami du bon Henri l'avait écrite à d'autres fins.

Cependant la terre, cette vaste manufacture toujours prête, manque trop souvent chez nous de soie et de lin, de matières premières à transformer. Les cultivateurs ne savent pas assez, les économistes et les hommes d'Etat savent moins encore à quel point les engrais sont profitables aux phénomènes d'accroissement qui s'accomplissent dans son sein. En haut, la question des engrais peut n'être pas en bonne odeur; en bas, on n'en mesure pas assez l'importance, chez nous au moins, car il n'en est pas ainsi partout, en Chine par exemple. C'est en la comprenant bien, en effet, que les Chinois sont parvenus à nourrir ces populations exubérantes qui ne pourraient se condenser au même degré sur un territoire moins substantiellement traité. Qu'on pèse donc ce prodigieux résultat, assez commun dans le Céleste-Empire, d'un individu vivant toute une année des produits obtenus, grâce à d'énormes masses d'engrais, sur un espace de 10 mètres carrés.

C'est à ne pas y croire, et pourtant cela est :

> Le vrai peut quelquefois n'être pas vraisemblable.

La quantité d'engrais employée sur les terres d'une semblable fertilité complétement ignorée chez nous, représenterait une valeur que nous n'osons pas chiffrer, tant elle paraîtrait exagérée, extravagante ; mais elle conduit à des rendements que nous ne connaissons guère et qu'on estime être supérieurs à ceux des meilleures vignes, car ils s'élèveraient de 1,000 à 3,000 francs de bénéfice net. Le bénéfice net, c'est d'abord la rémunération légitime du travail, puis la fortune et le bonheur des cultivateurs.

Nous sommes loin de cette éblouissante production. Qu'elle nous serve au moins à constater un point essentiel qu'il ne faut jamais perdre de vue en agriculture : c'est qu'on y est riche de deux manières : par la profondeur et par la surface. Doubler les produits sans augmenter l'étendue cultivée, c'est plus que doubler sa richesse ; la véritable et saine appréciation d'une terre serait certainement le cube de sa couche végétale, au lieu du mètre de sa surface.

La solution de ce problème, nous l'avons dit précédemment, est donnée par le système intensif, lequel, oubliant pour un temps nécessaire les terrains actuellement incultes et improductifs, s'attache seulement à élever, dans le plus court délai possible, à sa plus haute puissance, la fécondité des terres qui ont vieilli sous le labeur patient privé des auxiliaires utiles à son plus large épanouissement, indispensable à sa pleine et entière fructification.

L'engrais, tel est le premier, le plus important de ces auxiliaires. Il était impossible qu'on n'en envoyât pas de nombreux échantillons à Londres, où il y en a beaucoup, en effet, et des sortes les plus variées. Pourtant, ce que nous y avons vu ne nous a point satisfait. L'engrais est chose si capitale et si essentielle, qu'à lui seul il mériterait de provoquer une exposition universelle.

On n'en aurait jamais organisé de plus utile. Il faudra bien reconnaître avant peu que les expositions universelles, telles qu'on les a faites, sont plus affaire de curiosité générale que d'utilité pratique. On s'y rend de tous les coins du monde ; elles remuent les masses, ou du moins elles les mettent en mouvement. Si tel est leur but, celui-ci est rempli ; mais si elles visent à vulgariser les connaissances acquises, elles y réussissent peu. En effet, on y voit de tout, en courant, et l'on n'y voit rien. C'est une confusion étrange, c'est la tour de Babel. Chaque nation occupe une place, et sur cette place étale avec plus ou moins d'art ou de goût ce qui doit attirer le plus l'attention des passants les moins pressés ; le reste sera entassé au hasard, ici ou là, sans ordre ni méthode, ou conformément à certaines idées d'arrangement qui ne valent pas mieux.

Pour les engrais, par exemple, il eût été fort intéressant, croyons-nous, de les trouver en groupes divers, classant judicieusement les analogues et les montrant tous à la fois à qui voudrait les étudier de près. Il n'en est rien. On a bien de la peine à en découvrir quelques-uns par-ci par-là ; il y en a beaucoup, on ne les découvre que par hasard. Après tout, qu'est-ce que les engrais ? et que viennent-ils « faire en cette galère ? »

On a loué la classification admise par la France. On a

trouvé très-ingénieuse la formation de trois groupes correspondants à trois prétendues régions :

Celle du froment, sans vin d'exportation ni soie ;
Celle du froment et du vin d'exportation, sans soie ;
Celle du froment, du vin d'exportation et de la soie.

Est-ce fondé, est-ce pratique ? Non ; c'est inexact et confus ; ça ne répond à rien.

Pour obéir à cette classification, on a laissé à chaque région les engrais envoyés par les exposants qui lui appartiennent. Quelle signification cela peut-il avoir ? qui a gagné à cet arrangement — du producteur ou du visiteur ? Ni l'un ni l'autre ; personne, par conséquent. Dès lors à quoi bon, en effet, avoir exposé des engrais ?

La question est à reprendre.

Pour les engrais, l'exposition de Londres est comme non avenue, ni plus ni moins, du reste, que ses aînées. Le rendement du sol, la richesse des produits sont partout en raison directe des quantités de matières fertilisantes consommées. Nous n'en recueillons pas assez, nous n'en fabriquons pas le quart de ce qu'il nous en faudrait, et nous ne sommes point encore fixés sur le meilleur mode d'emploi de ceux que nous utilisons tant bien que mal. Ces points et beaucoup d'autres mériteraient d'être mis en lumière. Tout ce qu'on a fait pour cela jusqu'ici n'a donné que des résultats partiels, tout à fait insignifiants. Il faudrait porter un coup décisif.

Aucun n'aurait plus de retentissement qu'une grande exposition spécialisée. Le champ est plus vaste qu'il ne semble de prime abord, et l'innovation donnerait le résultat cherché, si un programme bien fait en précisait l'importance, s'il demandait tout à la fois à la science et à la pratique de se produire, de manière à mettre ce qu'elles ont appris à la portée même de l'ignorance. Bien des catégories pourraient être ouvertes; les concurrents ne leur feraient pas défaut. Les échantillons, les appareils, les modèles, les machines spéciales, les notices, tout afflueraient ici : les engrais animaux, les engrais végétaux, les substances minérales, les engrais liquides, solides, pulvérents; ceux qui viennent des contrées les plus éloignées et ceux qu'on ramasse dans toutes les rues sous les pieds des promeneurs; les moyens de les recueillir sans en rien laisser perdre, de les concentrer, de les parfaire, de les transporter économiquement, de les répandre en temps opportun; des échantillons de terre avant et après l'application; l'analyse des produits enlevés sur les terres à l'époque de leur pauvreté primitive, pendant la période de fertilisation et après leur épuisement... On le voit, les propositions se pressent sous la plume, mais les déclarations se multiplieraient encore davantage et une exposition universelle des engrais aurait un immense succès, des conséquences pratiques immenses.

Il n'y a pas, croyez-le bien, de question plus actuelle, plus importante que celle-ci. Elle n'est pas exclusivement agricole; elle est surtout économique et sociale, et digne de fixer les regards des esprits les plus éminents; elle touche par un point essentiel à la salubrité publique, à l'assainissement si désirable des grands centres de population. Mais l'ignorance est profonde en pareille matière, l'ignorance doublée de préjugés, et bien peu sans doute oseraient avouer qu'elle pourrait faire le sujet de leurs méditations. Aussi, combien parmi nous connaissent les lois qui régissent la production? Fourier, qui a montré de si hautes prétentions à l'organisation de la société, s'était promis de défrayer tous les habitants d'un phalanstère d'essai au moyen de la vente en Angleterre des œufs que lui donnerait un troupeau de 200 poules. La femelle du coq pond, le célèbre utopiste le savait, mais il ignorait que, pour donner un œuf, la poule doit consommer un poids égal de grain. On trouve aussi beaucoup de gens qui ne soupçonnent pas que, pour produire, les champs doivent recevoir, car les plantes ne vivent pas exclusivement de l'air du temps. Indépendamment d'une culture appropriée, il faut leur fournir les moyens de nutrition nécessaires à leur développement, à leur plus entière réussite. Il est d'expérience vulgaire que les terres, même les plus fertiles, cessent, après une série de récoltes, de donner les mêmes productions. Il est de science certaine aussi que, pour conserver au sol sa fécondité, il faut lui rendre l'équivalent des principes que chaque récolte lui enlève.

Eh bien, depuis des siècles, on ne rend pas à la terre la totalité des principes que la végétation lui soustrait. On a commencé à s'en apercevoir, et les mieux avisés sont allés chercher au loin des engrais commerciaux dont l'apport est destiné à rétablir ou même à augmenter les conditions de fécondité première.

L'épuisement arrive partout où l'on ne procède pas par voie de restitution complète. Il se fait plus ou moins vite, mais très-sûrement; ses effets se révèlent dans un laps de temps d'autant plus court que le système général de culture demande au sol plus de plantes épuisantes. C'est le cas particulier à toutes les contrées qui, dans les temps antérieurs, se sont livrées à la production du froment pour l'exporter; c'est le cas particulier aussi, à notre époque, des régions qui sèment plus de céréales que de plantes améliorantes. La Sicile, la Sardaigne et les côtes d'Afrique, si fertiles autrefois, s'épuisaient à produire du blé pour l'ancienne Rome. Dans les pays civilisés, la production des grains ne doit pas dépasser en étendue certaines limites assez étroites si on n'enrichit pas les terres qui les portent, et qu'ils appauvrissent en leur rendant ce que les récoltes leur ont pris.

L'Angleterre s'est aperçue, avant nous, de l'effritement de ses terres arables. Elle y remédie très-activement en se conformant au principe que nous venons de rappeler. Elle a changé son système de culture, non en faisant du nouveau, mais en prenant les pratiques dès longtemps usuelles dans la Flandre française, et, pour suffire à leurs exigences, elle est allée chercher, loin de chez elle, des phosphates sous forme d'os en Allemagne, et du guano au Pérou. Ces deux engrais, d'une grande puissance, réconfortent merveilleusement les terres fatiguées et procurent un accroissement considérable des récoltes. L'expérience n'est jamais lettre morte pour les Anglais. Ils se trouvent bien d'en écouter les leçons, et son enseignement leur profite. La source à laquelle ils puisaient pour importer des phosphates s'est tarie : les agriculteurs allemands ont fini par comprendre. En employant eux-mêmes les os à la fertilisation de leurs champs, ils en ont élevé le prix ; alors les exportateurs n'ont plus trouvé avantage à les leur prendre ; mais le guano leur reste. Ils ne s'en font pas faute. De 20,000 tonnes environ qu'ils employaient en 1842, ils sont arrivés à en introduire chaque année 300,000 tonnes et plus. L'extraction annuelle ne paraît pas dépasser 400,000 tonnes. Les Anglais emploieraient donc sur leur petit territoire les trois quarts du produit de l'exploitation des gisements du guano. Ils se hâtent : tant pis pour les inhabiles ou les retardataires ; au train dont ils mènent les choses, il n'y aura plus de guano d'ici à dix ou douze ans.

Notre part est bien faible à nous, qui partageons 100,000 tonnes avec le reste de l'Europe. Nous aurions pourtant bien besoin, vu l'état de nos terres et eu égard aux récoltes que nous leur infligeons, de répandre sur elles des engrais abondants. Mais le guano est cher; nous avons peu d'argent et moins encore d'institutions de crédit qui songent ou qui consentent à en fournir à l'agriculture. Par malheur encore et par surcroît, celle-ci a sous la main des masses de matières fertilisantes qu'elle laisse en oubli, qu'elle répugne même à utiliser, faute d'en connaître l'énergie, la valeur ou le mode d'emploi. Il y a donc à l'enseigner et à la renseigner tout à la fois sur cette grosse question. L'agriculture, d'ailleurs, n'est pas seule en cause ici, mais la société entière. Or, elle ne restitue pas en suffisance à ses champs les principes de fertilité qu'une immense production de céréales lui enlève chaque année. C'est le sang et la vie que le froment soutire du sol; c'est le sang et la vie qu'il faut lui conserver. Maintenir constamment l'ensemble de ses forces productives, c'est conserver toujours l'ensemble de ses résultats, — ses résultats sont nécessaires.

Nous ne voyons plus aucune utilité maintenant à passer en revue les échantillons de matières fertilisantes envoyés en grand nombre au palais de Kensington. Ils s'y trouvent sans indications suffisantes, comme dans tous les concours où ils ont coutume de se produire sous les appellations les plus sonores ou les mieux famées. Or, les engrais ne sont pas choses qu'il faille accepter, sans vérification, sur l'étiquette du sac. L'enseigne a été si « souventes fois » menteuse, que la méfiance envers tous est bien ce qu'il y a de plus autorisé, voire de plus légitime. Les contrefacteurs et les falsificateurs ont montré dans ce commerce spécial et nouveau un art déplorable et une audace peu commune ; ils ont eu le triple avantage d'ajouter une qualification nouvelle à toutes celles que le vol a déjà reçues. Effectivement, le « vol à l'engrais » est qualifié : à bon droit on l'a classé parmi les actions les plus honteuses, à raison de la nature du préjudice qu'il cause. La matière inerte vendue et employée comme engrais frappe pour un an de stérilité le champ qu'elle était appelée à fertiliser. C'est double perte alors : perte pour le cultivateur, et, pour la société, privation d'une partie des aliments qui lui étaient destinés. Le défaut de production ou d'abondance sur un champ ne constitue qu'un mince dommage pour la société, mais l'agriculture opère sur de vastes surfaces et ses opérations réunies sont partout un infiniment grand. On évaluait, en 1860, que l'Ecosse achetait annuellement pour 112 millions d'engrais importés. Voit-on bien ici quelle serait l'importance du dommage ; quelles seraient aussi les conséquences, si de pareilles masses de matières étaient falsifiées de façon à ne produire que les trois quarts ou seulement la moitié des bons effets qu'on a droit d'en attendre ?...

Les fraudes sur ces matières se sont exercées sur une si grande échelle en France, qu'elles y ont beaucoup nui à l'adoption, à la vulgarisation d'un grand nombre d'engrais commerciaux. Toutefois, une réaction s'est faite, des mesures plus ou moins efficaces sont intervenues, et la fabrication honnête s'en est bien trouvée. Tout n'est pas pour le mieux encore ; mais l'exposition spécialisée que nous demandons aiderait singulièrement à régulariser toutes choses dans une industrie nouvelle qui a besoin du grand jour pour réaliser la somme d'utilité qu'elle porte en soi.

X

LA CONSERVATION DES GRAINS.

Les ventes forcées. — Agriculteur et négociant. — Beaucoup de charges et peu d'argent. — Abondance et pénurie. — Prix et rendements. — Le pain à bon marché. — Les réserves de blé. — Les exportations et les importations. — Les prodiges du commerce. — *Suprema lex*. — Des services trop chers. — Un problème. — Ne touchons pas à la liberté commerciale. — Silos et greniers conservateurs. — M. L. Doyère et M. Em. Pavy. — L'ensilage ancien et l'ensilage nouveau. — Les greniers défectueux et les greniers perfectionnés. — Une solution complète et une exposition manquée. — Buffet d'orgues et *precious metals*. — Ce qu'on n'a point fait à Londres et ce qu'on doit faire ailleurs. — Greniers souterrains et greniers aériens. — Une belle campagne à entreprendre. — Crédit agricole et crédit foncier. — Assez d'oubli.

L'agriculteur produit pour vendre. Malheureusement pour lui et pour le consommateur il est trop souvent forcé de vendre dans un délai très-rapproché de la récolte. Cela tient en partie à l'insuffisance de son capital. Les fonds de roulement dont il dispose lui permettent rarement d'attendre le moment le plus favorable à l'écoulement de ses produits. En cela, sa situation diffère essentiellement de celle du négociant, qui peut faire de spéculation métier, qui, suivant l'occasion, achète à bas prix et vend quand vient la hausse.

Ayant beaucoup de charges et peu d'argent, peu de facilités surtout pour s'en procurer, le cultivateur subit la loi de la nécessité lorsqu'il précipite la vente de récoltes longuement attendues, qu'il n'est pas maître de conserver. Il en réalise donc le prix au plus vite, en dehors de toute idée de spéculation. La spéculation, qui le tenterait vraiment autant qu'un autre, ne saurait être son fait : non-seulement il a besoin de rentrer dans ses avances, mais il n'est point organisé de façon à préserver longtemps ses récoltes des nombreuses avaries qui les menacent, qui en altèrent la qualité et en diminuent la quantité. Sous ce dernier rapport, le commerce n'est guère mieux pourvu et ne se garantit pas beaucoup mieux que l'agriculture. Il en résulte que les céréales, et entre toutes le blé, la grosse affaire en notre pays, au double point de vue de la production et des subsistances, éprouvent d'étranges variations, étranges, parce qu'elles ne dépendent pas toutes exclusivement de l'abondance ou de la rareté. En 1846, par exemple, 60,700,000 hectolitres de froment donnent à l'agriculture 1,840,000,000 de francs, tandis que la riche production de 1848, évaluée à 87,095,000 hectolitres, ne lui a rendu que 1,395,000,000 de francs, soit une recette en moins de 445 millions de francs pour 6,395,000 hectolitres en plus. Cela peut paraître normal; mais voici que les chiffres de la statistique se renversent : en 1817, les 48 millions d'hectolitres de la récolte produisent au delà de 2 milliards de francs, tandis que la récolte de 1820, laquelle n'a pas dépassé 44 millions et demi d'hectolitres, ne rapporte que 890 millions de francs. Dans toutes les situations, le producteur est forcé de vendre. Pour lui, les affaires sont ce qu'elles peuvent être, ce que les circonstances les font. Dans les années d'abondance, il se heurte à la vileté des prix; dans les années difficiles, il a contre lui le commerce, dont les opérations se ralentissent, ou qui s'abstient à peu près complétement. Donc, aucune certitude de rencontrer jamais la rémunération de son rude labeur.

L'économie politique s'est très-souvent préoccupée de la question des grains, mais toujours au point de vue exclusif du consommateur. Elle aime les années d'abondance qui donnent aux grands centres de population le pain à bon marché, elle les aime en dépit des privations qu'elles imposent à l'habitant des campagnes. Les temps de pénurie l'inquiètent, au contraire, à raison des désordres qui peuvent naître, dans les villes, de la cherté du blé. Le prix auquel l'ouvrier du sol mange le pain quotidien n'a jamais appelé les méditations d'un économiste. Occupez-vous des villes, mais n'oubliez pas les champs. Ceux-ci et celles-là ont un droit égal à votre sollicitude.

Dans la question, on n'a guère relevé que ce fait : tantôt abondante et tantôt rare, la récolte du froment présente, par les vicissitudes qui l'étreignent, des alternatives de misère qu'il importe d'éviter. On les préviendrait sûrement par la formation de réserves de blé. Rien n'est plus simple, le remède serait infaillible. Les réserves constituent un moyen à double action contre les inconvénients de l'abondance et contre les souffrances de la disette. Donc faisons des réserves et que tout soit dit. Les choses allaient de soi sans la façon, que personne n'a pris à sa charge. On a bien sollicité l'Etat, les villes; mais les essais malheureux du dix-huitième siècle, renouvelés en 1816, interdisaient formellement à l'Etat toute immixtion pareille; l'impuissance des villes est notoire; alors seuls, l'industrie privée et le commerce sont aptes... aptes à quoi? A fonder des réserves? Oh non! leurs opérations pourraient, à un moment donné, être fort compromettantes. Il y a en ce pays de mauvaises idées qui se traduisent vite en violences contre ce qu'on y appelle les accapareurs. Donc le commerce ne peut songer à former des réserves de blé dans les années exubérantes; mais en ne le gênant en rien, en lui laissant toute liberté d'agir au mieux de ses intérêts, il aura de la prévoyance pour tous : il saura toujours découvrir à temps les lieux où Dieu aura permis l'abondance, où la saison contraire aura fait un déficit; il prendra ici pour porter là, et alimentera, sans qu'on s'en occupe autrement, toutes les contrées qui auraient à souffrir, s'il n'intervenait pas. Cette solution vaut son pesant d'or, et nous savons, du reste, tout ce qu'elle a ou peut avoir de séduction pour l'économiste et surtout pour le commerçant. L'agriculteur pourrait bien lui trouver moins de charme.

Voyons les faits, s'il vous plaît :

En trois années consécutives, de 1858 à 1860, le commerce d'exportation nous a enlevé 15 millions d'hectolitres de blé à un prix à peine rémunérateur. L'agriculture, toujours forcée de vendre, nous l'avons dit, a été très-heureuse qu'on la débarrassât ainsi de l'excédant des besoins. Les contrées qui en ont bénéficié s'en sont probablement fort bien trouvées; mais je soupçonne fort que l'intermédiaire obligé entre vendeurs et acheteurs, que le commerce est de tous celui qui a le plus gagné à l'opération. C'est justice; je ne songe pas à lui imputer à crime une bonne action... commerciale, qui, après tout, est à la fois son droit et son métier.

Cependant, les années se suivent, et voici 1861, héritier de 1860, dont la récolte en froment est assez pauvre pour que nous ayons à demander à d'autres, mieux partagés cette fois, le blé qui nous manque. Le commerce y met les deux mains; il ne se fait point tirer l'oreille, il fait feu des quatre pieds et nous apporte du même coup, pour combler un immense déficit, 15 millions d'hectolitres de grain, tout autant qu'il en avait pu exporter pendant les trois années précédentes. Certes, nous avons été très-heureux à notre tour, et de son activité prévoyante et de sa capacité. Grâce à lui, beaucoup de souffrances ont été prévenues ou atténuées ; il faut lui en savoir gré et reconnaître de bonne foi qu'il nous a rendu là un signalé service. L'agriculture a bien dit qu'après lui avoir acheté ses blés à bas prix pour les porter chez les voisins, il l'avait empêchée de vendre cher son froment en se livrant à l'opération contraire ; mais l'agriculture est évidemment dans son tort. On ne pouvait pas nous condamner à souffrir le mal de la faim pour le plaisir un peu maussade de lui faciliter le moyen de bien faire ses orges : *Salus populi, suprema lex.* Arrière donc les doléances de l'agriculture, et toute notre gratitude au commerce, à qui nous n'aurons pas le mauvais goût de demander ce qu'il a gagné dans cette dernière campagne. D'ailleurs, jamais gain n'a été plus légitime, et nous avons, nous, gagné du moins de ne pas revoir les horreurs de la disette.

La crise a été conjurée ; nous en sommes sortis, Dieu merci, sains et saufs. C'est un bienfait ; nous le devons à la liberté commerciale. Mais, pardon, est-ce que tout en s'enrichissant pour nous nourrir, le commerce ne laisse pas le pays un peu affaibli de corps et appauvri d'argent ? Voyons donc ; ceci mérite bien qu'on s'y arrête. Je consulte les documents, les mercuriales, les hommes compétents, et j'en obtiens ce renseignement : « Tenez pour certain, me dit-on, qu'entre le blé exporté de France et celui qu'on vient d'y importer, il y a une différence de prix de plus de 10 francs par hectolitre, à la charge des blés que nous a vendus l'importation. » Ne dépassons pas le chiffre ; mais disons ce qui est alors : à ce compte, le pays a perdu quelque chose comme 150 millions de francs.

J'en conclus que la liberté du commerce rend des services un peu chers, trop chers, et qu'elle n'est pas encore la meilleure des solutions dans la question importante que nous examinons en ce moment, question posée en ces termes :

Trouver un moyen de conserver les grains, blés ou autres, assez complet pour que, mises en réserve dans les années de richesse, ces denrées ne fassent plus défaut dans les années d'insuffisance.

Il nous faut revenir aux réserves sans toucher à la liberté commerciale. Quoi qu'on dise et fasse, on ne trouvera jamais à opposer au mal d'un futur déficit un remède plus efficace que la conservation des excédants des années d'abondance, nul ne voudrait plus conseiller à l'Etat d'établir ces réserves : le conseil serait perdu ; l'Etat se trouve pratiquement hors de cause. Il n'y a pas à songer à les demander au commerce, ce n'est pas son affaire. D'ailleurs, le voulût-il, il ne le pourrait pas. Mais ce que ne peuvent ni celui-ci ni celui-là, devient facile au producteur. Effectivement, il n'est pas de cultivateur à qui l'intérêt ne commande de le faire dans sa propre ferme. Des deux motifs qui jusqu'à présent l'ont forcé de s'abstenir, l'un a cessé, l'autre est fort atténué et peut s'effacer aisément. Le premier était du ressort de la science, l'autre doit sortir d'institutions de crédit spéciales devenues possibles aujourd'hui.

Les grandes difficultés du passé ont tenu à la promptitude avec laquelle les grains s'altèrent et à l'importance des déchets qui résultent de ces altérations rapides : la fermentation, la moisissure, les attaques des insectes, etc. Ces difficultés supprimées, les grains se conservent intacts et fournissent un gage précieux aux capitalistes, un objet de nantissement aussi sûr qu'un lingot d'or.

Il y a deux modes de conservation des grains : l'un

souterrain, c'est l'ensilage; l'autre aérien, c'est le logement dans des greniers. Ces moyens fort anciennement appliqués, le premier dans toutes les contrées chaudes, le second dans les régions septentrionales, l'ont été si empiriquement jusqu'ici, d'une manière si défectueuse, qu'ils n'ont rempli aucune des conditions voulues pour une conservation complète, satisfaisante, à long terme. Après bien des essais, après de nombreux tâtonnements, on est parvenu à les perfectionner tous deux. A la France revient l'honneur des travaux qui ont conduit à cette perfection. C'est un immense service qui laisse loin en arrière ceux que donne la liberté commerciale seule; il s'attache à la fois à l'économie sociale et à l'agriculture, dont les intérêts ne doivent pas toujours être sacrifiés.

La France a envoyé à Londres deux modèles de silos et trois modèles de greniers conservateurs. Le jury en a distingué et récompensé trois qui avaient été déjà fort remarqués dans des concours antérieurs et auxquels on avait donné les encouragements les plus élevés. Il a été plus loin en signalant au nombre des progrès les plus importants accomplis depuis dix ans, « l'adoption d'excellents procédés de conservation des céréales, soit en grains, soit à l'état de farines, rendant enfin possible l'organisation économique des réserves. » Cette note ajoute un grand prix aux distinctions accordées; elle témoigne au moins que la pratique n'a eu qu'à se louer de l'adoption du silo conservateur de M. Doyère et du beau grenier conservateur de M. Em. Pavy.

Tel que l'a conçu et réalisé M. L. Doyère, l'ensilage n'est plus seulement une pratique grossière et empirique, ne préservant qu'en partie et pour un temps limité les grains contre des avaries tellement graves, qu'il n'est pas toujours bon de les metre en consommation; c'est un procédé rationnel et sûr, conservant intacts aussi longtemps qu'on le veut, sans déchet, sans dépréciation ni manipulations, les grains qu'on renferme dans un vase peu coûteux, à l'abri de toute infidélité. Les silos d'Afrique et d'Espagne, déjà si insuffisants dans ces contrées, où l'état de siccité naturelle des grains facilite pourtant leur conservation, seraient impossibles dans des régions moins méridionales où le blé le plus mûr contient une eau de végétation plus abondante : les silos souterrains de M. L. Doyère sont tout aussi praticables au nord qu'au midi; ils constituent un moyen général et complet de conservation parfaite : expérimentés sur une grande échelle à Paris, à Alger, à Brest, à Cherbourg et à Toulon, pour le compte des deux départements de la guerre et de la marine, ils ont été définitivement adoptés par l'un et par l'autre; voilà pour les approvisionnements généraux pour les grandes masses. Des applications agricoles, non moins réussies que celles des deux administrations publiques, les recommandent également à l'agriculture : M. le comte de Pourtalès et la colonie de Mettray se sont faits les patrons puissants du système. Avec de tels parrains, il est facile de prédire à celui-ci de nombreuses et prochaines adhésions, car les faits se produisent d'une façon très-significative.

Le grenier de M. Emile Pavy nous paraît appelé à partager avec le précédent les préférences réfléchies de la pratique intelligente. Sous une autre forme, il remplit les mêmes conditions et présente les mêmes avantages économiques. On ne pourrait rien dire de l'efficacité de l'un qui ne soit parfaitement applicable à l'autre; ils sont conservateurs au même degré, à moindres frais que ceux dont ils vont prendre les fonctions, au grand intérêt de l'agriculture, au plus grand intérêt encore de la société. Ils iront de pair et feront leur chemin en se prêtant un mutuel appui dans le but commun qu'ils se proposent. Ils sont l'un et l'autre à la portée de la moyenne culture et du moyen commerce; ils se prêtent tous deux à la réunion féconde des petits; un silo pour plusieurs, un seul grenier pour beaucoup, rien ne sera ni plus aisé, ni plus commode, ni moins dispendieux. Enfin comme le silo, le grenier conservateur est en pleine application agricole; il a fait ses preuves, de bonnes preuves, à la ferme de Girardet, d'où il est sorti, et chez M. G. Trousseau qui en parle de manière à le faire apprécier autant qu'il mérite de l'être.

Par leurs résultats comparés, le silo scientifique et rationnel de M. Doyère forcera à renoncer à l'ensilage inefficace et empirique qui nous vient de l'antiquité, et le grenier Pavy condamne à tout jamais le grenier destructeur, voire les meilleures chambres à blé qui règnent sur tous nos bâtiments. Ils sont aux anciens procédés ce que les charrues primitives sont aux charrues perfectionnées, ce que le plus mauvais crible est aux meilleurs tarares, aux trieurs qui ont conquis la vogue. Avant peu, si on s'y prête, ils deviendront usuels, à notre profit à tous, car la distance qui les sépare des modes de conservation surannés et défectueux, dont nous avons tant à nous plaindre, n'est pas plus grande que celle qui sépare le mélange informe et grossier du moine d'Erfurth de la poudre fine dont tout le monde se sert aujourd'hui.

Une chose nous a paru très-regrettable à Londres : grenier et silo n'y figuraient qu'en miniature. Encore ces lilliputiens du genre étaient-ils si mal placés, si peu apparents, qu'ils n'ont certainement que très-peu attiré les regards. C'est grand dommage, non pour eux, mais pour la société très-directement intéressée à ce qu'ils soient partout connus, promptement accueillis et universellement répandus. Nous aurions voulu qu'ils fussent là en leurs forme et teneur naturelles, qu'ils fussent exposés de façon à n'échapper à l'attention d'aucun visiteur ; on fait queue pour monter dans l'intérieur d'un phare, on aurait fait queue aussi pour descendre l'escalier qui aurait conduit à l'ouverture du silo. Nous aurions voulu de plus qu'un représentant fût toujours là pour dire ce que sont grenier et silo, pour expliquer ce qu'ils peuvent contre les souffrances et ce qu'ils valent pour la fortune publique; nous aurions voulu enfin, pour que la démonstration fût complète, que des échantillons de blé de différents âges, conservés dans les silo et grenier perfectionnés et par les procédés ordinaires devinssent, tout à côté, des témoins authentiques, irrécusables.

Tout cela ne s'est point fait à Londres, où les meilleures places étaient prises par un admirable buffet d'orgues, par *the gold from Victoria pyramide* et *precious metals*, mais tout cela pourrait se faire dans une belle exposition de l'agriculture, pour peu que le programme s'y prêtât et qu'on la voulût plus utile que curieuse, mieux ordonnée que confuse. Pour la pratique, encore ignorante, les perfectionnements apportés à l'ensilage et à la construction de greniers conservateurs, il y a tout un monde de connaissances à apprendre. Ce peut être l'affaire d'un mois ou d'un siècle ; d'un mois par le spectacle d'une exposition universelle, d'un siècle si on laisse aux choses suivre avec lenteur leur cours naturel : nous sommes pour la voie rapide. Beaucoup sans doute partageront notre sentiment.

Ces mots : silo, ensilage, ne disent pas grand'chose à

l'esprit de ceux qui doivent les utiliser; à la vue de ce qu'ils représentent, l'imagination serait saisie, et l'inspection, l'examen attentif, porteraient de bons fruits. Le silo souterrain de M. Doyère, c'est tout simplement une grosse bouteille enfoncée en terre, mais une bouteille pouvant contenir 500 hectolitres de grains; on peut en mettre deux, trois, autant qu'il en est besoin, les unes à côté des autres. Eh quoi! c'est tout? Oh! mon Dieu oui, c'est tout. Seulement, il faut voir comme on construit cette singulière bouteille, comment elle doit être placée, comment on arrive à son orifice inférieur ou d'extraction, comment on la remplit, comment on la ferme, comment on peut la vider; il y a tout un attirail qui effraye par la description et qui frappe par sa simplicité quand on l'approche.

Le grenier Pavy est tout autre. Il se compose de réservoirs en terre cuite de dimensions variables et de forme agréable à l'œil; il s'établit verticalement au-dessus du sol : l'autre se creuse sous un hangar quelconque, dont il laisse d'ailleurs la libre disposition : celui-ci s'installe ou dans un coin ou au milieu de la cour. Tous deux mettent leur contenu à l'abri de l'incendie.

Le grenier aérien répond de tous points aux idées et aux tendances de l'époque, déjà si familiarisée avec la mécanique et l'emploi de la vapeur. C'est une merveilleuse machine, aussi simple que complète, qui nettoie, améliore, sèche, mesure, pèse et compte le blé, tous les grains, en économisant beaucoup de temps, d'espace, de main-d'œuvre, de gaspillage, et encore en supprimant des abus ou des tentations, car un agent infidèle, à qui on en confierait la manœuvre, le verrait fonctionner sans danger ni pour lui, ni pour son maître.

On ne voit rien de tout cela dans le modèle en miniature envoyé à Londres. Aussi reste-t-on froid en le regardant, tandis qu'on est saisi d'enthousiasme lorsqu'on le voit en action. C'est avec tous ses agrès et fonctionnant qu'on l'a vu à divers concours, et que tous ceux qui l'ont vu ont chaleureusement applaudi à l'invention.

Formons des vœux pour que celle-ci ne reste point stérile. Avec ou sans institution de crédit, elle a une réelle, une incommensurable utilité pratique. Il faut loger les grains. La manière dont on les loge aujourd'hui est défectueuse et ruineuse. Les nouveaux logements qu'on lui propose sont très-perfectionnés ; ils ne laissent plus rien à désirer, pas même le prétexte d'un perfectionnement plus grand ; ils sont le point cherché, ils donnent la solution très-complète de l'important problème, précédemment offert par l'économie publique à l'agriculture, ou par l'agriculture à l'économie publique. C'est un ancien professeur du grand institut de Versailles, si prestement supprimé, qui a résolu la question de l'ensilage ; c'est un éminent agriculteur qui a trouvé le grenier conservateur par excellence. Honneur à tous deux! ils ont conquis une place distinguée parmi les hommes utiles du siècle.

On donne aujourd'hui des primes dans toutes les directions en vue d'améliorations qu'on aimerait à voir réaliser. Il y aurait en ce sens une belle et fructueuse campagne à entreprendre sur tous les points du territoire en même temps : primes en argent à titre d'indemnité, médailles de toutes sortes à titre honorifique aux premiers introducteurs ou aux constructeurs de l'un des deux modes perfectionnés du logement des grains ; subventions spéciales aux petites associations qui se formeraient pour le même objet, exemple donné par l'Etat dans tous les établissements qui lui appartiennent... La campagne serait courte et ne coûterait guère en proportion des bons résultats qu'elle généraliserait.

Et à leur suite, comme une conséquence forcée, on verrait se fonder sur une base certaine, d'une manière efficace cette fois, le crédit agricole, qu'il ne faut pas confondre avec le crédit foncier. On assurerait alors, sans aucune difficulté pratique, car elles seraient toutes levées, l'approvisionnement du pays par le pays; on supprimerait du même coup les disettes, les chertés excessives et la vileté périodique des grains.

Dans la bonne conservation de ceux-ci se trouve, répétons-le, une importante question d'économie agricole et générale. Fasse le ciel qu'on ne l'oublie pas !

XI

LA VIGNE, LES VINS, LES EAUX-DE-VIE DE VIN.

Une industrie nationale. — Le vin et la soie. — Riche en esprit. — Noé. — Les bons et les mauvais jours. — La vigne est essentiellement colonisatrice. — Un hectare de Château-Laffitte et cent hectares de landes. — M. le docteur J. Guyot. — Les vins français et les rois de France. — Le traité de commerce. — Illusions et déception. — Douanes intérieures et extérieures. — Les impôts élevés et les impôts modérés. — Gros comme une maison. — Les grands crus. — Les vins médiocres et les pires. — Les sophistications. — La mauvaise herbe et la bonne. — Cépage et climat. — Les qualifications erronées. — La question de terroir. — La France viticole à Londres. — Les espérances évanouies. — Une grosse question. — Les eaux-de-vie de France. — Cognac et Armagnac. — Une trilogie. — Consommation extérieure et consommation intérieure. — Où va le cognac ?

La culture de la vigne, il n'y a pas à s'y tromper, est la plus nationale des industries de la France. Sous le rapport commercial, la soie tient sans doute le premier rang ; mais sous le rapport agricole, sous le rapport économique surtout, comme richesse sociale obtenue du travail des hommes fécondé par la toute-puissance de Dieu, dans l'acte mystérieux de la végétation, et comme objet d'échange favorable au développement de notre marine, il est incontestable que la vigne joue un rôle et plus important et plus utile que le mûrier. Pour une valeur égale, tout en offrant beaucoup de salaires, elle occasionne moins de main-d'œuvre et laisse plus de profit au producteur.

Très-supérieur à toute autre boisson par ses effets physiologiques, le vin fait l'homme autre qu'on ne le voit partout où il en est privé. « Je suis profondément convaincu, dit un éminent œnologue, M. le docteur Jules Guyot, que l'usage des vins de France, et surtout des vins de premiers et seconds crus, a contribué, de génération en génération, à fonder notre caractère national, riche en esprit et en générosité. Je suis convaincu que les souverains de France qui ont fait de la vigne un objet sérieux de leur sollicitude, ont, après Noé et les intelligents chefs d'abbayes, plus contribué à la civilisation fraternelle et au progrès intellectuel par leurs édits et leurs encouragements en faveur des bons vins que par tous autres hauts faits et grandes ordonnances. »

Malgré cette importance, la même en tous les temps, la culture de la vigne a subi d'étranges vicissitudes. Tantôt honorée et tantôt proscrite, tour à tour encouragée ou taillée à merci, elle a eu ses jours de faveur et d'abandon ; elle a traversé des époques critiques qui l'ont violemment agitée. Aussi n'occupe-t-elle guère que 2 millions d'hectares de notre territoire, quand elle devrait y occuper une étendue trois ou quatre fois plus considérable. Le pays, toutefois, s'acheminera promptement vers ce résultat du jour où il aura pu se rendre un compte exact des rapports qui existent entre elle et notre économie sociale. L'étude de ces rapports, longtemps négligée, est faite mais non encore vulgarisée.

Classée parmi les plantes qu'on désigne sous le nom de cultures à haute main-d'œuvre, la vigne en a tous les avantages ; elle est essentiellement colonisatrice, et ses produits acquièrent une valeur vénale brute plus élevée que les produits de toute autre. Si donc elle peut s'établir et prospérer, même à grands frais, sur un sol délaissé, elle y attirera la population, s'y fixera et fera prospérer ainsi forcément les cultures inférieures, indispensables à l'alimentation humaine, en les commandítant en forces et en valeurs permanentes.

Sur cette idée éminemment juste, reposent, en bien des lieux en France, l'avenir de la vigne et sa plus grande extension sur des terrains pauvres, pauvres aujourd'hui parce qu'ils sont délaissés, mais bientôt riches, si, étant démontré par l'expérience que la vigne est la culture de haute main-d'œuvre et du prix brut le plus élevé qu'ils puissent porter, on dirige vers elle tous les efforts et toutes les ressources qu'elle est appelée à féconder, car sa réussite assure naturellement, nous avons presque dit immanquablement, la conquête et la réussite de tous les produits agricoles de l'ordre économique.

Le point essentiel à rechercher, à découvrir, est celui-ci : Etant donné un terrain pauvre, produisant peu ou rien, savoir si la vigne s'y plaira, l'y planter et lui apporter en soins et en avances tout ce qui lui sera nécessaire pour prospérer. On sera certain alors de ne pas dissiper inutilement ses forces, comme on le fait souvent en éparpillant sur de trop grandes surfaces, en cultivant sur des espaces sans fin de misérables produits à basse ou même à moyenne main-d'œuvre, et l'on apprendra bientôt qu'un hectare de Château-Laffitte ou de Clos-Vougeot produit plus de richesses pour tous que cent hectares de landes, de friches ou de savarts laissés en pâturages, plantés en bois ou mis en culture de ferme. « En termes plus précis, dit encore M. le docteur J. Guyot, dans les terrains pauvres et délaissés, la production du pain et de la viande n'engendrera jamais la richesse, tandis que la richesse y produira toujours le pain et la viande. Jamais la culture des céréales et des prairies artificielles, seules ou appuyées de la production et de l'entretien du bétail correspondant, n'arriveront, sans une commandite permanente, à peupler les déserts de la Champagne, de la Sologne et des Landes, et cette commandite ne sera permanente que dans la culture à haute main-d'œuvre et à prix brut élevé, dans la culture de la vigne, par exemple, qui convient parfaitement à ces trois sols délaissés, et dont le produit moyen peut toujours atteindre au prix brut de trois à huit fois plus élevé que le produit moyen de la ferme, à surface égale. »

Voilà, certes, un sujet bien digne de méditations pour ceux qui, de près ou de loin, médiatement ou immédiatement, sont en mesure d'exercer une influence quelconque sur la direction des idées ou sur la marche des faits en agriculture. Il y a des exemples à donner, des voies à ouvrir, des encouragements à proposer, de brillants résultats à poursuivre, un but considérable à atteindre.

Si favorable, en effet, est le climat de la France à la production des vins les meilleurs et les plus généreux, que, de tout temps, nos rois ont cru devoir la soutenir et la stimuler. L'érudition nous serait aisée : Dagobert, Charlemagne, Robert duc de Bourgogne, Philippe le

Long, le roi Jean, François Ier, Henri II, Henri III et Henri IV, Louis XIV, Louis XV et Louis XVI ont édicté des mesures très-favorables à ce grand intérêt.

Tant de sollicitude n'eût point entouré la culture de la vigne si les vins n'avaient été dans le passé, autant qu'ils le sont à l'époque actuelle, un objet important de production et d'échange ; elle témoigne néanmoins des difficultés qui, dans tous les temps aussi, ont étreint cette industrie, difficultés qui se présentent encore de nos jours, en dépit du traité de commerce anglo-français qu'on croyait appelé à les résoudre toutes complétement et définitivement.

Cette illusion, partagée au même degré par le gouvernement et par les contrées viticoles, n'a pas été de longue durée pour ces dernières ; les documents publiés par l'administration des douanes leur apportent mensuellement la preuve trop patente et trop souvent renouvelée que nos vins ne sont pas plus abondamment demandés outre-Manche après qu'avant la mise à exécution du célèbre traité. La déception est cruelle, mais à qui s'en prendraient nos grands et nos petits vignobles ? Tous voulaient la liberté commerciale ; les barrières sont tombées, et nos vins nous restent. Nous ne songeons point à nous en plaindre, quant à nous.

Les espérances illimitées des producteurs ont eu cet avantage qu'elles ont fait défricher et planter beaucoup de terrains propres à la culture du précieux arbrisseau. Il doit en résulter avant peu une immense augmentation de produits. Ceux-ci entreront, quoi qu'il arrive, dans la consommation. Or, moins il en sera exporté de France, plus il en sera consommé en France, où l'on n'en consomme pas assez. Par une étrange aberration, très-fréquente en notre pays, on y cherche trop à conquérir des débouchés extérieurs avant de songer à satisfaire les besoins du marché national.

La douane intérieure, dont nous aurions pu désirer d'être débarrassés avant celle des frontières, a conservé une extrême activité ; elle pèse si lourdement et de tant de manières sur les vins, qu'elle en diminue très-notablement et la circulation et la consommation. Le fait est si réel, que le producteur a renoncé à accroître sa clientèle en France. Tous ses regards sont tournés, tous ses efforts se dirigent vers l'étranger, et il a, pendant bien des années, appelé de ses vœux les plus ardents la liberté commerciale. On la lui a donnée sans que, jusqu'ici du moins, il ait eu à s'en louer beaucoup.

Appuyé sur l'expérience de tous les temps, chacun est bien convaincu — gouvernants et gouvernés — que les impôts modérés sont les plus productifs. C'est au nom de cet axiome que s'est accomplie la réforme postale ; or, la réforme postale a tout d'un coup apporté une preuve nouvelle en faveur de la justesse du principe. Le prix, d'abord très-élevé des dépêches télégraphiques, a déjà subi plusieurs réductions, et à chaque diminution du tarif, le nombre des dépêches, se multipliant au delà même des prévisions, a sensiblement accru le nombre des recettes versées au Trésor par cette nouvelle branche des services publics. Toutes les fois que les chemins de fer ont abaissé les prix de transport, on a vu augmenter dans une proportion très-remarquable et le nombre des voyageurs et l'importance du trafic. Mais en continuant ainsi, il nous semble que nous chercherions à prouver l'évidence : le feu brûle, l'eau mouille, il suffit d'énoncer le fait, nul n'en demandera la preuve, car chacun la tient en soi. S'il en est ainsi, pourquoi ne pas tenter une réforme graduée dans la masse des impôts qui surélèvent le prix des vins français en France ? On est assuré d'avance que toute réduction serait suivie d'un accroissement immédiat de la consommation des vins naturels et d'une diminution très-notable des produits nuisibles de l'immorale industrie des vins falsifiés, laquelle s'exerce au grand jour sur une échelle toujours plus large. On ne se passe pas plus de boire que de manger ; mais là où le vin est devenu une nécessité, quel vin consomme la population ?... Et c'est dans la dernière moitié du dix-neuvième siècle, à une époque toute de progrès et de science, qu'on tolère de semblables énormités ; c'est en 1862 que les producteurs sollicitent l'étranger de prendre nos vins, lorsque tant et tant de consommateurs indigènes, pliant sous l'impôt, ne peuvent atteindre qu'aux prix des produits de la fausse industrie, de celle qui, tout en frustrant les intérêts du Trésor, attente impunément à la vie des hommes.

On boit en France plus de vin que n'en donne la vigne ; pourtant les viticulteurs se plaignent, et se plaignent avec raison. Il y a là un abus gros comme une maison, on passe auprès sans vouloir même le regarder ; il est si monstrueux et si formidable, qu'il effraye les plus entreprenants. A l'abri de toute inquiétude, libre dans ses actions, il s'épand et prospère, au mépris de l'honnêteté et au préjudice de la santé publique.

Sous l'influence de tels abus, il serait étrange que l'industrie viticole s'améliorât : aussi les grands crus ne se développent pas, les médiocres ont pris le dessus, et les mauvais vins, produits par les mauvais cépages, commencent à dominer. Ces faits répondent au classement suivant : 1° les vins sont de bonne qualité et de bonne garde, c'est le type du vignoble bordelais autour duquel les analogues viennent prendre rang ; 2° ils sont d'une grande finesse, très-délicats et, par cela même, d'une conservation moins facile et moins longue, c'est le cas des excellents crus de la Bourgogne et de la Champagne, tête de colonne d'un groupe estimé et précieux; 3° enfin, ils sont de médiocre, de mauvaise ou de très-mauvaise qualité. Nul ne se plaindra de n'être point cité ici; les noms se pressent néanmoins et nous en trouvons un peu partout, dans les contrées les plus diverses, au midi et ailleurs. Tous ces vins seraient susceptibles des plus profitables améliorations. Leur infériorité est de circonstance; elle vient d'incurie, non d'un vice indestructible. Qu'on crée au producteur un intérêt à faire mieux, qu'on lui ouvre à deux battants les portes du débouché national, plus sûr et plus vaste que celui de l'étranger, qu'on réprime efficacement les sophistications honteuses et dangereuses, et sous peu la grande industrie se tendra comme un ressort pour transformer les médiocres en bons et en très-bons, tandis que les mauvais disparaîtront, à l'avantage de tous, producteurs et consommateurs.

La mauvaise herbe croît toujours, dit le proverbe : la bonne aussi, répond l'expérience. Seulement la bonne ne pousse vigoureuse et luxuriante, ne se couvre de beaux et bons fruits que là où l'on prend à tâche de lui donner les bons soins qui favorisent son développement en la protégeant contre tout ce qui pourrrait lui nuire, gêner sa libre expansion, porter obstacle à sa pleine fructification.

Comme toutes les plantes, la vigne a ses espèces et ses variétés, les unes fines et de haute qualité, les autres grossières et de peu de valeur; celles-ci donnant un vin de grand prix, celles-là, une boisson détestable. Au lieu de rattacher ces différences au *cépage*, on les a malencontreusement attribué au *cru*, au *climat*, et l'on s'est buté de toutes parts à cette idée fausse, qui a singulièrement aggravé le mal résultant de la situation toujours précaire faite à la viticulture par un système d'économie sociale irrationnel, peu étudié. Rapportons donc tout au cru, le planteur de vigne n'a pas vu que les meilleurs et les plus distingués entre tous ne portaient que les bonnes espèces, les plus fins cépages à l'exclusion très-attentive des autres; convaincu que le terroir faisait le cep, on a négligé les variétés de choix et de qualité supérieure pour celles qui croissent abondamment, partout, presque sans soins, et ne donnent qu'un produit médiocre ou mauvais, âcre, acide, malfaisant. De là cette quantité de vins inférieurs à la place de vins généreux, agréables et bienfaisants. On s'est ainsi habitué à qualifier les vins d'une manière erronée et l'on dit vin de Bordeaux, vin de Bourgogne, vin de Champagne, etc., au lieu de dire, par exemple, vin de Pineau de Bourgogne, vin de Carbinet de Bordeaux, vins de fins plans de Champagne, et cette nomenclature incorrecte, défectueuse à tous égards, a empêché de voir que, sous ces dénominations génériques et dans les mêmes crus, se récoltent les vins les plus exquis à côté des pires. Ce n'est donc pas le cru qui fait le cépage, car partout le cépage domine le cru.

Le cultivateur qui plante des betteraves en vue de la fabrication du sucre, choisit les variétés qui en contiennent le plus, celles qu'on a nommées industrielles, par opposition aux variétés fourragères; dans les contrées où l'on cultive le colza, on s'efforce de semer les variétés les plus productives en principe gras; les hommes intelligents qui spéculent sur la récolte de la garance recherchent les variétés de cette plante qui fournissent le principe colorant de la couleur la plus éclatante et le plus abondamment; ceux qui font ou du lin ou du chanvre s'adressent de même aux variétés les plus riches en fibre textile résistante. D'où vient donc que le vigneron demeure seul indifférent à la qualité du cépage ! Le cépage, dit judicieusement et justement M. le docteur Guyot, c'est la base essentielle d'un vignoble, c'est sa gloire ou son abjection : le terroir abaisse ou élève incontestablement la qualité du vin, le terroir lui donne un goût et un cachet spécial, mais il ne transforme pas tels ou tels cépages, et n'intervertit jamais l'ordre de leur valeur respective. Plantez Château-Laffitte en gamai ou en gouais, et vous aurez un vin détestable; substituez les mêmes cépages aux vieilles souches du Clos-Vougeot, et vous aurez du vin à 50 francs la pièce. Tout cela est de principe général, absolu; passons.

La France viticole est représentée par masses imposantes au palais de Londres. C'est par milliers que sont venus les exposants et les échantillons. Il en a été envoyé de toutes les régions, mieux encore de tous les points du territoire, et tous sont convenablement rangés ou classés. Seul, le jury a pu en parler avec connaissance de cause, et il a eu fort à faire que de se prononcer entre tous les prétendants à une distinction quelconque. Il a donné beaucoup de récompenses; il n'aura pas été libéral sans être juste; en multipliant comme il l'a fait les médailles et les mentions honorables, il a simplement attesté le mérite, les qualités élevées des produits. Ses encouragements ne se sont point arrêtés aux grands crus, aux vins de luxe ou même aux vins d'ordinaire de la Bourgogne, du Bordelais et de la Champagne, ils ont signalé aussi les bons produits obtenus ici et là, un peu partout, témoignant du fait que nous accusions plus haut, à savoir : si le terroir est une force, le cépage en est une autre d'autant moins contestable qu'en tous lieux elle domine l'autre. On ne prime pas les vins inférieurs fournis par les mauvaises espèces, on n'a même point à les repousser, car ils ne se produisent jamais dans un concours, quel qu'il soit ; on recommande, au contraire, les meilleurs parmi les bons, parmi ceux que donnent les variétés d'élite, dont les excellents fruits sont ensuite livrés à des procédés de vinification éprouvés.

Que si maintenant la France met en regard sa richesse viticole et l'accueil que celle-ci a reçu du consommateur anglais, elle avouera bien vite et très-résolûment que toutes les espérances fondées sur le dernier traité de commerce conclu entre elle et la Grande-Bretagne se sont évanouies. Qu'elle ne se décourage pas pourtant. Ce n'est qu'une campagne à recommencer ; seulement, il faut la faire à l'intérieur, non plus contre des intérêts rivaux ou hostiles, mais en faveur du consommateur français. Il faut conquérir le marché du pays en demandant avec ensemble, avec le parti pris d'avoir gain de cause, qu'on porte enfin l'esprit de réforme sur les véritables causes du malaise de notre industrie ; il faut, une fois entré dans cette voie, qu'on y reste avec persévérance jusqu'au jour où les réformes nécessaires, trop longtemps ajournées, auront été consenties.

La question est grosse, mais en fait d'économie sociale il n'y en a pas de petites ; toutes les études sont achevées ; une bonne solution n'est pas impossible, et le *statu quo* est déplorable.

Nos eaux-de-vie des grands crus, les meilleures et les plus recherchées du monde entier, se trouvent bien à leur place au palais de Kensington. Aucune exposition cependant ne peut plus rien ni pour ni contre leur renommée bien acquise et bien assise de longue main. Au premier rang, comme toujours, sont les fines eaux-de-vie de Cognac, et immédiatement après, quelquefois même *ex œquo*, les eaux-de-vie les mieux réussies des premiers crus de l'Armagnac. Dans l'une et l'autre contrée il y a un choix à faire, justifié par une classification déjà ancienne et analogue à celle qui s'est faite pour les grands vins de nos principaux vignobles. Cela n'empêche pas que, dans leur ensemble, elles aient une supériorité très-marquée, incontestable et d'ailleurs tout à fait incontestée sur toutes les eaux-de-vie de France. On a bien dit, comme pour les vins, que cette supériorité est un privilége du sol, une question de terroir ; mais au soin qu'on met aussi à déclarer que la qualité se trouve très-étroitement liée au procédé de distillation employé, il est facile de découvrir ici que l'idée du cru n'absorbe pas complétement le fait de la fabrication. Effectivement, on accorde à celle-ci, et avec raison, une très-légitime et réelle influence.

Que si maintenant on compare les procédés en usage en Saintonge pour le cognac, en Armagnac pour les eaux-de-vie de ce nom, et partout ailleurs pour les produits de même sorte, il faut bien reconnaître qu'à côté du terroir et du cépage, il y a nécessairement la manière de les obtenir. Les trois choses sont essentielles, fondamentales, et, si l'on y regardait de bien près, on serait peut-être fort embarrassé de dire laquelle des trois devrait dominer ; il serait plus facile et plus exact, sans doute, de dire que le concours, que la réunion des trois est nécessaire, indispensable à la perfection du produit.

A côté du cognac et de l'armagnac on trouve peu de bonnes eaux-de-vie. Nous ne voudrions ni supposer, ni laisser croire que ces deux contrées seules peuvent donner, chez nous, des produits de valeur et de haut goût, agréables et bienfaisants. Nous serons plus près de la vérité en reconnaissant qu'on vise peu à la qualité partout ailleurs; qu'on en fait avec tout, non-seulement avec du vin de tous cépages, mais avec le cidre, avec le grain, avec la pomme de terre, avec la betterave, avec le sorgho; en voici même qui vient de la gentiane, soit, mais cela ne signifie pas qu'on ne l'obtiendrait pas meilleure du vin, là où réussit la vigne, si on la demandait au cépage qui produit le vin le plus avantageux à brûler et si le procédé de distillation était toujours le plus perfectionné.

La presque totalité de nos eaux-de-vie de Cognac est consommée par l'Angleterre, par la Russie et par l'Amérique. Ce produit constitue un mouvement d'affaires évalué à 100 millions de francs par an. Cela n'empêche pas l'immense majorité des consommateurs français de croire qu'ils prennent du cognac; ils ne le connaissent que de nom et ne s'en trouvent pas mieux.

XII

LES LANDES DE GASCOGNE

A travers champs. — Un revers de médaille. — La mer de glace. — Fixation des dunes. — Ingénieux à découvrir. — Culture des landes de Gascogne. — Les chênes et les pins. — La terre d'Arès. — *Aquariums*. — Une intelligente industrie. — Le gemmage. — Les produits d'une culture avancée. — Un trésor inépuisable.

En étudiant quelques-unes des grandes questions agricoles que soulève l'Exposition universelle de Londres, nous avons passé à côté ou par-dessus quelques détails fort intéressants ou fort importants en soi. Nous les avons omis à dessein pour n'être point arrêté dans notre course, mais avec l'intention d'y revenir pour les faire ressortir autant qu'il en est besoin. En les reprenant de ci de là, à mesure que nos souvenirs ou nos notes les replaceront en face de nous, nous les laissons détachés, complétement indépendants les uns des autres et des groupes auxquels ils se relient naturellement.

Notre première station nous conduit dans le département de la Gironde, non plus dans celles de ses parties dont on a fait le plus riche vignoble du monde, mais dans celles qui forment le revers de cette magnifique médaille, dans les landes de Gascogne. A ce nom seul se réveillent bien des idées noires : les maladies, l'abandon, la dégénération ou l'avortement de tout ce qui a vie, plantes et animaux, la misère et son triste cortége, l'abomination de la désolation. Rassurez-vous : le génie et le travail humains sont de grandes puissances ; ils vont de concert et ils conquièrent; ils fécondent, ils transforment tout ce qu'ils touchent. Sur le terrain où nous sommes ils sont parvenus à repousser les terribles effets de la violence du vent d'ouest, soulevant les vagues de l'Océan, et jetant sur le littoral, puis du littoral sur l'intérieur, une masse de sable qu'on a pu évaluer et qui, en totalité, mesure, année moyenne, un milliard trois cent mille mètres cubes. Après s'être défendu contre cette mer immense qui submergeait ses champs et en faisait un désert, car elle détruisait à tout jamais les pénibles résultats d'efforts séculaires, car elle ensevelissait ses habitations et jusqu'à la maison de Dieu, l'homme l'a fixé à la fin dans ses envahissements successifs, il l'a fixée en la couvrant de plantations qui ramènent la richesse et la vie là où ne régnaient plus que la mort et la menace. Voici déjà une forêt de 50,000 hectares acquise tout entière sur la destruction, et l'œuvre de réparation n'est pas encore complète. Elle s'avance, toutefois, et témoigne d'une puissante lutte contre l'un des phénomènes les plus graves de la nature, puissante en effet, car cette opération gigantesque de la fixation des dunes n'a commencé qu'en 1787. C'est par des semis de pins, personne ne l'ignore plus, qu'on a résolu ce problème si longtemps cherché. C'était bien simple, sans doute; si simple pourtant que cela paraisse aujourd'hui, on a mis des siècles à trouver le moyen et à y croire.

On prétend que les premiers essais remonteraient au moins au cinquième siècle, et que des applications plus récentes (car elle dateraient à peine de cent ans) auraient appelé l'attention publique sur le système actuel. Le Français a donc été le même à tous ses âges : ingénieux à découvrir, lent ou indifférent à l'application, lent et oublieux surtout de celles de ses inventions qui lui rendraient le plus de services. Le drainage souterrain au moyen de tuyaux en terre cuite, qui vient de transformer sous nos yeux en terres d'une productivité prodigieuse les terres insalubres d'une grande partie de l'Angleterre, était appliquée chez nous, en 1620, par les moines oratoriens; nous l'avons repris aux Anglais, en 1846, comme une invention de l'agriculture britannique. Notre histoire est remplie de faits semblables : nous ne savons pas utiliser les qualités que Dieu a mises en nous, mais nous portons rudement la peine de notre insouciance.

Il nous faut revenir et dire que deux exposants ont envoyé au palais de Kensington, l'un exclusivement des produits forestiers obtenus par la mise en culture des landes de la Gironde : chênes et pins; l'autre, une collection complète des produits variés de la mise en culture raisonnée des mêmes terrrains dans le vaste domaine d'Arès.

Les produits forestiers, âgés de sept, de huit et de douze ans, montrent un si riche développement, ils sont, qu'on nous pardonne le mot, d'une si belle venue, qu'on ne soupçonnerait pas, à les voir, qu'ils ont végété sur une terre de landes. La réussite est entière, satisfaisante plus qu'on ne l'imaginerait. Les semis ont donc été bien menés, après avoir été effectués dans les conditions les plus favorables. Là, sans doute, est le fait qu'a voulu montrer l'habile exposant. Toutefois, la lande a révélé ses aptitudes; partout on la couvre de pins dans les endroits négligés ou sottement abandonnés jusqu'ici. Les mieux avisés ont pris les devants, et de vastes forêts de cette précieuse essence sont en plein rapport depuis longtemps; les retardataires se sont réveillés au bruit des écus qui entrent dans les poches de leurs voisins et plantent à leur tour. Les landes se transforment rapidement; ceux qui poussent le plus activement à cette transformation marchent à coup sûr à la fortune.

La nomenclature des autres produits est plus compliquée. La terre d'Arès comprend une étendue de 2,867 hectares, situés sur les bords du bassin d'Arcachon. 2,500 hectares sont ensemencés ou plantés en pins maritimes qui, tout en fixant les dunes, donnent par le gemmage un revenu brut de 100 à 120 francs par hectare, sans que les arbres perdent rien de leur valeur. Il y a 100 hectares environ en culture arable perfectionnée; le reste est en voie de desséchement et sera bientôt mis en rapport; il y a enfin de beaux réservoirs ou *aquariums* pour les poissons de mer, réservoirs peu communs, car ils n'occupent pas moins de 20 hectares.

L'exposition faite par le propriétaire, M. Javal, comprend les objets suivants :

Les produits du sol à l'état inculte : sable mouvant des dunes, sable fixé formant le sol des landes, et les plantes qui le recouvrent spontanément : fougères, bruyères, joncs, ajoncs, etc.;

Les produits forestiers à leurs différents âges : pins de un à cinq ans, de vingt-sept ans, gemmés depuis deux ans ; de cent vingt-cinq ans, gemmés depuis quatre-vingt-seize ans ; des pommes et des graines de ces arbres, et leur résine sous toutes les formes.

Le pin des landes est plus qu'un arbre, c'est la source multiple de produits très-variés, successivement découverts et tous exploités par une intelligente industrie. La résine obtenue par le gemmage est un produit direct dont on extrait pour le moins quatorze autres produits, ayant tous un utile emploi dans les arts industriels ; on ne le sait pas assez. En 1830, cette précieuse matière, négligemment récoltée, n'avait encore qu'un débouché restreint et se vendait de 18 à 20 francs la barrique : celle-ci vaut depuis longtemps 70 francs, et sa récolte s'est singulièrement accrue par l'attention plus grande donnée à l'opération du gemmage. Le gemmage consiste en des entailles successives pratiquées sur l'écorce et à ses dépens, et rafraîchies de semaine en semaine jusqu'à la hauteur de un mètre par an. Ce sont des blessures par lesquelles s'écoule la résine qui vient tomber dans des récipients d'où on l'enlève. Les outils qui servent à cette opération sont également exposés, ainsi que des bois exploités pour les constructions, et que l'expérience a trouvés d'un meilleur usage quand ils proviennent d'arbres qui, pendant leur vie, ont été largement saignés ou gemmés. Il en est de même pour la combustion. Le pin gemmé brûle moins vite et donne plus de chaleur que l'autre.

A côté des produits forestiers, qui contiennent de fort beaux échantillons d'autres essences ligneuses cultivées sur le même domaine, ont été apportés des échantillons de toutes les céréales, de sarrasin, de tabac, de racines fourragères, de plantes potagères, de foin de prairie naturelles et artificielles, et de vin, tous obtenus sur la terre d'Arès et témoignant des résultats d'une culture avancée. Si nous n'étions pas forcé de nous borner, nous aurions bien à dire sur de tels faits. Ils ne seront pas tout d'un coup universellement répétés, mais l'exemple donné par les créateurs de ce productif domaine ne sera pas perdu pour tous ; beaucoup, au contraire, les imiteront, et l'un des points les plus pauvres du pays deviendra avant peu l'un des mieux partagés et des plus riches. Le pin maritime est un trésor inépuisable ; il enrichit le planteur, l'ouvrier qui le saigne, l'industrie qui exploite son produit direct, la résine, et le pays par l'accroissement des fortunes privées.

XIII

LE DOMAINE DE THÉNEUILLE.

En Bourbonnais. — *Le lion* de la saison. — Un homme de bon sens. — L'agriculture et les entreprises aléatoires. — M. Bignon. — Le bien vient en dormant et... et en travaillant. — Les contrastes. — Les portraits de M. H. Lalaisse. — Les rendements avant et après. — Capital d'amélioration. — Métayage. — Un code en six articles. — Une solution longtemps cherchée. — Une médaille bien placée. — Le café Riche.

En vertu d'un pouvoir discrétionnaire, nous transporterons le lecteur de la Gascogne en plein Bourbonnais, des landes de Bordeaux dans la partie orientale du département de l'Allier, couverte naguère aussi de landes d'une autre sorte, mais non moins pauvres. Nous trouvons là une propriété de 500 hectares (elles commencent à se faire rares en notre pays celles qui ont une pareille contenance), acquise pour moins de 220,000 francs en 1858 par un agriculteur de vocation, fort étranger jusqu'alors à tout ce qui sent les prés, les champs, le bétail, les bois, et qui, si la fantaisie lui en avait poussé, serait devenu *le lion* de la saison au palais de Kensington, où tant de choses, pourtant moins dignes de célébrité, où tant d'intérêts moindres que l'agriculture, se sont disputé l'attraction des uns et l'admiration des autres.

Mais le nouvel agriculteur, homme de bon sens et d'esprit sérieux, ne vise point aux excentricités. Il s'est constitué gros propriétaire par raison, par calcul, avec la conviction qu'en achetant des terres il placerait ses capitaux, fruits du travail, de l'ordre et de l'économie, d'une façon aussi fructueuse et plus sûre qu'en les confiant au commerce et à l'industrie. C'est lui qui le dit; or, nous pouvons le croire, car il s'y entend pour avoir vu de près les affaires industrielles et commerciales. L'agriculture, nous insistons sur ceci, n'a obtenu sa préférence qu'à raison des plus solides garanties qu'elle lui offrait. Ce point de départ n'est pas commun en France. C'est une première et excellente leçon donnée à beaucoup de capitaux qui vont se fourvoyer et se fondre dans des entreprises aléatoires, au détriment de l'industrie mère dont les progrès n'enrichissent pas l'exploitant sans contribuer en même temps au bien-être de tous.

Mais poursuivons.

Et d'abord faisons plus ample connaissance avec cette

riche aptitude, bien que nous venions un peu tard aujourd'hui pour en parler, car tout le monde s'en est emparé comme d'un phénomène très-capable d'exciter la curiosité toujours inassouvie, mais terriblement blasée des lecteurs de comptes rendus.

M. Bignon, propriétaire actuel du café Riche, arriva fort jeune à Paris comme garçon limonadier. Actif, économe, ardent au travail et désireux d'apprendre, il s'instruisit et par la lecture et par la pensée. Il en est à qui le bien vient en dormant; à lui il est venu en travaillant, mais en travaillant judicieusement et beaucoup, de manière à acquérir tout à la fois de l'argent et du savoir. Avec l'un et l'autre, il put se faire patron à son tour; il fonda le restaurant Foy, au coin de la rue de la Chaussée-d'Antin, et y gagna une fortune assez rondelette. Cependant, au milieu de toutes ses prospérités, il connut aussi le chagrin. Dieu, qui avait béni son mariage, lui retira successivement trois enfants. Dès lors, cédant sa maison à son frère, il se mit en quête, chercha un bon placement de ses fonds et n'en trouva pas de meilleur que l'acquisition d'une terre plus abandonnée que pauvre, et dont il saurait bien accroître la valeur en lui faisant rendre des revenus très-supérieurs. C'est dans son pays natal qu'il est retourné, et la terre de Théneuille a passé dans ses mains : c'est celle dont nous avons dit et le prix d'achat et la contenance, deux chiffres qui prouvent peu en faveur de la situation du domaine et beaucoup en faveur des vues d'amélioration déjà très-arrêtées de l'acquéreur.

Comme beaucoup d'autres, trop nombreux, hélas! le domaine de Théneuille était dans un véritable état de barbarie; il fallait le civiliser. Ces deux mots contiennent toute une description et tout un programme, une description pénible, un programme sérieusement étudié. La collection des produits, au nombre de 153, envoyés à Londres, présente d'une part ce que l'exposant appelle les produits naturels du sol avant l'amélioration, et, d'autre part, les produits obtenus sur le sol après son amélioration. Les deux tableaux, formant contraste, saisissent et frappent ceux qui les voient. Ces terres de bruyères et d'ajoncs, ce terrain tourbeux, c'est la stérilité et la misère; c'est le houx, le genêt, la bruyère et l'ajonc, c'est une foule de mauvaises plantes et d'herbes parasites, les seules qui végètent pauvrement et sans utilité sur un sol presque inerte ; elles sont toutes là en compagnie du pauvre foin que donnaient les anciennes prairies et du bétail chétif et défectueux qui vivait tristement de la misère commune. Les bêtes fauves y étaient plus heureuses, à dire d'experts. Quelques veneurs peuvent regretter les loups, les renards, les putois, voire les sangliers qui habitaient la lande, mais une nation peut se passer de tels hôtes : tout en plaignant braconniers et chasseurs, qui ont perdu quelques occasions de faire un beau coup de fusil, nous ne regrettons pas que ces vilaines bêtes aient à peu près disparu devant les travaux plus productifs d'une agriculture progressive. Aux produits forestiers, avortés ou rabougris que nous venons d'énumérer, l'amélioration oppose des sujets bien venants d'essences variées plantés ou semés depuis les défrichements et n'ayant pas douze ans; elle oppose des échantillons et coupes du sol et du sous-sol bien différents de ceux de l'époque antérieure, et, à l'appui, le foin des nouvelles prairies soit naturelles, soit artificielles.

En dehors des petites quantités de fumier donné par le mauvais bétail, mal nourri, dont nous parlions tout à l'heure, nul n'avait jamais songé à introduire ici aucun engrais quelconque. Le nouveau propriétaire en a fait la base de toutes ses améliorations, et pour que nul n'en ignore, il expose ceux qu'il emploie, ceux qui l'aident à récolter de magnifiques céréales, d'abondantes racines fourragères, de précieux tubercules, des légumes de toutes sortes, des textiles, des graines oléagineuses, des fruits savoureux, et du vin, du vin de jeunes vignes d'un cépage choisi, qu'il met en regard d'un vieux vin fabriqué avec le raisin d'une vieille vigne; il y a même de l'eau-de-vie provenant du vin de la vigne nouvelle. Ne pouvant introduire des animaux vivants dans le palais de l'Exposition, M. Bignon a demandé à un spécialiste, qui est en même temps un peintre de beaucoup de talent, des portraits qui pussent accompagner les produits fourragers et montrer que l'amélioration du sol procure double bénéfice, celui de l'abondance de produits plus riches et plus substantiels, celui d'une plus-value considérable, résultant du perfectionnement des formes et des qualités des animaux qui les consomment. Les portraits de M. H. Lalaisse, fort ressemblants, portraits exacts et non de fantaisie, tiennent une bonne place dans cette exposition ingénieuse de tout ce qui se fabrique ou se récolte à Théneuille. Ils forment le commencement d'une galerie qui, se continuant, acquerra un très-grand prix, et par la valeur des portraits et par les résultats qu'ils constatent. Le mouton indigène n'est pas très-précieux; cependant il a sa raison d'être sur les domaines arriérés. C'est pour cela qu'il doit céder la place à d'autres dès que l'ère des perfectionnements s'est ouverte. Théneuille n'a pas manqué à cette nécessité, et les toisons de la race bourbonnaise, placées à côté de celles d'animaux très-améliorés, offrent encore un point de comparaison des plus intéressants.

Tout cela néanmoins a besoin d'être étayé d'une autre façon encore. Que rendait précédemment, que rend aujourd'hui au propriétaire ce fameux domaine? La question devait venir; nous la posons à sa place : voici des chiffres d'une réelle importance, qui nous paraissent de nature à satisfaire les plus vétilleux, pardon, les plus difficiles.

Avant l'amélioration, on recueillait, bon an mal an, sur ces 500 hectares, 90,000 kilogrammes de foin; les 50 têtes d'animaux divers, nourris sur la propriété, formaient un cheptel estimé à 5,110; la culture céréale donnait en seigle et avoine très-légère 1,446 hectolitres; on n'avait jamais récolté ni une botte de fourrage artificiel, ni une gerbe de froment, mais les terres étaient humides, ravinées, couvertes en partie d'affreuses broussailles et de végétaux parasites, souvent fumées par les alouettes, et travaillées par des outils grossiers, tout à fait insuffisants. Terres pauvres et maigres, mal cultivées ne pouvaient donner produits abondants et gros revenus.

Aujourd'hui, le progrès les a saisies, on a défriché, assaini; défoncé, chaulé, fumé, énergiquement labouré, hersé, etc.; et l'on obtient, en attendant mieux, 300,000 kilogrammes de fourrages et 300,000 kilogrammes de racines fourragères; 3,000 hectolitres de céréales de toute espèce, et le nombre des animaux, augmenté proportionnellement à l'abondance des nourritures, forme un cheptel évalué à plus de 48,000 francs.

Mais le capital employé? nous crie-t-on à nous assourdir. Le capital employé est « de force moyenne, » répond M. Bignon; en dehors du prix d'acquisition, il s'est élevé à 75,000 francs pour réparations de bâtiments et achats de bestiaux; le reste est affaire courante et s'explique plus bas.

C'est en cela qu'est remarquable le mode suivi par M. Bignon. Le système du métayage est dans toute sa vigueur en Bourbonnais. Le nouveau propriétaire l'a conservé, mais en prenant la direction de toutes choses. « Par le contrat que j'ai adopté, dit-il, il existe une véritable association entre moi et les métayers, c'est-à-dire entre le capital et le travail, entre l'intelligence qui conçoit, la volonté qui commande et les bras qui pratiquent. » Or, ce contrat est curieux à connaître. On m'assure que les clauses et conditions en sont affichées à la cheminée de chaque ferme. Les voici en leurs forme et teneur, le premier article a beaucoup fait rire les plus malins ; drôle de façon d'augmenter ses revenus, disaient-ils ; l'expérience leur a bientôt prouvé que le calcul n'était pas si défectueux.

1° Suppression de toute redevance ou double fermage déguisé sous le titre d'impôt autre que celui que paye réellement la propriété à l'Etat. Cette suppression est faite afin de créer chez le colon le bien-être et les ressources nécessaires à un plus grand nombre de travailleurs, elle provoque ainsi le développement des richesses du sol et l'augmentation des produits.

2° Le colon devra occuper en toute saison au moins six hommes capables d'exécuter les gros ouvrages.

3° Le travail ainsi que les cultures à faire seront raisonnés chaque saison entre le colon et le propriétaire ; une fois fixés et arrêtés, il n'y sera rien changé sans le consentement des deux parties.

4° Le propriétaire fournira et payera la valeur de la chaux prise au four, et le colon en fera le transport. Les fumiers, engrais, noir animal, se payent par moitié, sauf conventions contraires pour des cas spéciaux. Le propriétaire supporte seul les frais d'engrais dans la création de prairies permanentes. Lorsque ces prairies ont réussi, il alloue au colon 50 francs par hectare à titre d'encouragement.

5° Les produits sont partagés par moitié entre les deux parties.

6° Les profits ou la perte sur les animaux se partagent également.

7° Pour les travaux extraordinaires, tels que drainage, etc., ils ne se font qu'après avoir été décidés par les deux intéressés, qui fixent chaque fois dans quelles proportions chacun d'eux doit y contribuer.

8° M. Bignon se réserve expressément la direction et la surveillance du travail.

En résumé, le capital d'amélioration engagé, comparé au capital d'achat de la propriété, est dans la proportion de 1 à 3.

Les produits généraux actuels comparés aux produits anciens sont dans la proportion de 7 à 1.

Ces conventions, ce petit code en huit articles, c'est tout simplement une révolution, révolution pacifique et féconde, qui réunit dans un même intérêt bien défini et bien compris des forces jusqu'ici divergentes, des intérêts presque toujours hostiles ; c'est la solution longtemps cherchée d'un problème qu'on avait fini par croire insoluble, solution heureuse, qui réconcilie la propriété et le métayage, en constituant ce dernier l'agent actif, nécessaire et dévoué du progrès. Les contrées de France les plus arriérées, les plus pauvres et les plus malheureuses par conséquent, sont celles où le métayage est le mode de culture le plus répandu. L'exemple donné par M. Bignon peut les transformer rapidement. Cela ne regarde plus que les propriétaires.

Tout propriétaire intelligent peut dominer la situation et faire ce qu'ont fait M. Bignon et quelques autres dont les travaux réussis ne sont point assez connus. Améliorer par l'intermédiaire et avec le concours des métayers n'est plus une entreprise impossible, ni une tentative à repousser, mais un rêve facile à réaliser, une entreprise sûre et fructueuse, car elle accroît les revenus du maître et porte l'aisance chez les colons, tout en augmentant la valeur des domaines, tout en multipliant les sources de la prospérité publique.

Le jury de Londres n'a placé aucune médaille plus utilement que celle qu'il a accordée à M. Bignon, déjà comblé d'ailleurs, et à juste titre, de distinctions et de prix semblables.

Après avoir passé huit années à organiser ainsi sa culture, M. Bignon, dont la postérité s'est renouvelée, est venu reprendre à Paris l'industrie qui l'a déjà enrichi. Théneuille et le café Riche, fort bien nommé, ma foi, ne sont pas, pour cette organisation solide, un fardeau trop lourd; il l'embrasse avec énergie et l'étreint avec force.

XIV

LE CHANVRE, — LE LIN, — LE COTON.

A qui la prééminence ? — Graine et filasse. — La famine du coton. — Allumettes et chènevottes. — Nos textiles à Londres. — La semence de Riga. — La fraude. — Toujours volé. — Nouveau mode de rouissage. — Broyage et teillage mécaniques. — M. L. Terwangne. — M. Dalle-Facou. — Le rouissage des anciens. — Pertes et profits. — La salubrité publique. — Plus de rouissage. — MM. Léoni et Coblenz. — Accroissement de produits et de résistance. — Les chanvres français. — L'intérêt maritime. — Le coton de France. — Un coton artificiel. — Une singularité.

Dans l'ordre économique, le lin a toujours passé avant le chanvre; suivant l'ordre agronomique, les faits se renversent, le chanvre a une bien autre importance que le lin. Voilà du moins pour le passé. Il n'est pas certain que les choses ne se modifient pas dans un avenir assez prochain.

Les deux textiles ont des avantages propres et, bientôt peut-être, des emplois différents, sinon des destinations bien tranchées.

La supériorité des produits du lin, tant en filasse qu'en graine oléagineuse, crée à les obtenir un grand intérêt ; mais sous le rapport cultural cette plante a des exigences qu'on ne peut pas toujours remplir. En cela le chanvre est réellement à la portée de tous, et la grande majorité lui accorde la préférence, une préférence bien justifiée. Aussi, tandis que les produits du lin fournissent plus au commerce et aux manufactures, ceux du chanvre donnent beaucoup plus aux besoins généraux, à la consommation immense de la population rurale.

Par ailleurs, la crise prolongée de l'industrie cotonnière développe singulièrement l'industrie linière, en même temps que l'extension donnée à la marine, chez tous les peuples, accroît l'importance de la culture du chanvre.

Nous ne sommes plus à l'époque où cette importance se trouvait moins dans le produit même de la plante que dans le genre tout spécial d'occupations paisibles, sociales, pourrions-nous dire, qu'il ménageait aux habitants de la campagne pendant les longues veillées de l'hiver. L'émigration vers les villes ne laisse plus de loisir à ceux qui restent aux champs. Partout les bras deviennent plus rares, tandis que les travaux se multiplient, et beaucoup de petites industries se sont éteintes faute d'ouvriers, comme ces combats qui finissent faute de combattants. Le teillage à la main n'est plus guère praticable ; on ne fait plus d'allumettes avec la chènevotte. Le chanvre, le lin et leurs succédanés doivent désormais être cultivés et traités industriellement, suivant l'acception la plus large du mot. C'est une nécessité du temps, et c'est à ce point de vue seulement que nous allons en parler.

Plus de vingt de nos départements ont envoyé à Londres des textiles sous toutes les formes, sans compter les toiles et les cordes, des textiles divers et de la graine de lin. Ces nombreux produits, disons-le bien vite, y occupaient une place fort honorable.

Par une étrange anomalie, au lieu de récolter sa semence, l'agriculture française recherche particulièrement la graine de lin venue de Riga. Nous n'y verrions aucun inconvénient, si cette dernière lui offrait toujours une semence de choix. Malheureusement il n'en est point ainsi. Elle lui est apportée très-mélangée de caméline, de spergule, etc., preuve incontestable du peu de soins donnés là-bas, en Russie, à la culture de cette plante précieuse. Nulle part elle n'est mieux entendue ni plus soignée que dans nos départements du nord, et la voilà qui fait des progrès très-marqués en Bretagne et ailleurs. Nous n'admettons pas que la plante qui nous donne de la filasse et si belle et si bonne ne fournisse qu'une graine de qualité inférieure. Quand donc elle le voudra, notre agriculture récoltera elle-même sa semence, et elle s'en trouvera à merveille, car elle supprimera d'un seul coup la fraude abominable dont elle se plaint avec raison, et qui consiste à lui vendre fort cher, sur l'étiquette de Riga, des graines très-inférieures, qui trompent ses espérances les plus légitimes. On l'a déjà dit, on ne saurait trop le répéter, volé sur les engrais, volé sur les graines de semailles, volé de bien d'autres façons encore, le cultivateur est devenu de tous côtés la proie des fripons. Après le cultivateur, c'est la société qui souffre, et cette situation mérite bien quelque attention.

Les graines de lin exposées à Londres étaient fort belles, nettes, bien développées, pleines, d'où qu'elles vinssent. Celles de France supportaient la comparaison avec les mieux famées. Il y a par là quelque préjugé à déraciner, un faux pli à effacer. Nous n'avons plus que faire, bien certainement, de la graine de lin de Riga pour semence, et nous pouvons très-bien, si nous donnons les soins voulus à cet objet, récolter nous-mêmes notre semence. Un pareil fait vaudrait au moins la peine d'être bien élucidé, et c'est dans des circonstances semblables que l'intervention d'une société d'acclimatation nous paraît essentiellement utile. Offrir des prix pour des expériences comparatives, authentiques et conduites d'après les idées réfléchies d'un programme bien fait, serait sans doute un moyen d'arriver à une solution définitive.

Les produits liniers de la France ont une réputation solidement établie; sans y rien ajouter, l'exposition de Londres la confirme. Il sont là au grand complet : bruts, rouis et teillés. De ces contrées, populeuses pourtant, les procédés exclusivement manuels ont fui ; ils ne suffisent plus ni à l'extension des cultures, ni aux besoins de la consommation. On leur a substitué avec avantage, sous le rapport économique et sous le rapport de la perfection des produits, un rouissage manufacturier qui répond lui-même au broyage et au teillage mécanique. L'installation en est simple et peu dispendieuse ; utilisant les bâtiments actuels, elle n'exige aucune construction particulière.

Le nouveau mode de rouissage, combiné avec le teillage mécanique, est préconisé par M. L. Terwangne, de Lille, et les produits qu'il donne sont inscrits sous le nom de M. Dalle-Facou. Il offre, en outre, deux précieux avantages : 1º il ne porte aucune atteinte à la salubrité publique ; 2º il fournit une certaine masse d'un engrais très-fertile et qui est absolument perdu par le procédé de rouissage ordinaire.

Cette question du rouissage est bien intéressante, mais bien arriérée. On s'est plus attaché, jusque dans ces derniers temps, à perfectionner tout ce qui regarde la fabrication proprement dite de la filasse que les manipulations employées pour les préparations préalables à faire subir aux plantes, afin d'en isoler la partie utile. En dehors du rouissage manufacturier, dont nous venons de dire un mot, il n'y a plus que le procédé ordinaire, primitif ou grossier, dans tous les cas insuffisant, du rouissage plus ou moins intelligemment pratiqué par le commun des martyrs. Comme toute autre, cette opération a ses règles ; nul n'a l'air de s'en douter et ne s'en doute dans nos campagnes. On y consacre à la culture des textiles la meilleure terre, le fumier le plus riche et le plus actif ; on lui accorde les soins les plus soutenus, et puis, quand le moment de préparer la récolte à ses usages est arrivé, on procède si mal, d'une manière si défectueuse, que des 20 à 28 pour 100 de la matière fibreuse contenue dans la tige, on ne retire qu'entre 12 et 16 pour 100. Quelle perte ! qu'on la mesure à l'importance même de notre production annuelle, qui, pour le chanvre seulement, s'élève à cent millions de kilogrammes de filasse. L'augmentation qui résulterait du mode d'extraction plus complet serait d'autant moins à dédaigner que cette énorme quantité de produits est insuffisante, car nous en importons encore de quarante à cinquante millions de kilogrammes, par an, des pays étrangers.

A ce fait bien acquis, malheureusement, et qui suffirait à condamner le rouissage des temps anciens, il faut ajouter les inconvénients graves et le danger dont il est la source toujours renouvelée, inconvénients et danger qui pèsent sur la salubrité publique, sur la navigation et sur la conservation du poisson. Mais ils ne sont pas d'hier, et les mesures d'administration dirigées contre les effets nuisibles de cette opération remontent bien haut. Ce n'est pas ici le lieu de les rappeler. Il suffit de dire qu'elles ont été sans efficacité, parce qu'on n'avait rien trouvé à mettre à la place du système condamné, toujours condamné et jamais exécuté, car on ne pouvait pas ordonner la suppression de la seule pratique qui permît d'établir des récoltes considérables et nécessaires.

On a cherché néanmoins, et beaucoup d'essais ont été tentés. Nous avons dit où en est arrivé M. Terwangne; voici un autre procédé d'extraction qui supprime complétement la macération, le rouissage. Il est dû à MM. Léoni et Coblenz, à Vaugenlieu (Oise). M. Terwangne opère particulièrement sur le lin, MM. Léoni et Coblenz principalement sur le chanvre; mais ceux-ci et l'autre étendent l'efficacité de leur système à tous les textiles indistinctement, et ceci ne paraît pas devoir soulever d'objection sérieuse.

Les produits de MM. Léoni et Coblenz sont exposés sous le numéro 450 du catalogue français. Le jury de Londres leur a décerné une médaille. A part le procédé nouveau qui les a donnés, ils se montrent fort beaux et méritent l'attention du consommateur. N'oublions pas ceci : le chanvre, saisi en nature, est transformé immédiatement en filasse. Ce résultat est obtenu par l'emploi de deux machines, dont l'une écrase et triture la partie ligneuse des tiges non rouies, en laissant les fibres entières dans toute leur longueur, et l'autre élimine les parties ligneuses, nettoie, redresse et divise les filaments. L'action est instantanée et complète; en quelques minutes, l'opération est terminée, et le chanvre en paille passe, sans autre préparation, à l'industrie qui emploie et transforme la filasse.

Voici donc le producteur exonéré de tous les soins et des diverses manipulations qui suivent d'ordinaire la récolte des plantes textiles. C'est là ce qui nous touche le plus, nous qui ne sortons pas du domaine de l'agriculture. Mais les agriculteurs ont, comme tous, droit à la salubrité publique, et nous nous réjouissons que les progrès accomplis dans les manipulations des textiles permettent enfin à l'État de remédier très-efficacement, cette fois, au danger que fait naître et perpétue l'ancien mode de rouissage. Enfin on nous permettra bien de ne pas rester tout à fait indifférent à ce double résultat : augmentation de 40 pour 100 dans le rendement de la matière fibreuse, et conservation d'une qualité supérieure de la fibre. En effet, des expériences entreprises dans les arsenaux de la marine anglaise ont démontré qu'une corde composée de chanvre non roui présente une force de résistance de 27 pour 100 supérieure à celle d'une corde de mêmes diamètre et numéro, faite du meilleur chanvre roui du commerce.

Les chanvres de France sont très-renommés et, parmi eux, les meilleurs se cueillent dans les riches vallées et les îles délicieuses de la Loire. Ils y forment un produit si abondant, qu'à Angers seulement il s'en vend pour plus de huit millions de francs par an. Leur qualité est tellement supérieure que les fabricants les préfèrent à tous autres, même à ceux de la Russie, pour les câbles d'usines, les cordages des bateaux et des navires, les filets des pêcheurs; pour tous les emplois, en un mot, qui exigent, sous le moindre volume, la plus grande résistance. Ils sont préférés aussi, pour la confection des toiles à voiles et surtout pour celle des toiles de ménage, à ceux d'Italie, parce que les fils provenant de ces derniers tendent à se couper dans les plis dès qu'ils sont ouvrés.

Une production qui a cette importance et cette valeur ne doit pas rester routinière; si elle n'avance pas d'elle-même vers son plus haut point de perfection, il faut l'y pousser et l'y porter quand même. L'intérêt maritime est immense dans cette question agricole et industrielle de la production du chanvre et de l'extraction rationnelle de sa filasse. Cela même oblige, et, en dépit des traités de commerce et de la liberté commerciale, il ne serait peut-être pas tout à fait hors de saison d'assurer au pays le moyen de se pourvoir chez lui, en tous temps, d'une matière première aussi essentielle que le chanvre.

Plus des deux tiers du chanvre consommé en France (je ne dis pas seulement produit), quelque chose comme 100 millions de kilogrammes, y sont employés à la fabrication des cordages.

Sous le numéro 771, nous avons vu du *coton de Géorgie* (longue soie) cultivé, en 1861, dans le département du Gard. Nous n'avons rien à hasarder ici sur l'avenir d'une pareille tentative, suggérée sans aucun doute par la guerre terrible que se font les Etats désunis d'Amérique, et qui met au petit souffle l'industrie cotonnière aux abois. Mais nous voulons en prendre texte pour rappeler que des essais industriels très-curieux et surtout très-importants ont été faits en Amérique dans le but de dénaturer le produit des plantes textiles pour le transformer en une sorte de coton artificiel, supérieur même dans ses usages au coton naturel.

La première idée de cette mutation, qui remonte à plus d'un siècle, a été reprise avec succès, si l'on en croit l'histoire, par un Américain du Massachusetts, en 1854.

Mais ceci devient tellement étranger à notre sujet, que nous devons nous borner à dire ceci : les procédés de cette fabrication intéressante au premier chef sont décrits dans une brochure qui a été soumise par M. Faulker, ministre des Etats-Unis à Paris, à l'examen des savants français.

N'y aurait-il pas quelque chose de providentiel à ce que le moyen de se passer actuellement de coton eût été donné à l'Europe par l'Amérique elle-même ?

XV

LE DUVET DE CACHEMIRE ET LA CHÈVRE D'ANGORA.

La chèvre sauvage. — Le duvet de cachemire cueilli sur les buissons. — La foire de Kigni-Novo-Gorod. — Kostoff et Kasimoff. — Moscou et Odessa. — Un monopole. — La gamme des désirs. — La maison Ménuet. — Un honnête homme. — Difficultés vaincues. — Les récompenses méritées. — La chèvre du Thibet en France. — M. Ternaux aîné. — La laine soyeuse de Mauchamp. — Il n'y a pas de quoi se décourager. — Une grande idée à reprendre. — La Société d'acclimatation. — Acclimatation et production. — Les troupeaux. — Les points obscurs. — *Fiat lux.* — Le ver de l'ailante et la chenille du mûrier.

Le coton n'est pas la seule matière première, tirée de loin, que nos manufactures mettent en valeur. Il y a de certains duvets que nous ne produisons pas, et avec lesquels nous savons fabriquer de riches, de très-riches étoffes. Parmi ceux-ci, nous trouvons au premier rang le duvet de cachemire, celui que fournit la chèvre, mais la chèvre vivant encore à l'état sauvage dans les provinces d'Astrakan, du Turkestan et du Thibet. A l'époque de la mue ou de la maturité, la précieuse matière est accrochée, au passage, par tous les buissons, c'est à eux qu'on la prend au lieu de la cueillir directement sur l'animal producteur, Les habitants ramassent soigneusement le duvet qu'ils trouvent et qui devient, pour les Kirguis surtout, un objet de commerce plus riche qu'encombrant. Il est apporté par petites quantités, soit à Orembourg, soit à Astrakan, où il est acheté par des juifs et réuni en balles, puis transporté à une foire célèbre qui se tient à Kigni-Novo-Gorod. Il y vient brut, tel qu'il a été ramassé. Il s'en vend annuellement, à cette foire, 250,000 kilogrammes (15,000 *pouds*) environ. De ce point le duvet de cahemire est dirigé sur les villages de Kostoff et Kasimoff, où l'on procède au nettoyage et à l'*épelotage*, après quoi on l'expédie à Moscou ou bien à Odessa pour être vendu une dernière fois, car de là il va directement en fabrique.

Nous avons, paraît-il, le monopole de cette intéressante fabrication qui présente toutes sortes de difficultés. Trois filateurs et fabricants français se la partagent et réunissent tous les suffrages. Soyons-en fiers, car leurs produits s'offrent à une admiration de bon aloi, et que personne ne leur conteste. Les tissus de cachemire sont si brillants et si fins, si souples et si solides tout à la fois, qu'ils font envie à *celles* qui n'en ont pas ; ils tiennent dans la gamme des désirs féminins la même place que le châle des Indes. C'est tout un, puisque c'est la même matière première.

La maison qui emploie celle-ci avec le plus de succès a été fondée par M. Ménuet, homme de goût et de talent, industriel honnête et pur, modèle accompli de loyauté et de modestie, trop tôt enlevé à l'estime de tous. Mais son nom, son honorabilité planent encore sur la maison qu'il a laissée et qui, sous la raison sociale Audresset et fils et Ménuet, demeure dans les bonnes traditions.

Aux récompenses obtenues à Londres en 1852, et à Paris en 1855 par M. Ménuet, la maison actuelle ajoute la seule distinction que le jury de Londres ait accordée à cette industrie en 1862. Elle se recommande, en effet, et par les difficultés qu'elle a vaincues, et par la supériorité de ses produits, et par l'importance de sa fabrication, qui donne un chiffre d'affaires de deux millions par an, dont un tiers environ à l'exportation.

Plusieurs grands industriels, qui ont essayé de filer le duvet de cachemire, n'y ont pas réussi et ont dû y renoncer. C'est une spécialité entre toutes. Les encouragements qu'on lui donne se justifient donc à tous égards. Ses produits sont presque exclusivement consommés par l'aristocratie. C'est affaire de luxe, mais cette fabrication est de celles qui accordent au travail les salaires les plus élevés.

Pourquoi n'essayerait-on pas de faire entrer ces produits plus avant dans la consommation? Les tissus cachemires résistent plus à l'usage que ceux de la laine et de la soie ; ils conviendraient donc au grand nombre si, multipliant la matière première, on pouvait en diminuer le prix. Ceci devient l'affaire de la Société zoologique d'acclimatation d'abord, et de l'agriculture ensuite.

La chèvre thibétaine vit parfaitement en France, en tant que race, et elle s'y acclimate parfaitement ; mais son duvet n'y a pas encore acquis toutes les qualités nécessaires à une fabrication d'élite : la finesse, le moelleux, le brillant. On se rappelle la tentative infructueusement faite, il y a quelque trente ans, par M. Ternaux aîné, et l'on ne songe pas à la renouveler. Un premier échec prouve-t-il donc qu'une réussite est impossible? Quand nous voyons quelle distance sépare les produits obtenus de la race ovine à laine soyeuse de Mauchamp, créée par Graux, mort, lui aussi, des produits de la race mérine la plus fine, nous nous disons que ce pays doit être apte à produire le duvet de cachemire tout aussi bien que la laine soyeuse ; nous ne saurions croire non plus que le produit d'un animal sauvage puisse acquérir des qualités supérieures à celui des races civilisées, car c'est précisément le contraire que nous observons en tout.

Le premier essai a laissé beaucoup à désirer. C'est l'histoire de toutes les innovations. Nous serions bien maladroits de nous décourager pour si peu, quand nous tenons les secrets, ou plutôt quand nous avons l'habileté d'une fabrication merveilleuse. Que les Anglais aillent au loin chercher et le coton et les laines fines, qu'ils ne peuvent pas ou qu'ils ne parviennent pas à produire chez eux, cela se comprend et s'explique, mais que nous ne fassions pas en sorte de récolter chez nous un produit qui doit y venir aussi bien, sinon mieux, que loin, que très-loin de chez nous, ceci ne s'expliquerait point. M. Ternaux avait eu une très-grande idée ; seul, il a été impuissant à la faire passer dans la pratique ; mais ce qu'il n'a pas pu tout seul, plusieurs le pourront, et la Société d'acclimatation nous semble admirablement posée non-seulement pour le tenter, mais pour le réussir.

Elle possède des chèvres d'Angora, introduites par ses soins en 1855, et la notice qu'elle fait distribuer au palais de Kensington dit son intention de remettre aux mains de l'industrie privée la multiplication et l'élevage usuel de cette race. Ce n'est point assez. Il faut encore que la Société fasse filer et fabriquer le duvet qu'elle récolte et, si elle obtient de bons résultats, qu'elle les proclame et les soumette au jugement de tous. Elle se trouve aujourd'hui en face d'un préjugé, il lui appartient de le détruire ou de le confirmer. Il faudra qu'elle dise comment auront vécu les producteurs du duvet de cachemire, et qu'elle apprenne à en former des troupeaux, car il y a peu à attendre des individus qui vivront épars, ceux-ci dans une région et ceux-là dans une autre. La chèvre du Thibet n'a pas, chez nous, d'autre raison d'être que de nous fournir une matière première de haut prix; que si elle n'y arrive pas, nous n'en avons que faire. Mais si elle nous est utile, il faut donner à sa multiplication et à son entretien une direction intelligente. Il faut en faire des troupeaux, des troupeaux communaux si l'on veut, et traiter les mâles de l'espèce comme on traite ceux de l'espèce ovine. Ils ne doivent pas rester entiers afin de pouvoir vivre parmi les femelles, et d'y remplir utilement leur unique destination — la production du duvet. Jusqu'ici, chose étrange! on les sacrifie enfants, et l'on ne travaille à la production du duvet que par l'entretien des femelles. Cette voie est trop lente et ne remplit pas le but qu'on se propose.

Il faut encore déterminer bien des points obscurs, et entre autres ceux-ci, qui sont très-essentiels : Quelle quantité de duvet peut et doit donner un individu? Quelles sont les conditions d'existence les plus favorables à une bonne production industrielle? Quel est le point de maturité complète du produit, et quelle est la meilleure manière de l'obtenir sans perte? Enfin, et cette dernière considération a aussi son importance, à supposer que, dans notre pays et sous un autre climat, le duvet de cachemire n'atteigne pas au même degré toutes les qualités qui le rendent si précieux lorsqu'il a été récolté en Asie, donne-t-il néamoins un produit d'une valeur suffisante, et qu'il y ait intérêt à utiliser ? La soie du ver nourri par l'ailante se classe au-dessous de celle de la chenille du mûrier, et n'en a pas moins son utilité propre et son prix.

XVI

LE VER A SOIE DE L'AILANTE.

Sériciculture et agriculture. — La maladie des vers à soie. — L'ailante et sa chenille. — Mauvaises langues et méchants propos. — L'esprit et la science. — La vérité. — Soie grége et bourre de soie. — Mme la comtesse de Corneillan. — M. Guérin-Méneville. — Ecole d'ailanticulture. — La Société *l'Ailantine*. — Une soie à bas prix. — La soie pour tous.

Nous n'avons pas le dessein de sortir du domaine de l'agriculture, à propos du petit producteur de soie dont la France a récemment fait l'acquisition.

L'industrie séricicole comprend deux séries d'opérations distinctes : les unes tout agricoles, les autres essentiellement manufacturières et commerciales. Seules, les premières nous occuperont au point de vue de l'éducation d'un ver nouvellement acclimaté chez nous et de la culture de l'arbre qui lui fournit son alimentation.

Un mal affreux, inconnu autrefois, a porté un coup funeste à la sériciculture. La vigne a, dans l'oïdium, un destructeur terrible ; mais on en vient à bout, quand on veut, par le soufrage judicieusement appliqué, comme on réduit à des proportions insignifiantes les effets du charbon sur la végétation du blé en chaulant ou en sulfatant la semence : la pomme de terre a dégénéré sous l'influence d'une maladie qui en diminue la quantité et la qualité, et on n'a point encore trouvé le moyen de prévenir ou de combattre cette affreuse maladie. Voici enfin que le ver du mûrier succombe aux atteintes d'une épidémie contre laquelle on n'a rien pu jusqu'ici. Les éducations les plus soignées subissent les mêmes pertes que les autres, et toutes les pertes réunies ne sont rien moins qu'un désastre.

La sériciculture aux abois ne sait plus ni à qui ni à quoi se vouer.

Prenant en considération ses doléances, désireux de mettre un terme à la cause qui les produit, le Conseil général de l'Isère a voté, en 1861, un prix de 40,000 francs à décerner à celui qui aura trouvé un remède efficace contre la maladie des vers à soie.

Le mal n'est pas tout à fait d'hier ; il remonte à quelques années déjà. La crainte de ne pas découvrir un moyen de prévention ou de guérison, qui ne s'est pas encore présenté en dépit de bien des tentatives, a conduit à se demander s'il ne serait pas plus simple de substituer au ver du mûrier un autre insecte donnant le même produit. C'est ainsi que, précédemment, tout le monde s'était mis en quête d'une succédanée de la pomme de terre. Mais le monde est déjà vieux ; nos pères et, mieux encore, nos arrière-grands-pères étaient eux-mêmes en possession de tous les animaux et végétaux utiles qui sont encore les nôtres. Il y a longtemps déjà que nous ne faisons plus guère de conquêtes sur l'état sauvage, et nous semblons même tout à fait étrangers au grand art de la civilisation en vertu duquel nous possédons les espèces cultivées des deux règnes. En effet, on n'a rien trouvé qui pût remplacer la pomme de terre. On crée tous les jours des variétés nouvelles, mais elles sortent des espèces acquises, on n'en conquiert pas d'autres. C'est ainsi que tous les essais tentés pour donner un successeur au ver du mûrier n'ont servi jusqu'ici qu'à faire mieux ressortir sa supériorité. D'autres pourtant ne sont pas sans valeur, et nous devons à la science persévérante, aux travaux intelligents d'un des nôtres, M. Guérin-Méneville, une très-précieuse acclimatation, celle du ver à soie qui vit sur l'*ailante glanduleux* (ailantus glandulosa, Desf.) vulgairement, mais à tort, appelé *vernis du Japon*.

Arbre et chenille nous viennent l'un et l'autre de Chine, où on les cultive tous deux en vue d'une production spéciale, moins riche par ses qualités que celle du mûrier et de son ver, mais plus répandue, et servant à l'usage du grand nombre.

Par bonheur, l'ailante est depuis longtemps acclimaté en France où il a été importé d'Angleterre. Celle-ci l'avait pris en Chine vers 1750. C'est un grand et bel arbre, dont le port rappelle un peu le noyer, mais qu'on devra tenir en buisson pour la culture du ver à soie qui lui est propre et qu'il nourrit, si nous ne nous trompons pas, à l'exclusion de tout autre insecte, ainsi qu'il en est au surplus du mûrier. Sa croissance est très-rapide. Bien qu'il ne dédaigne pas les sols profonds et de bonne nature, il s'accommode des plus mauvais terrains. En cela il est très-précieux encore, car il réussit partout, si ce n'est dans les terres compactes qu'il aime peu, puisqu'il s'y développe mal. Il n'a pas la sensibilité du mûrier, car les gelées lui nuisent peu, et son ver n'est pas moins robuste que lui. On ne l'élève pas en serre chaude, dans des magnaneries chauffées et la nuit et le jour, mais en plein air, et il résiste à merveille, chez nous, à toutes les vicissitudes de l'atmosphère : il y a similitude complète en un mot, quant à la rusticité, entre l'arbre et l'insecte.

L'ailante n'est pas rare en France ; on en voit dans presque toute l'étendue du territoire où il a, jusqu'à ces derniers temps, passé inaperçu ou à peu près. Cependant, on en a parlé depuis qu'on lui a trouvé une utilité spéciale ; on en a parlé pour le calomnier. On a dit son ombrage dangereux ; on a dénié toute valeur à son bois... On a bien fait d'en médire, parce que les détracteurs ont forcé la vérité à sortir de sa cachette et que, à sa vue, tous les méchants propos ont fait retraite. Il se trouve, au contraire, que nous n'avons pas beaucoup d'arbres aussi utiles que celui-ci et que, avec ou sans éducation de vers à soie, il y aura très-souvent profit à le multiplier et à le multiplier. L'espace nous manque pour répéter tous les avantages qu'il offre à l'agriculture, mais nous ne le quitterons pas sans exprimer le vœu que ceux qui s'intéressent à son avenir fassent en sorte de le produire avec tous ses mérites et dans tous ses usages à la première exposition qui appellera l'agriculture à mettre ses produits en lumière.

On n'a pas été meilleur pour le *bombyx cynthia*, qui vit et prospère sur son feuillage, car il a, lui aussi, reçu plus d'un coup de langue. Ne nous en plaignons pas ; son entière réussite l'a vengé de la médisance et nous met sous la main une nouvelle source de richesse dont nous saurons profiter.

D'ailleurs, le savant qui en a doté la France est armé en guerre contre tous les assaillants ; aucune objection ne l'a encore trouvé sans vert. Il a réponse à tout, mais réponse satisfaisante, fondée et sérieuse. Il ne fait pas d'esprit contre ceux qui lui en montrent tant ; il fait de la science, de la bonne science, et n'oppose que la pratique, déjà complète pour lui, aux raisonneurs qui parlent ou déparlent sous la seule inspiration de la folle du logis.

La vérité, la voici :

Le *bombyx cynthia* est parfaitement acclimaté chez nous, car il y vit et s'y reproduit comme dans son pays d'origine, en nous donnant des produits utiles, d'une qualité égale à ceux qu'on en obtient en Chine ; enfin le problème est résolu de la possibilité de son éducation en grand par l'agriculture. Il croît sans soin, en plein air, et, comme la brebis de race chinoise, sa compatriote et sa compagne d'émigration, dont la fécondité est double puisqu'elle a deux portées pour une, il donne, lui aussi, deux récoltes par an. Sa soie est d'un beau gris brillant, mais on n'avait pas réussi tout d'abord à dévider le cocon en soie grége comme cela a lieu en Chine. On avait donc pu craindre un instant de ne pouvoir l'utiliser qu'en bourre. On s'était trop pressé. Deux personnes ont simultanément découvert des procédés à l'aide desquels on obtiendra désormais cet important résultat. L'une d'elles, Mme la comtesse de Vernède de Corneillan, petite-nièce du célèbre Philippe de Girard, a exposé, à Londres, à côté de papillons et de cocons du ver de l'ailante, les soies gréges qu'elle avait dévidées elle-même. M. Guérin-Méneville a tout naturellement envoyé le *bombyx cynthia* en personne, et la Société zoologique d'acclimatation, qui l'a aidé et soutenu de ses encouragements dès les premiers jours, lui prêtait, là encore, l'influence de son patronage.

La première tentative d'acclimatation ne remonte qu'au printemps de 1857, et déjà l'œuvre est complète au point de vue des industries agricole et manufacturière.

Une école d'ailanticulture a été créée à Vincennes, sur les terrains les plus mauvais, et y a pleinement réussi. D'importantes plantations d'ailante ont été faites sur beaucoup de points, de nombreuses éducations se poursuivent, et une société s'est formée — l'AILANTINE — pour l'achat des cocons et la filature de leurs produits.

M. Guérin-Méneville et Mme la comtesse de Corneillan ont reçu l'un et l'autre, du jury international, une médaille bien méritée.

Ce qui nous touche en tout ceci, c'est bien moins la production d'une soie à bas prix que sa solidité et la certitude acquise de lui voir prendre, dans un avenir prochain, une place considérable dans les usages ordinaires, au détriment du coton qui vient ou qui ne vient pas, mais qui se produit si loin, si loin de nous, que les capitaux qui en soldent les achats ne nous reviennent guère ni sous une forme, ni sous une autre.

XVII

DE TOUT UN PEU.

La Société d'acclimatation. — Devise et prospectus. — La race soyeuse de Mauchamp. — Cachemire indigène. — M. Davin. — M. Guérin-Méneville. — *Omnium utilitati*. — Le Muséum d'histoire naturelle. — Chasseurs et braconniers. — Les oiseaux utiles et les enfants. — Un placard et un album. — Oiseaux et insectes. — Un équilibre rompu. — Métier à paillassons et paillassonage. — La vigne et M. le docteur J. Guyot. — Un monopole. — Le micocoulier. — Un fermier général. — Une courroie de transmission. — Les déchets de cuir. — Innovation modeste et grande invention.

Notre Société d'acclimatation occupe une place considérable à l'exposition de Londres. Malgré cela, nous n'avons pas vu qu'on s'arrêtât beaucoup à son œuvre. Est-ce qu'elle ne serait pas à la portée de tous? Ou bien la regarderait-on plutôt comme affaire de bruit et de fantaisie que d'utilité pratique? Il y a un peu de tout cela dans son fait, il faut bien en convenir; mais sa direction, bien assise aujourd'hui, peut divorcer avec les incertitudes ou la confusion inséparable d'un commencement, ou du moins les reléguer au dernier plan pour s'attacher plus fortement aux objets bien définis et aux choses réellement utilisables.

Le but de cette vaste association est grandiose. Il tend à « réaliser l'échange, entre tous les peuples civilisés, des produits naturels utiles que les uns possèdent et que les autres peuvent acquérir. » De la sorte, elle se fait universelle. L'esprit élevé qui l'anime exclut toute distinction de nationalité, de culte, de religion; elle n'a qu'un objet, le bien de tous, *omnium utilitati*. C'est assurément fort libéral, et les moins disposés applaudiront à pareille déclaration sans y regarder, sans même se demander ce qu'elle vaut en pareille occurrence. Elle ne fait pas trop mal dans un prospectus; phrase à effet, elle pose; mais après... après, les hommes sérieux voudront voir ce qui se fait et quoi d'utile sort effectivement d'un programme aussi large; quoi de pratique surtout. Peut-être trouveront-ils alors qu'il y aurait lieu à ne pas chercher à embrasser tout à la fois, mais à prendre dans cette immensité, une à une, les propositions les plus pressantes, celles dont la solution immédiate est en quelque sorte à l'ordre du jour et promet de rendre les meilleurs services à la génération qui passe ou à celles qui la suivront de plus près. Qu'ils attendent. Nous avons confiance dans les intentions; nous inspirant même de quelques faits déjà réalisés, nous voulons bien augurer de l'avenir. Tout est nouveau dans la Société d'acclimatation — hommes et choses. Une fois sortie de la période d'incubation et d'installation, c'est-à-dire du chaos, elle organisera ses travaux, elle poussera aux bons résultats. Alors ses prix seront plus élevés, dussent-ils devenir moins nombreux et de bonnes indications, répandues partout, diront à tous dans quelle voie, dans quel sens les efforts provoqués devront être dirigés pour ne pas se perdre et pour aboutir.

Dès à présent, nous voyons qu'elle a patronné avec bonheur la belle race ovine de Mauchamp, création toute française et à cause de cela probablement peu appréciée pendant longtemps, « malgré les qualités exceptionnelles de sa toison, dont le mérite et la valeur la rapprochent tellement des poils de cachemire, que l'industrie française désigne cette matière sous le nom de cachemire indigène » et « dont M. Davin, manufacturier à Paris, a si bien su faire ressortir tous les avantages. » Cela étant, il y a lieu, sans aucun doute, de travailler sur une grande échelle à la propagation de cette précieuse race; il y a lieu de frapper un grand coup, afin de saisir les masses et de faire passer dans l'esprit de tous, le même jour, la connaissance très-peu répandue de la valeur de la race soyeuse de Mauchamp, valeur agricole et industrielle tout à la fois. Une médaille de 1,000 francs est affectée à ce résultat par la société, et M. Davin en double le prix en ajoutant pareille somme en numéraire. Ce n'est point assez. En décuplant les promesses on eût développé au centuple les efforts, et le but aurait été atteint. Le prix offert sera gagné, mais il n'est pas besoin d'être un grand prophète pour prédire qu'il restera sans influence sur le but lui-même. La race Mauchamp, voulons-nous dire, suivra son petit bonhomme de chemin; elle ira *piano, pianissimo,* et M. Davin aura le temps de mourir avant que la production du cachemire indigène soit assez abondante pour fournir aux manufactures la matière première d'une importante fabrication.

— M. Guérin-Méneville, secrétaire du conseil de la Société, en a reçu une médaille de 1,000 francs pour l'acclimatation du *bombyx cynthia*. Ç'a été, à n'en pas douter, un témoignage réfléchi d'intérêt donné, à son aurore, à une branche nouvelle d'industrie pleine des plus riches promesses. Eh bien ! nous trouvons encore que ce n'est point assez. La Société, heureuse d'avoir eu à se prononcer sur le fait même de l'acclimatation utile d'un ver à soie récemment introduit, abandonne tout aussitôt son œuvre et ne fait rien pour la propagation du précieux insecte. N'y avait-il pas lieu d'intervenir immédiatement et de proposer quelque prix et pour l'établissement de pépinières ou de plantations d'ailante glanduleux, et pour des éducations de *bombyx cynthia?*

N'allons pas plus loin, nous en avons dit assez pour montrer que les récompenses offertes jusqu'ici décernent des prix et n'atteignent point un but. Il y a mieux à attendre d'une Société qui vise à la célébrité en se proposant le bien de tous. Qu'elle n'oublie donc pas sa devise : *Omnium utilitati*.

— Sous les numéros 886 et 887 du catalogue, notre Muséum d'histoire naturelle a exposé : 1° les principaux types de mammifères et d'oiseaux utiles ou nuisibles des trois régions agricoles de la France, et 2° les principaux gibiers que chacune d'elles nourrit en mammifères et en oiseaux également.

Nous abandonnons volontiers à leur destinée, c'est-à-dire aux chasseurs et aux braconniers, nos différents gibiers. C'est par eux qu'ils entrent dans l'alimentation publique dont ils augmentent les ressources d'une façon assez notable pour qu'on estime à 20 millions de francs par an la valeur des mammifères et des oiseaux consommés en France. Mais nous voulons dire que cette longue liste d'oiseaux utiles à l'agriculture et mis à ce titre sous les yeux du public, à Londres, devrait former la composition d'un tableau imprimé en vaste placard et affiché dans toutes nos écoles communales. On devrait en apprendre aux enfants les noms, les mœurs et l'utilité, afin de leur faire comprendre à quel point nous avons intérêt à respecter leur repos et leur vie. Un album colorié qui reproduirait avec leur physionomie la forme, la couleur et la grosseur des œufs de chacun d'eux, l'histoire naturelle abrégée de chaque espèce ne serait-il pas un beau et bon livre à mettre entre les mains de tous ces petits pillards de nids, dont il faudrait faire autant de conservateurs du grand musée de la nature, musée vivant créé pour notre utilité à tous et que nous laissons si imprudemment détruire? Aussi, voyez comme nous sommes envahis par ce monde d'insectes qui, ne trouvant plus en nombre suffisant ses dévorants, enlève partout à l'agriculture son bénéfice le plus clair et le plus légitime. L'équilibre est rompu entre les oiseaux et les insectes, rompu par notre faute, et déjà il nous en coûte bien cher pour n'avoir point songé à le rétablir en favorisant la multiplication plus active des oiseaux.

— M. E. Dorléans, à Clichy-la-Garenne (Seine), a exposé le modèle en petit du métier à fabriquer les paillassons, inventé par notre éminent viticulteur, M. le docteur Jules Guyot. Il faut lui savoir mauvais gré de n'avoir pas envoyé la machine elle-même telle que nous l'avons vue au concours agricole universel tenu à Paris en 1856. Cette réduction en miniature d'un engin extrêmement curieux et ingénieux n'en donnait aucune idée et d'ailleurs s'apercevait à peine dans la galerie encombrée où elle se trouvait avec nos instruments d'agriculture et bien d'autres encore, si encombrée, en effet, qu'elle ressemblait plus à l'étalage en désordre d'un marchand de bric-à-brac, qu'à une division bien ordonnée d'une exposition universelle.

La confection mécanique des paillassons n'est point assez répandue. Elle est d'ailleurs assez récente et ne s'est produite, pour la première fois, qu'en 1856. A son apparition, elle a été accueillie comme une heureuse innovation et récompensée d'une médaille d'or. C'est que la nécessité de protéger nos cultures contre l'intempérie, contre les gelées précoces et les gelées tardives, contre une humidité destructive, contre les ardeurs du soleil et les effets de la grêle, n'est que trop bien démontrée en nos climats. Elle s'impose à qui veut des primeurs, non plus en serre chaude, mais en pleine terre, à ceux qui ne prétendent récolter fruits et raisins qu'à leur complète maturité, à ceux qui ont à cœur de préserver les unes et les autres contre la coulure, mal considérable qui détruit l'abondance et fait presque toujours d'une année pleine une demi-année seulement. Le besoin d'abri est ancien, mais il devient chaque jour, d'année en année, plus impérieux dans le rayon d'approvisionnement des grands centres de consommation : or, ce rayon s'étend chaque jour, et d'ailleurs les exigences générales ne le cèdent plus bientôt aux exigences spéciales ; le bien-être convient à tous et l'on doit se féliciter de le voir gagner de proche en proche toutes les classes de la société.

C'est en vue de la préservation de la vigne que M. Guyot s'était imposé la solution de ce problème bien simple : la confection mécanique et à bas prix des paillassons ; mais

18.

l'usage de ceux-ci, ignoré jusqu'à lui, et pour cause, dans la grande viticulture, est très-connu dans la pratique du jardinage. Seulement, les faire à la main était long et dispendieux, deux raisons pour que l'emploi fût restreint aux circonstances les plus pressantes et aux cultures les plus précoces. La confection mécanique met le paillassonnage à la portée de tous, et, de quelques jardins, il se répand aux champs et dans les vignobles. De grandes surfaces plantées de pommes de terre et de haricots hâtifs peuvent recevoir aujourd'hui et commencent à recevoir l'application de ce mode de préservation appelé à enrichir tous les maraîchers et à donner plus ample satisfaction à l'alimentation publique. Petite cause et grands effets : le paillassonnage devient une pratique usuelle et une cause d'augmentation de produits très-notable.

Voilà, je pense, qui justifie amplement les quelques mots que nous lui avons consacrés au passage.

— Tout à côté du métier à paillassons étaient les produits d'une industrie peu connue, qui nous appartient, et dont les habitants de Sauves, une toute petite ville du département du Gard, dont bien peu connaissent le nom, ont su jusqu'ici conserver le monopole. Il s'agit tout simplement de fourches en bois, d'attelles de collier, de manches de pelle et de faux obtenus naturellement par une taille particulière du micocoulier et du chêne vert. Ces objets sont exposés sous la raison Clauzel et Ce, et sous le numéro 1225.

Le micocoulier, qu'on nomme *alizier*, est un arbre d'un aspect agréable, assez commun en Italie, en Provence et en Languedoc. Sa croissance est lente, il parvient jusqu'à 12 mètres d'élévation, et donne un bois dur, mais d'une extrême souplesse, propre au charronnage. Il donne lieu à un grand commerce de manches de fouet.

L'industrie monopolisée dont cet arbre est l'objet à Sauves consiste à couper la tige ras terre et à forcer ses jets à pousser, à 1ᵐ,50 du sol, trois branches égales du même nœud, dont on obtient une fourche excellente et commode. Cette culture, très-soignée, est d'un bon rendement. Les producteurs se trouvent si bien de s'y livrer seuls, qu'ils se refusent à fournir aucun renseignement en ce qui la concerne. Jusqu'ici personne n'a songé à les imiter ; nul ne leur a suscité de fâcheuse concurrence, et nombre de micocouliers restent improductifs au de là du rayon spécialement exploité par les industriels de Sauves.

Il y a ici un fermier général, adjudicataire des fourches récoltées à l'état brut. Chaque cultivateur lui apporte ses produits au prix fixé par le cahier des charges, soit 1 franc, et le fermier fait confectionner et vend à ses risques et périls.

Il ne faut pas moins de cinq ans de végétation pour avoir une première fourche, qui s'exporte généralement au prix de 1 fr. 50 c., et quand la pousse est irrégulière, lorsqu'elle ne donne que deux branches, la tige se façonne en attelles de collier, que le fermier ne paye plus que 45 centimes ; d'autres fois, dans les terres les plus riches, le manche de la fourche s'allonge assez pour fournir une attelle en sus, et alors le prix de vente s'élève à 1 fr. 45 c.

Les arbres plus âgés poussent des jets plus nombreux, qui donnent une récolte plus abondante. Celle-ci flotte entre trois et quatre fourches produites en quatre ans, cette fois. Quatre années plus tard, on en cueille de neuf à dix. Alors l'arbre est dans toute sa force, en plein rapport. On le règle intelligemment dans sa pousse, et on en obtient par la suite des produits annuels, en ménageant la taille de façon à ce qu'il y ait, sur le même pied, des fourches à leurs divers âges de croissance. La production va toujours en augmentant, car le micocoulier vit des siècles, plein de séve et d'activité vitale. Le décompte de cette culture fait ressortir son rendement *net*, bien net, car c'est un minimum, à 9 pour 100 des fonds engagés.

Nous ne voulons plus mentionner qu'un exposant avant de nous arrêter, car notre course a été bien longue à travers cette toute petite partie de l'exposition. Celui-ci figure sous le numéro 2430 et dans la classe 26, spéciale aux cuirs et aux objets de sellerie. Il nous offre une courroie de transmission, façon chaîne de galle, extrêmement remarquable quant à sa confection. C'est une invention doublement utile, utile par tous les avantages qu'on lui prête et dont elle devra faire les preuves, avantages tels qu'elle aurait une immense, une incommensurable supériorité sur les courroies actuellement usitées en cuir plat, utile par la nature de la matière dont elle est composée et qui, jusqu'ici, n'avait pas d'emploi. Elle est faite de déchets de cuir dur et épais, résidus presque sans valeur auxquels l'inventeur, M. Roullier, à Paris, en a donné une tout en maintenant sa courroie articulée à un prix très-abordable, mais inférieur à celui des courroies moins bonnes à tous égards dont elle est appelée à prendre la place.

Cette innovation modeste obtient les honneurs d'une invention considérable et distinguée parmi les plus utiles qui se soient produites, dans un certain ordre et pour la première fois, à une exposition publique.

XVIII

L'ENSEIGNEMENT AGRICOLE.

Une nouveauté de trois cents ans. — Les Ecoles d'agriculture en 1759. — Le citadin d'après La Bruyère. — Une question de préséance. — Blanqui aîné. — La leçon de 1848. — Une vaste organisation. — Les temps sont changeants. — Confidences et projets. — A l'œuvre donc! — La librairie agricole en France.— Livres et écrivains. — Journal d'agriculture pratique. — L'Institut normal agricole de Beauvais. — Collection de produits. — Collection entomologique. — Un herbier agricole. — Les petits oiseaux. — M. Barral. — M. H. Lecoq. — M. J. Guyot. — M. Bouchard-Huzard. — M. Victor Borie. — La Bibliothèque des Ecoles rurales.

Dans le groupement des objets appelés à figurer à l'Exposition de Londres, la classe 29 a été ouverte à l'enseignement en général. Par suite d'une interprétation erronée du programme, justifiée par le défaut d'indication précise, la commission française a écarté toutes les demandes d'admission qui ne concernaient pas spécialement l'instruction élémentaire.

Bien des regrets peuvent s'attacher à un pareil fait, mais ils seraient complétement stériles.

Les matières de l'enseignement agricole ont néanmoins trouvé place, une toute petite place, parmi les moyens de l'enseignement général. C'est par elles que nous pourrons toucher, en passant, cette question si fort oubliée de l'instruction professionnelle de l'agriculture. Ce n'est pas qu'elle soit nouvelle en France. Les saines idées nous manquent moins que leur application. Nous semons à pleines mains les découvertes utiles et les bons germes; c'est à l'étranger qu'ils vont prendre racine et qu'ils fructifient. Nous allons ensuite les reprendre à ceux à qui nous les avons livrés avant d'en avoir tiré profit.

Vannière disait, il y a de cela bientôt trois cents ans :

Tout art est enseigné, la culture doit l'être ;
C'est le premier des arts : il veut aussi son maître.

L'auteur d'un livre qui porte ce titre : *Ecole d'agriculture* demandait, en 1759, que le gouvernement affectât une somme 2,400 livres par an à la fondation et à l'entretien, dans chaque généralité, d'une école spéciale à l'art de cultiver la terre. Quinze ans plus tard, le projet obtint, près de Compiègne, les honneurs d'un premier essai dû à l'initiative d'un simple particulier, soutenu et protégé par le ministre Bertin. Dès 1756 cependant, le supérieur du petit séminaire d'Angoulême avait jeté les bases de l'enseignement agricole en instituant, à l'usage des prêtres, un cours classique d'agriculture, et quelques années après, en 1769, l'abbé Froget publiait un *Manuel d'agriculture* que l'évêque du Mans introduisit aussitôt dans les écoles de son diocèse. Depuis lors, la question a grandi avec les besoins. En toutes circonstances graves, le gouvernement a fait quelque démonstration favorable, et l'enseignement a péniblement poursuivi sa marche à travers les ronces et les épines qui ont encombré sa route. Il n'arrive point encore aux masses, aux populations rurales, pour qui il serait un immense bienfait, et il a terriblement de peine à faire sa trouée, malgré l'utilité qu'il aurait pour tous.

Nous sommes moins ignorants qu'on ne l'était autrefois, car nul ne serait plus autorisé à dire de la génération actuelle ce que La Bruyère, par exemple, disait en son temps : « On s'élève à la ville dans une indifférence grossière des choses rurales et champêtres ; on distingue à peine la plante qui porte le chanvre d'avec celle qui produit le lin, et le blé froment d'avec le seigle, et l'un et l'autre d'avec le méteil ; on se contente de se nourrir et de s'habiller. Ne parlez pas à un grand nombre de bourgeois ni de guérets, ni de baliveaux, ni de provins, ni de regains, si vous voulez être entendu. Parlez aux uns d'aunage, de tarif ou de sous pour livres, et aux autres de voie d'appel, de requête civile, d'appointements, d'évocation. Ils connaissent le monde, et encore par ce qu'il a de moins beau et de moins précieux ; ils ignorent la nature, ses commencements, ses progrès, ses dons et ses largesses. Leur ignorance souvent est volontaire et fondée sur l'estime qu'ils ont pour leur profession et pour leurs talents : il n'y a si vil praticien qui, du fond de son étude sombre et enfumée, et l'esprit occupé d'une plus noire chicane, ne se préfère au laboureur qui jouit du ciel, qui cultive la terre, qui sème à propos et qui fait de riches moissons... »

La question de préférence n'a pas été tranchée, il s'en faut ; elle voit de nos jours ce qu'on ne voyait pas dans le passé, l'homme des champs abandonner et la terre et les travaux qu'elle lui inflige, pour le séjour de la ville où l'attendent mille déceptions qui ne le ramènent pas au village. Cette épidémie de l'émigration tient à plus d'une cause ; mais l'une des plus puissantes est sans contredit l'ignorance dans laquelle on a laissé les populations rurales des ressources que peut leur offrir une agriculture progressive. L'agriculture stationnaire répond à l'insuffisance des salaires et des bénéfices, à une existence de labeur pénible et de privations ; en produisant peu, elle n'attire ni ne retient aux champs. Il n'en serait plus de même de l'agriculture éclairée qui répand la richesse tout en rémunérant mieux le travail, qui laisse plus d'indépendance et donne le moyen de se procurer toutes les satisfactions qui viennent d'une vie large et facile.

Bien des maux eussent été évités à notre pays si on avait prêté une oreille plus attentive au conseil inspiré par la nécessité, à Vannière, dès la fin du seizième siècle. Il faut s'étonner, disait Blanqui aîné à l'Institut, en 1846, que, dans un pays comme la France, où tout vit de la terre, on n'ait pas commencé par enseigner aux enfants, après les remercîments dus au Créateur, l'art de la cultiver et d'y vivre heureux.

Tels seraient les bienfaits de l'enseignement agricole universalisé; il renferme la solution pratique, efficace par conséquent, des problèmes les plus difficiles de l'époque actuelle. On commence à le comprendre dans les hautes régions, mais on ne s'y presse point assez en ce qui touche cet immense intérêt, le premier, le plus grand de tous. La perturbation apportée dans l'industrie après les événements de 1848, lit-on dans un document officiel portant la date du 3 octobre de cette année, et les dangers que cette perturbation fit courir à la société tout entière formèrent un contraste si frappant avec le calme et la régularité dans lesquels se maintinrent les exploitations agricoles, que tout le monde en fut naturellement frappé. On comprit mieux l'imprudence qui avait provoqué et favorisé le développement de l'industrie manufacturière, sans accorder le même concours et les mêmes encouragements à l'industrie agricole.

Le seul remède que 1848 ait trouvé à opposer au mal signalé a été la mise en œuvre d'un projet mûrement étudié pendant la période qui venait de finir, c'est-à-dire l'organisation d'un vaste système d'enseignement agricole, enseignement élémentaire dans des fermes écoles, enseignement de second degré dans des écoles régionales, enseignement supérieur dans un Institut national agronomique... mais les temps sont changeants. Une partie de cette organisation, la plus vaste et la plus puissante, a été renversée depuis... On a fait autre chose ; on a donné plus d'importance aux Concours régionaux; on a institué la prime d'honneur. Ceci et cela pouvaient aller de conserve. Si grands qu'ils soient, les moyens restent toujours au-dessous du résultat cherché, quand le but à atteindre se montre si haut ou si loin du point de départ.

Espérons toutefois, car on revient à l'enseignement. Voici, par exemple, de bonnes paroles tout récemment sorties d'une bouche autorisée et qui dépassent la mesure ordinaire d'un simple discours d'apparat. « Nous serions heureux, disait en pleine Sorbonne, le 11 août dernier, M. le ministre de l'instruction publique, nous serions heureux d'organiser l'enseignement secondaire professionnel, tout en perfectionnant l'enseignement littéraire... Partout, même pour les professions manuelles, on réclame les secours d'une instruction bien organisée... Mais entre l'instruction surtout professionnelle et l'enseignement des humanités, quelles études réservera-t-on pour les enfants de ces milliers de familles qui veulent que le fils succède au père dans la culture de ses champs, dans la direction de son commerce, dans l'exploitation de ces industries si diverses qui correspondent à tant de nécessités et de consommations ? On désire une instruction spéciale, et ce vœu, prévu dès 1847 par l'établissement dans nos lycées de cours annexes ou professionnels, devient plus vif ou plus général à mesure que les citoyens attachés à la pratique des affaires comprennent mieux ce qu'elle gagne au contact de la science. C'est donc une sage et utile entreprise, en présence de l'Europe, qui s'apprête elle-même aux luttes pacifiques, que d'organiser plus largement dans nos écoles l'enseignement secondaire français, de fonder en outre, avec le concours de l'Etat et des villes, des colléges spéciaux. Nous devons même, pour compléter le système, instituer quelques écoles supérieures destinées à l'étude de tout ce qui enrichit les nations par la meilleure condition des produits, par la plus grande facilité des échanges et par l'entente la plus judicieuse de leurs relations... Les arts industriels et agricoles, voilà la force d'expansion matérielle de notre patrie ! »

Voilà, dirons-nous à notre tour, des pensées justes noblement exprimées ; honneur au ministre qui saura les faire passer du domaine de la spéculation dans le domaine des faits. « Nous croyons, a dit aussi M. Rouland, nous croyons avoir maintenant une idée exacte des vœux et des besoins de la nation. » A l'œuvre donc ! car le temps presse.

Dans la course rapide que nous avons fournie à travers cette toute petite partie de la grande exposition qui s'étale aux yeux des visiteurs dans cet immense palais de Kensington, nous avons dû plus d'une fois avouer notre infériorité vis-à-vis de l'Angleterre. Sous le rapport des connaissances techniques, de l'instruction agricole, nous nous trouvons encore en face d'une menace pénible. Sur tous les points du globe, l'enseignement de l'agriculture est organisé et se donne libéralement à tous ; faisons que, chez nous aussi, il pénètre dans les couches profondes de la population, à qui l'on n'a jusqu'ici rien appris de ce qu'elle a le plus besoin de savoir et de bien savoir, non-seulement dans son intérêt à elle, mais dans l'intérêt bien entendu de la société entière.

Restreinte aux étroites proportions que nous venons de dire, la classe 29 occupe nécessairement peu de place au palais de l'Exposition ; l'agriculture en tient une plus petite encore ; au moins se produit-elle avec honneur et brillamment.

Notre librairie agricole est riche, non d'argent français, puisque le défaut d'instruction spéciale ne lui a pas créé beaucoup d'acheteurs en France, mais de livres bien faits, de savants traités, de simples monographies très-complètes, d'œuvres considérables enfin, et par le nom des auteurs qui les ont signées et par le mérite réel intrinsèque qui les recommanderait quand même.

Tous ces ouvrages vont à l'étranger, qui leur fait bon accueil et qui en traduit bon nombre.

Pourtant, si le cultivateur lit peu chez nous, c'est qu'on ne lui a pas montré la nécessité d'apprendre, l'intérêt de savoir ; c'est que la pratique n'a pas encore compris tout ce qu'elle gagnerait au contact de la science. Quand la nuit est quelque part, un flambeau la dissipe. Point ne serait besoin d'organiser un enseignement spécial si l'ignorance n'était aussi générale, si la lumière éclatait partout vive et pénétrante.

La lumière est dans nos livres, mais à l'état de foyer comprimé. Le petit nombre seul les consulte, les médite et s'en éclaire. On cherche pourtant à les répandre ; les éditeurs, par intérêt ; le gouvernement pour obéir à la loi du progrès qui s'impose. Le ministre de l'instruction publique a commencé la formation de bibliothèques scolaires, et les livres élémentaires de l'agriculture y trouvent naturellement leur place. Ils se sont bien plus multipliés qu'on ne saurait le croire, et le ministre, qui ne s'y attendait peut-être pas, n'a eu vraiment que l'embarras du choix. Plusieurs de ces petits ouvrages, dans lesquels les préceptes les plus arides ont été mis à la portée des enfants, figurent à l'Exposition comme spécimens, comme échantillons de notre savoir-faire en ce genre; mais beaucoup d'autres, tout aussi méritants, tout aussi précieux, dirons-nous, car le mot n'est que juste, n'y étaient qu'en effigie, dans le catalogue des deux principales librairies agricoles et d'économie rurale de Paris, celle de la Maison Rustique et celle de Bouchard-Huzard.

Nos livres d'agriculture ont un cachet particulier; ils sont d'une digestion rapide, d'une assimilation facile. La science y revêt généralement une forme attrayante. Les mots barbares se cachent; les expressions vulgaires s'élèvent. Le style est clair et limpide, ample et simple tout à la fois. Les idées abondent, mais les explications sont courtes, saines et réfléchies. Ils sont écrits avec conscience et talent, imprimés avec soin. Quand on a fait leur connaissance, on s'y attache; on les aime et l'on y revient avec plaisir. Ils ne sont pas de ceux avec lesquels on chemine ennuyeusement ou qu'on abandonne par lassitude à mi-côte : on les reprend à loisir et on se complaît en leur compagnie.

Les écrivains agricoles de l'époque, les seuls dont nous puissions parler à propos de l'Exposition de 1862, ont tous eu pour maître, ont tous pris pour modèle Mathieu de Dombasle, l'agronome éminent, l'économiste rationnel et la plume brillante. Lues et relues, longuement méditées, ses œuvres ont donné le ton et créé, dans la littérature, une variété nouvelle qui a vigoureusement poussé, qui se distingue également par la forme et par le fond.

Les moyens d'enseignement ne manquent pas aujourd'hui, ni les hommes capables de professer sciemment la science agricole, — théorie saine et pratique éprouvée. Beaucoup ont fait leurs preuves, et nous en trouvons parmi les lauréats de Londres. Réagissant les uns sur les autres, ils ont permis de constater ce double fait, qui a bien aussi une double signification : les bons livres ont créé de bons cultivateurs, et, à leur tour, ceux-ci ont élaboré de bonnes œuvres qui ouvrent une ère nouvelle à notre agriculture. Vienne donc l'organisation annoncée et promise de l'enseignement professionnel, et l'instruction donnera sur tous les points à la fois les plus importants résultats.

En tête des bons livres dont nous parlons se place le *Journal d'agriculture pratique*, fondé il y a vingt-six ans par la *Librairie agricole*. Aucune publication de ce genre, après les *Annales de l'agriculture française*, n'est encore parvenu à ce grand âge, il s'en faut de beaucoup. Aucun n'a pris autant de développement et n'a été récompensé de ses efforts par un succès pareil. Depuis longtemps déjà il est arrivé à un chiffre d'abonnés tout à fait inconnu chez nous. C'est l'œuvre d'une direction habile et savante, d'une composition intelligente, d'une rédaction élevée, impartiale, consciencieuse. Il est devenu une puissance, et l'agriculture doit lui savoir gré de l'influence qu'il a conquise, car il ne l'emploie que pour la servir. Notre *Journal d'agriculture pratique* pénètre dans toutes les parties du monde, et y porte noblement aussi le drapeau de l'agriculture française. Nous n'avons pas été surpris de le trouver à l'Exposition universelle.

A côté se rangent, pour lui donner de la force tout en s'appuyant sur lui, des hommes d'un profond savoir et d'une très-grande valeur, les de Gasparin, les Boussingault, les Payen, les Léonce de Lavergne, les Moll, les Lecoulteux, toute une pléiade d'écrivains autorisés, de penseurs dont les écrits sont devenus européens. Il en est d'autres encore dont les premiers estiment fort les travaux, car presque tous brillent d'un vif éclat, qui dans une branche, qui dans une autre; les spécialistes ont leur utilité, et ne sont pas les moins appréciés. La bibliothèque qui les contiendrait tous aurait son prix, et l'exposition qui les offrirait à la curiosité intéressée d'un public *ad hoc* ne serait ni pauvre, ni abandonnée.

Mais tous ne sont point à Londres, et nous ne devons qu'une mention, au courant de la plume, à ceux que nous y avons rencontrés, comme par hasard, au milieu d'une foule compacte et serrée.

Et d'abord un *Manuel élémentaire et classique d'agriculture*, à l'usage des plus ignorants et des plus jeunes, petit livre couronné et fort répandu aujourd'hui, écrit avec une réelle élévation de pensée et d'expression qui saisit et qui charme; puis les *Principes d'agriculture française*, œuvre à grande envergure, qui a eu tout d'abord un succès mérité; et que beaucoup de sociétés savantes donnent à leurs lauréats agriculteurs.

Ces deux livres ont pour auteur M. L. Gossin, apôtre intelligent et dévoué, qui s'en va semant partout, dans le département de l'Oise, les germes féconds de la science, professeur plein de zèle et de talent au petit *Institut normal agricole* fondé à Beauvais par les frères des Écoles chrétiennes, où il a de savants collègues et des élèves d'élite.

Institut, professeurs, élèves, tous étaient représentés à Londres, et tous y ont été distingués, car trois médailles au moins leur ont été décernées. Leur collection variée de produits agricoles, céréales, légumes, plantes fourragères, peut rivaliser avec les plus riches, mais ce qui en rehausse le prix, ce sont les documents scientifiques qui l'accompagnent et qui résultent d'études approfondies et comparées. Tout ce qui est là a sa valeur déterminée, précise, soigneusement contrôlée, son degré de supériorité ou d'infériorité bien constaté par l'expérimentation, et porte avec soi une précieuse leçon de pratique. Un peu plus loin, c'est un autre professeur du même établissement, le frère Milhau, qui expose sa collection d'insectes, celle dont il se sert pour l'enseignement de l'entomologie appliquée, et qui montre, à côté de chaque ennemi de nos cultures ou de nos plantations, des échantillons des dégâts qui leur sont propres; puis les insectes utiles et une collection d'œufs des oiseaux préposés à la destruction de tous ces ravageurs, et enfin un savant et très-instructif mémoire sur les mœurs des uns et des autres. L'envoi du frère Milhau formait ainsi un beau pendant à l'envoi du frère Eugène-Marie. Tout cela devait avoir et a obtenu un succès très-légitime.

J'aperçois encore, et je veux le dire : 1° un herbier composé des plantes utiles et des plantes nuisibles à l'agriculture, travail commun aux instituteurs primaires du Loiret ; 2° le rapport présenté au Sénat par M. Bonjean, sur une pétition relative à la destruction des oiseaux utiles à l'agriculture. Ce rapport mériterait d'être mis en catéchisme et d'être distribué à profusion dans les écoles primaires.

Nous n'avons pas le projet de prolonger beaucoup cette revue, malgré tout le plaisir que nous y trouvons, mais qu'on nous permette de citer encore quelques livres au passage.

Voici le *Bon Fermier* de M. Barral, qui se trouvera bientôt entre les mains de tout cultivateur sachant lire. On l'a placé, avec les meilleurs, sur le premier rayon des bibliothèques scolaires, à côté de son excellent livre : *Drainage, Irrigations et Engrais liquides*.

La Botanique populaire de M. H. Lecoq, savant modeste, travailleur patient, chercheur infatigable, qui a pris à tâche de rendre agréable et facile une science utile à tous, mais que les naturalistes avaient peu à peu rendue inabordable en la hérissant de difficultés vraiment superflues.

La Culture de la vigne et la vinification, de M. le docteur Jules Guyot, chef-d'œuvre du genre et par sa science profonde et par l'élégance du style.

Le *Traité des constructions rurales*, de M. L. Bouchard-Huzard, l'ouvrage le mieux conçu, le plus étudié, le plus complet et le plus judicieusement raisonné que nous possédions ; guide intelligent et sûr qui exercera certainement une très-grande influence sur nos habitations rurales, si pauvres et si mal aménagées ; sur celles de nos animaux, partout si insuffisantes et si insalubres. Déjà connu, bien qu'il soit tout récent, ce livre important, enrichi de 750 figures dessinées par l'auteur, fera rapidement son chemin au profit de tous.

Enfin, un *Cours élémentaire d'agriculture*, par M. Victor Borie, le spirituel auteur de l'*Agriculture au coin du feu*, de l'*Année rustique*, des *Douze Mois*, d'autres productions encore qui ne vont pas seulement aux champs, mais qui pénètrent un peu partout, grâce à la tournure originale qu'il donne à sa phrase, et qui plaît en dépit du coup de férule qu'elle porte souvent ainsi et très-directement à son adresse. Son dernier petit livre, le premier que nous avons nommé, est certainement appelé à un grand succès. Il appartient, cela va de soi, à la série de ceux dont est formée avec un soin tout particulier, avec un choix très-sévère par la librairie agricole de la Maison Rustique, la *Bibliothèqu des écoles rurales*. Si riche que soit déjà celle-ci, elle n'en a pas de meilleur, d'une intelligence plus facile, d'une diction plus simple et d'une portée plus haute.

A TRAVERS CHAMPS

I

LES PUPILLES DE L'AGRICULTURE.

« Dieu nous a mis au cœur deux sentiments profonds : l'amour des enfants et l'amour des champs. Nous ne pouvons voir sourire un enfant sans nous sentir attirés vers lui par un élan spontané et sympathique ; nous ne pouvons le voir souffrir sans nous sentir émus, et sans aller à lui pour le consoler ou le secourir. Nous ne pouvons voir des vallées et des coteaux couverts de bois et de prairies, de riches cultures et de troupeaux bondissants, sans élever notre pensée vers Dieu et sans le bénir ; nous ne pouvons voir des landes et des terres incultes sans nous attrister, et sans chercher les causes de l'improductivité du sol, et les moyens de le fertiliser. »

C'est ainsi que commence une grande, une très-belle étude sur les enfants assistés, par M. le comte A. de Tourdonnet[1], sujet vaste, question ardue d'économie politique, à la solution de laquelle l'agriculture doit efficacement concourir pour une large part.

[1] 1 vol. in-8° de 575 pages, chez Brunet, libraire-éditeur.

Nous l'abordons, moins par nous-même que par les travaux des autres. Ce sera un moyen de les faire connaître, et une occasion d'attirer sur eux de salutaires méditations.

Les problèmes qu'ils soulèvent ne doivent point être abandonnés; il faut que la réflexion s'y attache, sans se détourner jamais, jusqu'au jour où la solution se fera.

§ A. — LES ENFANTS ASSISTÉS PAR LA CHARITÉ PUBLIQUE.

Les naissances illégitimes. — La religion du cœur. — La puissance paternelle. — Spiritualisme chrétien et matérialisme païen. — La joie du foyer. — Faiblesses et infirmités. — Fécondité civique. — L'opinion. — Les divers systèmes d'assistance. — Les abus. — Les *desiderata*. — Education physique et morale. — La vie agricole. — Education en commun. — Les colonies agricoles d'enfants trouvés.

M. le comte A. de Tourdonnet, naguère agriculteur distingué, a vu de près les misères sociales, et il y compatit de toute son âme. L'une des plus vives et des plus affligeantes découvre la plaie inévitable des naissances illégitimes.

Le nombre est grand des petites créatures que l'esprit de charité commande de sauver chaque jour de l'abandon et quelquefois du crime. En regard de la cruelle nécessité à laquelle est condamnée la société de se défendre contre les attentats des pervers, se pose, comme une compensation, la nécessité de recueillir les enfants trouvés, ceux qui se montrent parmi nous, suivant l'expression d'une sainte, « dans le dépouillement de père et de mère. »

La religion du cœur ne ferait jamais défaut à l'enfant abandonné. Celui-ci trouverait dix conditions pour une le jour où l'on ferait un appel direct en sa faveur. Alors ceux qui le peuvent d'accourir, de se presser et de tendre les bras au pauvre déshérité. Ceci n'est point une image, mais un fait; les preuves abondent. D'où qu'il vienne, l'enfant abandonné est recueilli, élevé; on en fait un adulte, si on n'en fait pas un homme.

Sont loin de nous les temps où la puissance paternelle était absolue, où elle donnait au chef de la famille droit de vie et de mort sur ses enfants, où l'infanticide et ses variantes, — l'avortement et l'exposition des nouveau-nés, — étaient de droit commun, consacrés par les mœurs et souvent prescrits par les lois comme mesures de préservation sociale. Nous appartenons, Dieu merci, à un autre monde, et la différence est profonde qui sépare le spiritualisme chrétien du matérialisme païen. « Dès son apparition, dit M. A. de Tourdonnet, le christianisme a creusé des abîmes entre l'ancien monde et le monde nouveau. Ce n'est point qu'il ait cherché à briser la puissance paternelle; à ses yeux, la famille, élément fondamental de la moralité humaine, est restée, comme autrefois, la base de l'ordre social. Mais, aussi enclin à modérer l'omnipotence des forts qu'à protéger la faiblesse des opprimés, et ne reconnaissant d'autre droit supérieur que la justice, cet attribut divin de l'humanité, le christianisme n'a pas hésité, dès l'aurore de ses prédications, à dénier le droit de vie et de mort que la loi aussi bien que les usages attribuaient au père de famille.

Ce n'est pas par la mort ou l'abandon que doit se manifester l'omnipotence paternelle, mais par la vie et l'éducation. L'enfant ne peut être pour l'homme, que Dieu a fait à son image, ni une marchandise, ni un embarras : il doit être, au contraire, la joie et le bonheur du foyer. Au père de famille incombe le devoir de la conservation, à la mère la sollicitude et les caresses : les enfants, ne l'oublions pas, relient les générations qui tombent aux générations futures; ils sont l'humanité tout entière avec ses grandeurs et ses abaissements, avec ses gloires et ses défaillances.

Telle est la doctrine du monde nouveau ; elle console des abus de pouvoir d'un autre temps ; elle a renouvelé et spiritualisé la famille.

Toute cette première partie du livre de M. de Tourdonnet est traitée avec une grande hauteur de vues, avec l'expression d'un sentiment exquis. On a dit qu'en écrivant il n'avait pas visé à l'éclat, mais au bien ; nous tenons l'éloge pour suffisant. Rien qu'à le lire, en effet, les bonnes pensées montent et les belles aspirations s'échappent et rayonnent. On s'échauffe à son contact ; on se sent plus près d'une bonne action. En donnant des notions saines et précises sur les devoirs, il fait aimer la vertu ; il la fait aimer et il l'inspire, car on garde en son cœur et sous les yeux la sublime parole de Jésus-Christ par laquelle commence son œuvre : « Laissez venir à moi les petits enfants, et ne les repoussez pas. »

Mais tout n'est pas pour le mieux ici-bas. L'humanité a ses faiblesses et ses infirmités. Beaucoup naissent en dehors du mariage ; parmi eux, le grand nombre doit tout attendre, non plus seulement de la charité privée, si étendue qu'elle soit, si ingénieuse qu'elle se montre, mais de la charité publique, c'est-à-dire de l'adoption administrative, maternité d'une autre sorte, moins tendre certainement et forcément aussi plus méthodique et plus compassée, car elle a ses règles toutes tracées et, pis que cela, un budget d'une élasticité toujours contestée.

De là des systèmes, oui, des systèmes d'économie publique et sociale, car on doit réprouver et combattre tout ce qui serait comme une trop grande facilité offerte ou laissée aux passions non contenues, au trop libre déréglement des mœurs. Que les filles ne puissent jamais oublier complétement qu'elles doivent avoir souci de leur vertu, et qu'il y a quelque péril aussi, à tout le moins péril d'honneur, à ce qu'elles s'abandonnent à toute prodigalité d'elles-mêmes pour se livrer sans frein à une sorte de fécondité animale et civique.

La société a bien le droit d'expérimenter à cet égard. Ses gouvernements expérimentent pour elle, sous son contrôle plus ou moins direct et plus ou moins efficace. En pareil cas, il faut bien le dire, l'opinion ne reste étrangère à rien de ce qui se fait ou de ce qu'on projette ; elle s'enquiert, elle voit, elle discute et s'impose plus ou moins. Les grandes mesures deviennent ainsi bien plus l'œuvre de tous que celle de quelques-uns ou de ceux qui en ont ensuite la responsabilité. On peut bien croire que, dans la mesure de ses lumières, chacun y apporte tout son bon vouloir, le désir très-affermi de bien faire et l'amour du bien.

Quoi qu'il en soit, divers systèmes d'assistance des enfants trouvés ont fonctionné tour à tour d'une manière plus ou moins heureuse. Aucun n'a été exempt de reproche ; tous peut-être ont eu, à un égal degré, et leurs avantages et leurs inconvénients. Mais on s'est attaché dans tous les temps à atténuer la somme des derniers au profit des autres. Ceci a ouvert un vaste chapitre, le chapitre des réformes. Beaucoup d'abus ont existé, et la critique a dû les signaler ; c'était un devoir, devoir très-diversement rempli, tantôt avec impartialité et modération, tantôt avec plus de vivacité et d'amertume, dans tous les cas avec une réelle utilité. Par suite, beaucoup des abus constatés ont été détruits ; souvent aussi d'autres ont immédiatement poussé à la place. C'est encore une infirmité humaine, il faut la subir dans les moindres limites possibles, mais, quoi qu'on fasse, on n'en guérira jamais entièrement. Il en est résulté une législation assez compliquée, de très-nombreux règlements qui s'enchevêtrent, des dispositions plus ou moins bien étudiées, plus ou moins complètes, mais toujours progressives en fin de compte : le blâme qui s'est attaché aux plus importantes aurait sans doute été fort atténué, si la mise en pratique avait été sur tous les points au niveau des intentions qui les avaient dictées.

Est-ce à dire qu'il ne reste pas beaucoup d'améliorations à introduire dans le régime des enfants assistés? Assurément non, et ce n'est pas l'avis de M. de Tourdonnet; car, à la suite de l'examen de la législation, il a tracé un aperçu lumineux, très-bien fait, des réformes accomplies et de celles qui sont encore offertes aux méditations administratives comme d'impérieux *desiderata*. Mais le point essentiel que s'est proposé l'auteur, à côté de cette patiente et consciencieuse recherche, c'est l'étude contradictoire des principes qui doivent présider, dans l'intérêt actuel du pays et des enfants, à l'éducation des pupilles de l'Etat.

M. le comte de Tourdonnet, est-il besoin de le dire? veut que cette éducation soit morale, religieuse, intellectuelle et physique, comme pour toutes les catégories d'enfants, mais il demande qu'elle soit surtout agricole.

« L'Etat doit à l'enfant trouvé et abandonné, dit-il, l'éducation physique et morale, et il a par devers lui tous les droits, c'est-à-dire tous les pouvoirs, toutes les facultés, toutes les réserves, qui sont compatibles avec les lois générales qui nous régissent. L'Etat peut donc et doit donc choisir et adopter, parmi tous les systèmes d'éducation, celui qui offre tout à la fois et dans la plus haute mesure : avantage pour le bien-être des enfants et garantie pour leur avenir, sécurité pour l'ordre social et profit pour l'économie publique. La conclusion est marquée : c'est vers les champs qu'il doit diriger les enfants trouvés et abandonnés, c'est au travail de la terre, à la vie agricole qu'il doit accoutumer et préparer les jeunes populations que le législateur a mises à son entière disposition. »

Voilà, dira-t-on, qui est bien absolu, bien exclusif. Pas autant, toutefois, que cela peut paraître de prime abord. Prise dans son ensemble et dans un sens élevé, la vie agricole ne se réduit pas seulement au travail de la terre ; elle embrasse en même temps toutes les branches de l'industrie qui ont rapport aux cultures ou à la prospérité des exploitations agricoles. C'est un vaste champ ouvert à l'intelligence et à l'activité humaine, le plus vaste de tous même, disons-le très-nettement, car la plupart des industries urbaines se compliquent de toutes les branches de l'économie rurale.

Au surplus, l'administration est bien près d'entrer dans ces eaux-là; elle prescrit de livrer — aussi jeune que possible — l'enfant recueilli par l'hospice à la vie des champs ; c'est un premier pas. M. de Tourdonnet veut plus et demande davantage. Il veut qu'à côté, et en dehors de la famille, qui reste toujours comme le premier besoin de l'enfant abandonné, l'éducation en commun lui soit donnée « dans des institutions spéciales, approuvées et subventionnées par l'Etat. » Ceci lui « apparaît comme une mesure de salut, comme un devoir gouvernemental. »

Le vent ne semble pas précisément tourner de ce côté pour le moment, et la solution paraîtra un peu radicale à bien des gens. Toutefois, l'auteur n'a encore donné que ses prémisses. S'il dit carrément où il veut en venir, il n'a pu développer dans ce premier volume, qui n'est qu'une entrée en matière, les raisons puissantes et peut-être péremptoires sur lesquelles il va étayer son projet de création de « *Colonies agricoles d'éducation.* » Nous le voyons seulement faire cette déclaration très-nette, très-précise : Réformez, améliorez, tant qu'il vous plaira, le régime actuel des enfants trouvés et abandonnés, vous obtiendrez de bons résultats partiels sous le rapport de l'économie publique et sous le rapport administratif, mais vous ne ferez rien de complet ni de satisfaisant tant que vous ne prescrirez pas « la création de maisons communes d'éducation, placées dans les champs, soit à titre de complément du système légal, soit à titre de stimulant des éducations isolées. »

La question est posée ; elle mérite d'être étudiée en compagnie de l'esprit éminent qui a dicté ce livre : nous y reviendrons bientôt à propos de la publication du second volume, qu'on nous annonce au moment même où nous achevons ce rapide examen du premier.

§ B. — LES ENFANTS COMMUNAUX.

Goutte à goutte. — Droit de vie et de mort. — La loi. — Idées et sentiments. — Julien Paulus. — Athénagoras et Marc Aurèle. — L'assistance publique. — Les enfants illégitimes dans les villes et dans les campagnes. — Les bureaux de bienfaisance. — Les enfants de troupe. — Les pupilles de la commune. — Une adoption honorable. — L'agriculture, nourricière des âmes. — Heureuse innovation. — La mendicité éteinte. — Des chiffres éloquents. — Les sauvageons. — Enfants communaux et secours temporaires. — Une armée qui se recrute.

Le bien ne s'inocule que goutte à goutte dans les veines des générations qui se suivent. Les plus pressés se récrient, s'impatientent et se révoltent contre la lenteur avec laquelle il s'étend; c'est peine perdue, ni les plaintes, ni les regrets n'y peuvent rien et ne le font avancer plus vite. Les subites améliorations résistent rarement à l'épreuve du temps. Le progrès n'est durable qu'après s'être fait beaucoup attendre, qu'après avoir été longuement mûri par l'expérience, que lorsqu'il est sorti, plein de séve et de vigueur, de l'état général des esprits, des mœurs, voulions-nous dire. Parmi les lois sans nombre qui voient le jour, celles-là seulement survivent qui, de tâtonnements en tâtonnements, sont parvenues à se mettre d'accord avec le sentiment public répondant aux besoins de tous.

Au temps où nous sommes, nul ne voudrait certainement aliéner la plus petite parcelle de la puissance du père sur ses enfants, mais nul ne voudrait non plus la voir s'étendre au même degré que par le passé ; nul ne consentirait à inscrire dans une loi quelconque le droit absolu de vie et de mort, c'est-à-dire l'infanticide et ses variantes, consacrés dans l'antiquité par les mœurs et prescrit par les lois comme mesures de préservation sociale.

L'horreur que la révélation seule de pareils faits soulève est un immense progrès, une immense conquête sur la conscience publique. C'est la conséquence naturelle de ce que nous écrivions en commençant : Le bien s'inocule goutte à goutte dans les veines des générations qui se succèdent.

De cette prescription du crime à la condition actuelle, il y a loin. Mais combien de générations ont passé avant que les dernières en soient arrivées à rendre l'abandon des enfants et moins acerbe et moins cruel ! La loi défend sous les peines les plus sévères, elle poursuit, elle punit l'infanticide, et, d'accord avec la loi, qui a sagement restreint l'omnipotence paternelle, nous regardons comme meurtrier, non-seulement celui qui étouffe son enfant dans le sein qui l'a conçu, mais aussi celui qui le rejette et qui lui refuse des aliments; nous tenons de même pour homicides les femmes dénaturées qui agissent comme le meurtrier dont nous venons de parler.

Ces idées et ces sentiments ne sont pas précisément d'hier; ils sont un ancien et précieux héritage, soigneusement recueilli, pieusement conservé d'âge en âge, sans que rien puisse désormais l'affaiblir. Cependant, à leur point de départ, idées et sentiments se sont produits avec plus d'épanouissement encore. A la fin du deuxième siècle, un jurisconsulte fameux, Julien Paulus, l'un des conseillers de Septime-Sévère et de Caracalla, tenait pour tout aussi criminel celui qui, exposant son enfant dans un lieu public, faisait appel à une pitié que lui-même n'avait pas eue; et cinquante ans plus tôt, un philosophe chrétien, Athénagoras, disait à Marc-Aurèle : « C'est tuer un enfant que de l'exposer. »

Beaucoup parmi nous, avec trop de fondement, hélas ! car ils s'appuieraient tout simplement sur les tables de la mortalité des enfants trouvés, peuvent penser et parler comme ces deux grandes voix, comme ces deux grands cœurs des premiers siècles de notre ère, mais ce n'est pas toujours aisé que de prévenir le crime, que d'empêcher ou un père ou une mère de commettre un infanticide. Tous les efforts ont échoué jusqu'ici, et l'abandon, malgré ses conséquences, a survécu. On lui a opposé l'assistance publique. C'est un remède vaille que vaille ; il préserve le nouveau-né dans des limites très-étroites, sans pouvoir rien contre le mal qui le donne à la société. C'est le mal qu'il faut combattre afin de l'atténuer.

Laissons l'assistance publique poursuivre son œuvre d'actualité, mais essayons de réduire peu à peu celle-ci aux plus strictes proportions. Aussi bien n'est-ce pas l'œuvre de l'assistance qu'il s'agit d'enrayer, c'est l'abandon des enfants qu'il faut s'efforcer de déraciner. La question est-elle mûre? je n'en sais rien ; mais il n'est jamais trop tôt de l'étudier, car la solution suivra et ne précédera pas l'examen.

Donc examinons, dût notre voix demeurer sans écho et se perdre dans l'espace ; examinons après avoir ainsi résumé les faits antérieurs : l'infanticide, signe distinctif de la rudesse des mœurs, a été la plaie dominante dans les temps les plus reculés ; l'avortement, présentant dans les idées un acte atténuatif, a été la plaie de la civilisation de la Rome impériale ; enfin l'exposition, qui offre plus de chances de salut, est devenue le mode d'abandon le plus usité. Nous en sommes encore à l'abandon ; mais le temps n'est pas éloigné, semble-t-il, où la civilisation pourra faire un nouveau pas en avant et ajoutera un nouveau progrès à la gradation historique que les faits mettent en lumière.

Les villes ont des refuges pour les 70,000 enfants qui naissent chaque année en dehors du mariage. C'est là que vont d'abord, pour la plupart, les 20,000 enfants illégitimes qui naissent dans les campagnes, au milieu des champs, au sein de l'agriculture. Pourquoi ne pas les retenir tous au domicile de la mère? Serait-il donc impossible que chaque commune pourvût aux frais d'élève et d'entretien de ceux qui lui appartiennent par droit de naissance, et qu'elle en fît de bons ouvriers ruraux?

Ce n'est pas la question d'argent qui pourrait retenir aujourd'hui. Les enfants assistés coûtent 140 francs l'un et par an dans les Ardennes, par exemple. Quand on les réunit administrativement, quand on centralise tout ce qui les concerne, il faut leur voter tout un budget qui atteint le chiffre de 49,600 francs. C'est alors une grosse affaire..., mais les enfants trouvés, ceux que l'abandon met à la charge de la société, ne sont pas tellement nombreux, que la nécessité de pourvoir à leurs besoins doive constituer pour les habitants d'une commune un fardeau excessif. On établit un peu partout des bureaux de bienfaisance ; voilà une précieuse institution à faire pénétrer jusque dans le plus petit village et dans les attributions de laquelle rentre naturellement la surveillance bien facile du ou des pupilles de l'endroit quand ils restent confiés aux soins, à la tendresse maternels ; à défaut d'une organisation en règle cependant, il y a le curé, il y a les sœurs, il y a les femmes des principaux propriétaires, qui se réuniraient volontiers au premier appel pour en tenir lieu, pour recueillir les dons et les petites cotisations nécessaires à l'enfant assisté et non plus abandonné. Chaque régiment, en France, a ses pauvres dans la saison rigoureuse, et ce ne sont pas les plus malheureux au moins ; quel exemple ! Il y a aussi des enfants de troupe ; pourquoi donc n'y aurait-il pas des enfants communaux ?

Remarquez bien ceci, je vous prie, et pesez ce que cela vaut : la mère demeure chargée, moyennant indemnité, moyennant secours suffisants, de l'allaitement et de la première enfance. Sous les auspices de l'association communale, nous la voyons se reprendre à l'honnêteté, car loin de la repousser ou de lui jeter l'opprobre, on lui donne les moyens de se relever à ses propres yeux ; l'enfant qu'elle caresse et qu'elle aime ne la quittera pas, et, grandissant, il n'aura point à rougir, réhabilité qu'il est d'avance par le bénéfice de l'intérêt qui l'entoure et qui le protége. La commune se substituant au père et à la mère, il n'y a plus d'abandon immérité, lâche et cruel, mais une adoption honorable, qui réussira presque toujours à faire un homme utile, un ouvrier capable, un bon cultivateur, car dès l'âge de douze ans il aura été professionnellement dressé à gagner son pain de chaque jour.

Nous parlions d'enfants de troupe il n'y a qu'un instant. Savez-vous quelle généreuse et noble émulation règne entre les régiments pour montrer les mieux venants et les plus capables ? La même rivalité se manifesterait, croyez-le bien, entre communes limitrophes, et ce serait bientôt à qui élèverait le mieux ses pupilles, à qui en tirerait les meilleurs hommes. L'agriculture, qui déjà fait beaucoup pour la régularité de la vie par l'éloignement où elle tient son personnel des agglomérations urbaines, l'agriculture est appelée à étendre de plus en plus la sphère de sa bienfaisante influence. On peut la dire nourricière des âmes aussi bien que des corps : aux unes elle doit donner les mâles vertus, comme aux autres le pain et le vin.

L'association communale ferait des ouvriers ruraux comme les régiments font des soldats ; elle les élèverait exclusivement en vue de l'agriculture, qui a des travaux pour toutes les aptitudes, nous allions dire pour toutes les vocations.

Nous n'avons ni l'intention ni la prétention de tout dire ; nous savons quelles objections on peut opposer à ce nouveau mode, à cette nouvelle forme de l'assistance ; nous savons encore mieux les arguments péremptoires à l'aide desquels on les renverserait ; mais quels risques y aurait-il pour quelques communes à tenter, le cas échéant, une pareille innovation? Ce que nous demandons pour l'enfance abandonnée a été pratiqué avec plein succès contre la mendicité, et nous connaissons telle commune, comptant à peine six cents habitants, qui s'impose facultativement, par voie de cotisations, la somme nécessaire à l'existence de tous ses invalides. Elle a, en certaines années, dépensé de la sorte jusqu'à 700 francs ; mais, ne laissant mendier au dehors aucun des siens, elle n'accueillait aucun vagabond étranger. Elle soulage tous ses nécessiteux, et chaque année, pour ainsi dire, elle en voit diminuer le nombre : c'est la récompense des premiers sacrifices qu'elle a eu le courage de s'imposer. Beaucoup l'ont imitée et sont en marche vers un résultat pareil.

Telle qu'elle est usitée, l'assistance des enfants trouvés n'est pas nouvelle. La statistique ne dit pas qu'elle provoque aucune atténuation du mal ; elle accuse, au contraire, une aggravation constante due à l'extension du nombre et à la mortalité toujours croissante parmi les pauvres abandonnés ; elle dit officiellement ceci, nous le répétons avec peine : des nouveau-nés déposés aux hospices d'enfants trouvés, un tiers meurt dans la première semaine, et des survivants un autre tiers succombe dans la première année. Après cinq ans, il en survit en moyenne seize pour cent. Parmi les enfants élevés par leurs parents, au bout de dix ans il en reste encore moitié.

Ces chiffres ont une douloureuse éloquence ; ils crient.

Il faut que l'égalité revienne entre les proportions de la mortalité chiffrée dans les deux classes. Elle se ferait vite, sans aucun doute, parmi les enfants communaux, qui ne sont pas, comme la plupart des enfants illégitimes qui naissent dans les villes, le résultat des plus ténébreux hasards, mais presque toujours les conséquences de la pleine jeunesse et d'un mutuel attrait.

Si les enfants abandonnés par les filles des campagnes succombent si vite sous les coups du mode actuel, c'est que la mère, pour tenir cachée aussi longtemps que possible la preuve de sa chute, a gêné autant qu'elle a pu le développement de son fruit, qu'elle a beaucoup souffert avant d'arriver au dénoûment, et qu'enfin elle jette à l'hospice l'enfant qu'elle ne peut garder.

Il n'en serait plus ainsi pour l'enfant communal laissé à sa mère, mais adopté par la commune ; il se développerait à la façon des sauvageons rustiques dont se composent nos populations rurales.

Et que l'on ne confonde pas le système des enfants communaux, dont nous ne disons que le premier mot, avec le mode administratif qui accorde des secours temporaires et discrets, à domicile, aux mères qui, au lieu d'abandonner leurs enfants, consentent à les garder et à les nourrir. C'est parmi ceux-là que se recrutent les vagabonds de tous les âges et de tous les étages. L'enfant communal reçoit les soins de sa mère et appartient à la commune, qui ne l'abandonne pas, qui veille sur lui comme pourrait le faire la famille qui comprend et remplit le mieux tous ses devoirs.

Un dernier mot sur l'importance du contingent qui pourrait être fourni à la population ouvrière des campagnes par ce recrutement charitable. Le chiffre que nous allons écrire n'est point à dédaigner par le temps de dépopulation qui court.

Empruntant les nombres au relevé des registres de l'état civil, la statistique fixe à 20,000 naissances illégitimes la part contributive des campagnes dans la totalité des enfants qui naissent chaque année en dehors du mariage. En dix ans, c'est une armée de 200,000 ouvriers et ouvrières du sol. Voilà qui commence à compter.

II

LES VIVANTS ET LES MORTS.

C'est en honorant les hommes qui lui sont ou qui lui ont été utiles que l'agriculture attirera à elle les grands dévouements, l'affection, l'estime de tous. C'est par ce côté surtout qu'elle peut devenir le premier instrument de sa propre grandeur. Elle a besoin de tous les concours, et ceux-là qui savent lui rendre des services ne sont pas les moins méritants parmi tous ceux qui s'agitent en ce monde pendant les rapides années qu'il nous est donné d'y rester.

Jusque dans ces derniers temps, les illustrations de l'agriculture, plus nombreuses qu'on ne croit, que ne le croit l'agriculture elle-même, qui ne les connaît seulement pas, ont été bien ignorées, singulièrement délaissées, bien peu honorées. Beaucoup cependant ont fait le bien pour le mal, sans arrière-pensée, sans songer à une récompense, sans s'arrêter jamais à l'idée qu'on pourrait leur garder un souvenir.

C'est triste, non pour ceux qui ne sont plus, mais pour la société, qu'un tel fait accuse bien haut.

Il n'y a pas longtemps que les distinctions du pouvoir ont commencé de s'attacher, dans une certaine mesure, aux agriculteurs émérites, aux savants qui ont souci des besoins de l'agriculture, aux hommes de labeur qui usent leur vie à chercher ou à propager le progrès. La justice enfin venue a réagi sur les esprits et, par suite, d'immenses efforts tendent sur tous les points à élever la puissance agricole du pays, c'est-à-dire ses forces propres, sa plus grande richesse.

Olivier de Serres, le père de l'agriculture française, a attendu pendant des siècles qu'on lui érigeât une statue. Il y a quelques années à peine que Parmentier, celui-là même qui nous a donné la pomme de terre, a obtenu le même témoignage de gratitude. Nancy n'a pas permis qu'on oubliât aussi longtemps Mathieu de Dombasle et, grâce à Libourne, sa ville natale, le duc Decazes ne périra pas tout entier pour nos fils. « En Angleterre, remarque douloureusement M. L. de Lavergne, si un pareil homme vient à manquer, le deuil est immense, universel. Chez nous, les plus grands services s'oublient en un jour, et la mort, qui vient pourtant si vite, n'arrive qu'après l'indifférence, cette mort anticipée des hommes publics. Le pressentiment de M. le duc Decazes ne l'a pas trompé ; sa mémoire n'aurait reçu qu'à Libourne un hommage public, si la Société centrale d'agriculture n'existait pas..... sans doute, dans son séjour inconnu, cette belle âme, dont aucun sentiment amer n'approcha jamais, se console par le souvenir du bien qu'elle a fait, du silence qui a suivi tant de bruit, d'éclat et de puissance. »

S'il en est ainsi pour les hommes qui se sont le plus distingués, pour ceux qui ont vécu dans les sphères les plus hautes, qu'en est-il donc de la reconnaissance des contemporains pour les existences modestes qui ont tout fait pour n'éveiller aucun bruit autour d'elles ?

On ne peut pas élever des statues à tous les hommes utiles, mais il ne serait pas malaisé de trouver un moyen d'honorer leur mémoire et de sauver leur nom de l'oubli. La mort fauche dru parmi les intelligences d'élite et parmi les plus ardents initiateurs du progrès agricole; les survivants leur doivent hommage.

Au nombre de ceux qui ont disparu cette année, nous trouvons des noms entourés de la considération de tous. Biot, Pommier, Vilmorin père, Bazin, Elizée Lefèvre étaient des hommes de haute valeur à divers titres. Mais la liste n'est pas complète, elle contient encore un nom, le plus illustre parmi ceux de l'agriculture, celui du comte de Gasparin. En apprenant sa mort, les agriculteurs ont senti qu'ils perdaient un maître.

Tout aussitôt la pensée est venue à quelques-uns de proposer à tous d'élever à sa mémoire un monument digne de l'agriculture française, heureuse initiative, bientôt comprise et vivement applaudie.

Ouverte à la fois dans les bureaux du *Journal d'agriculture pratique* et de l'*Echo agricole*, la souscription enregistre chaque jour les noms des plus grands et des plus petits se donnant noblement la main pour affirmer, comme l'a fort bien dit M. Barral, la puissance de l'agriculture en montrant qu'elle saura désormais honorer ses chefs.

C'est un fait nouveau dans son histoire, mais il formera précédent, il deviendra bien vite une tradition. La France a toujours été le pays des grands cœurs, la terre promise des idées généreuses. Celles-ci parfois sommeillent; une fois éveillées, elles sont acquises et restent fécondes.

A l'heure présente (novembre 1862), la souscription est en pleine activité. Les listes s'emplissent et le total s'arrondit. Les offres sont nécessairement d'importance très-variable; les plus petites, celles qui nous touchent le plus, seront les plus nombreuses. Or, le nombre est ici chose essentielle. Le ministère de l'agriculture a envoyé mille francs ; c'est le plus gros chiffre ; le moindre descend modestement à vingt-cinq centimes.

Les élèves des écoles régionales, ceux des fermes-écoles, les comices et les sociétés d'agriculture se cotisent pour que tout ceci revête bien le caractère d'une démonstration significative. Il en résulte une sorte d'entraînement bien inusité chez nous. M. Dupin aîné, lui-même, a cru devoir en cette circonstance se mêler à la foule ; il a donné une pistole.....

Après les morts, les vivants.

L'agriculture avait préludé à ce grand témoignage de gratitude envers le comte de Gasparin en entourant de marques éclatantes d'affectueuse sympathie l'homme qui, dans une branche toute spéciale, lui a donné le plus de richesse.

Les distilleries annexées à la ferme ont été et restent une source très-importante de profits et de progrès pour une grande partie de la France.

Parmi les systèmes de distillation qui ont surgi, celui de M. Champonnois a particulièrement conquis la faveur de nos praticiens et de ceux de la Belgique.

En février dernier, deux cents adeptes se sont réunis pour offrir à l'habile inventeur un somptueux banquet.

Qui dit banquet ne dit pas seulement festin, mais discours ou toasts de circonstance qui donnent à ce meeting en miniature sa signification précise.

La réunion était présidée par le doyen des distillateurs agricoles, par l'honorable M. Bazin, dont nous avons dû inscrire le nom dans l'obituaire de l'année. Elle comptait dans ses rangs, cela va de soi, M. Pommier, mort, lui aussi. On sait que M. Pommier s'était constitué le plus vif champion du système.

20.

Les discours prononcés ont été particulièrement remarquables par l'élévation de la pensée et par la chaleur de l'expression.

M. Champonnois a reçu là une magnifique ovation bien méritée. Les services qu'il a rendus sont immenses, mais il vient d'en toucher le prix, celui de la reconnaissance publique.

M. Joigneaux, écrivain agricole plein de verve et de bon sens, avait facilement gagné, durant les dures années de l'exil, l'estime et l'affection des cultivateurs des Ardennes belges au milieu desquels il s'était fixé.

L'utilité est de tous les temps et de tous les lieux. Celle que M. Joigneaux portait en lui a semé des germes féconds sur la terre étrangère.

A sa rentrée en France, ceux de qui il venait de s'éloigner voulurent lui remettre un souvenir de gratitude, souvenir simple, bon et primitif, mais en cela même extrêmement précieux.

Ce sont de petits cultivateurs qui ont eu la pensée de l'offrande et ils l'ont traduite avec le cœur en apportant à un ami, à l'obligeant conseil dont on se séparait, un encrier en argent.

Pour qui est donc le plus grand honneur ici? Il y a sur ce point, croyons-nous, égalité parfaite entre ceux qui ont donné et celui qui a reçu.

L'oïdium a été, cette année, l'occasion d'une manifestation non moins significative et plus éclatante. La Corrèze en a été le théâtre, et M. le comte de La Vergne le héros.

Mais la chose a été déjà racontée par le *Journal d'agriculture pratique,* auquel nous en empruntons le récit :

« Il est triste d'avoir à compter encore avec l'oïdium. Tout a été dit sur ce fléau, auquel la science a si heureusement trouvé un remède sûr, infaillible. Aujourd'hui le mal est bien moins dans la maladie de la vigne que dans la négligence, l'apathie ou l'ignorance du vigneron.

«Certes, la vigne n'est pas belle à voir quand l'oïdium l'a envahie et tandis qu'il la travaille, mais la vue d'une vigne oïdiée est encore plus affreuse après la vendange et attriste alors plus qu'on ne saurait dire. Le vigneron n'a rien trouvé de bon à prendre; il a tout laissé sur les ceps dont l'aspect est repoussant; il s'est retiré le cœur navré. A deux ou trois semaines de là, si le hasard le ramène, il est plus affligé encore du hideux spectacle que lui met sous les yeux la vigne ayant conservé toutes ses grappes, mais quelles grappes! La comparaison devient plus douloureuse en présence des vignes qui ont donné leur fruit et qui, toutes dépouillées qu'elles sont, offrent déjà l'espérance d'une autre récolte.

«En mai dernier, deux cantons viticoles du département de la Corrèze, ceux de Beaulieu et de Mercœur, ravagés depuis onze ans par l'oïdium, s'adressaient à M. le ministre de l'agriculture et du commerce, comme ils l'eussent fait en cas d'épizootie désastreuse. Onze récoltes perdues ou à peu près, cela équivaut bien à une grande mortalité de bétail. Une plainte si légitime fut entendue. M. Rouher pria M. le comte de La Vergne, que tous nos lecteurs connaissent, de se rendre au milieu des viticulteurs désolés, et qui malgré le fléau n'avaient pas voulu croire à l'efficacité de l'emploi du soufre. Prompt au dévouement, l'habile viticulteur se rendit sur les lieux; il fut reçu par le comice agricole dont les membres, après mille questions, voulurent voir opérer le praticien expérimenté, et n'écoutèrent qu'avec doute l'exposé des théories. On s'était créé tout un monde de difficultés qui s'évanouissent comme par enchantement. Les ignorants de tout à l'heure en savent maintenant presque autant que le maître. La maladie est connue, le soufrage n'effraye plus personne. Du soufre dans un soufflet, c'est bien simple. Chacun s'essaye à en jeter sur les grappes, dessus et dessous les feuilles; tous les points oïdiés se couvrent; aucune des prescriptions utiles à l'opération n'est omise. Le professeur est là qui indique toutes les précautions à prendre, qui enseigne la manœuvre à ces recrues d'un nouveau genre, qui ne laisse aucune objection sans réponse et qui explique tout ce qui n'a pas été complétement compris au premier mot.

« Aussi, la conférence terminée, la leçon pratique achevée, on est tout surpris de se sentir expert à son tour, capable aussi d'enseigner à d'autres. On félicite et l'on acclame au départ, comme un sauveur, l'homme de cœur qui a si vite et si pleinement rempli une mission toute gratuite.

« Rentré à Bordeaux, M. de La Vergne se dit qu'il ne devait pas faire les choses à demi, et le voilà, lui qui a horreur de la plume, le voilà qui rédige pour les moniteurs du soufrage dans la Corrèze une instruction claire et succincte, bien vite imprimée et distribuée à ses frais.

« Tous ces efforts ont été couronnés d'un éclatant succès; l'oïdium a été poursuivi, atteint, combattu à outrance dans les cantons de Beaulieu et de Mercœur, et la vendange oubliée y est revenue cette année, à la satisfaction de tous. Nous voudrions bien que cette leçon ne fût pas perdue, et que ceux-là qui laissent périr le raisin sur les treilles ou dans les vignes se rappelassent ce qui s'est passé dans la Corrèze en 1862.

« Ce n'est pas tout cependant. Désireux de consacrer les succès obtenus par le soufrage, le comice agricole de Beaulieu résolut de faire porter sur ce point capital le grand intérêt de sa réunion publique de cette année, et dans une délibération très-longuement motivée, s'associant aux remercîments déjà envoyés par le conseil général, il accorda une médaille d'or extraordinaire au sauveur de la vigne. Nous aimons à voir se produire ces témoignages de reconnaissance en faveur des hommes utiles à l'agriculture. Ici, rien n'a manqué, tout s'est fait avec bonne grâce et chaleureux enthousiasme. On avait prié M. de La Vergne d'assister à la fête du comice ; il y est venu en apportant deux médailles d'argent que la Société d'agriculture de la Gironde l'avait chargé de remettre aux deux propriétaires qui, ayant exécuté le soufrage dans les meilleures conditions, ont obtenu les résultats les plus authentiquement satisfaisants. Le comice resta chargé de désigner les ayants droit. Ils étaient assez nombreux pour qu'on crût devoir ajouter cinq mentions très-honorables à ce brillant concours.

« Partout, en pareille occurrence, on pense aux aides agricoles, aux serviteurs intelligents qui montrent le plus de zèle à seconder les maîtres. M. de La Vergne ne l'a pas oublié, et, de ses deniers, il a pu faire remettre par le comice agricole, en séance solennelle, dix prix de 10 francs chacun et sept autres de 5 francs aux ouvriers vignerons qui ont montré le plus d'habileté dans le soufrage de la vigne.

« Nous regrettons que le défaut d'espace ne nous permette pas de reproduire la délibération dont nous avons parlé plus haut ; mais nous avons plaisir à extraire le passage suivant du discours prononcé par M. Camille Planchard, président du comice agricole de Beaulieu :

« Je m'estime très-heureux et très-honoré, messieurs, d'être aujourd'hui le bien sympathique, quoique trop insuffisant interprète de la reconnaissance du canton de

Beaulieu tout entier pour M. le comte de La Vergne; de lui offrir, au milieu de l'immense concours de ses obligés, qui se pressent autour de lui, le témoignage de vive et profonde gratitude que le comice lui a décerné, et de lui répéter ces mots moins profondément gravés sur le métal de la médaille qu'ils ne le sont dans le cœur de nous tous :

« *A M. le comte de La Vergne le comice agricole de « Beaulieu reconnaissant.* »

On l'a dit, mais on ne saurait trop le redire : dans un état de civilisation avancée, l'agriculture est la plus féconde, la plus utile et la plus patriotique des industries. En honorant ceux qui l'aiment et ceux qui s'y dévouent, on assure sa prospérité, c'est-à-dire l'honneur et la force des nations.

FIN.

Paris. — Typographie Hennuyer, rue du Boulevard, 7.

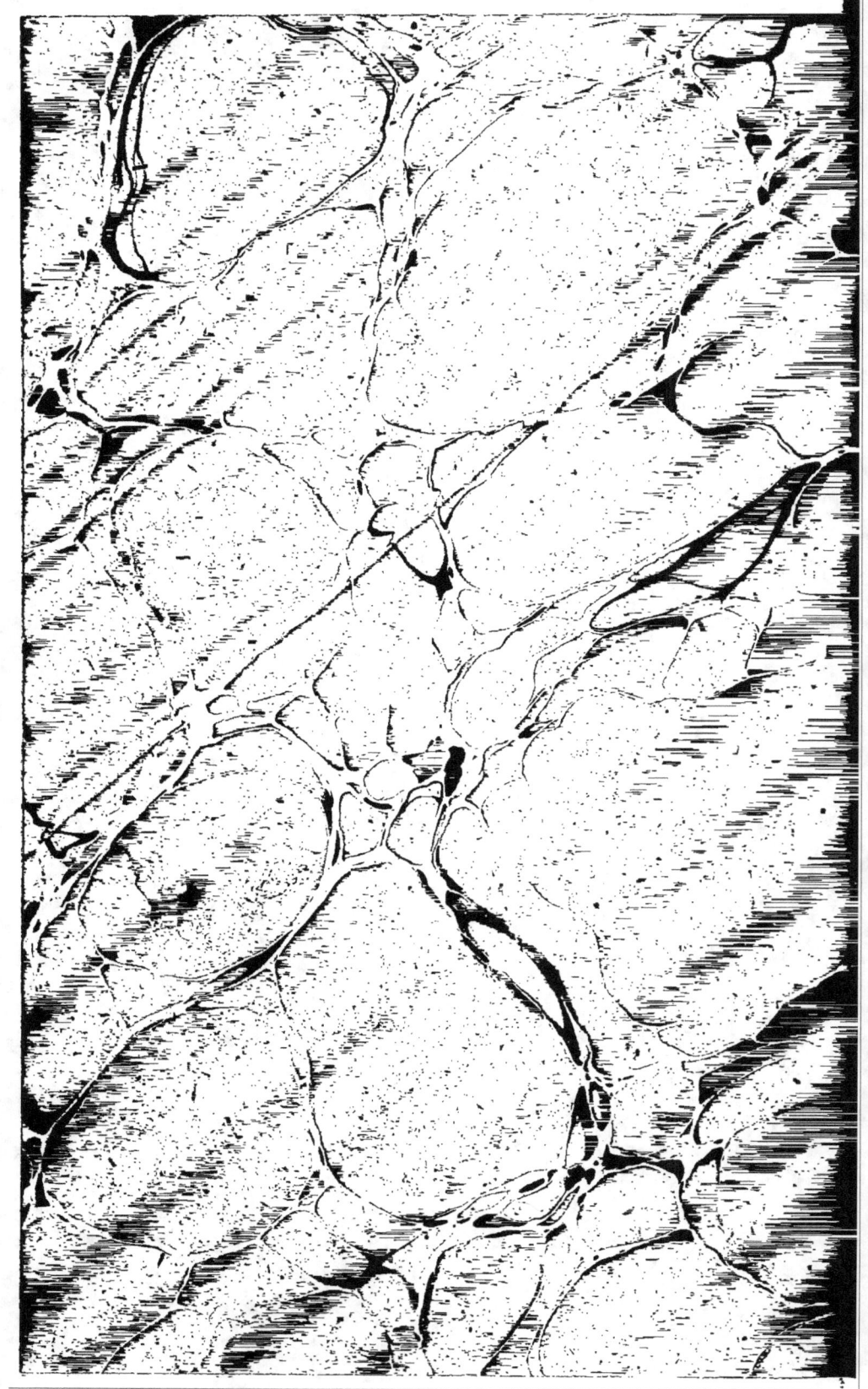

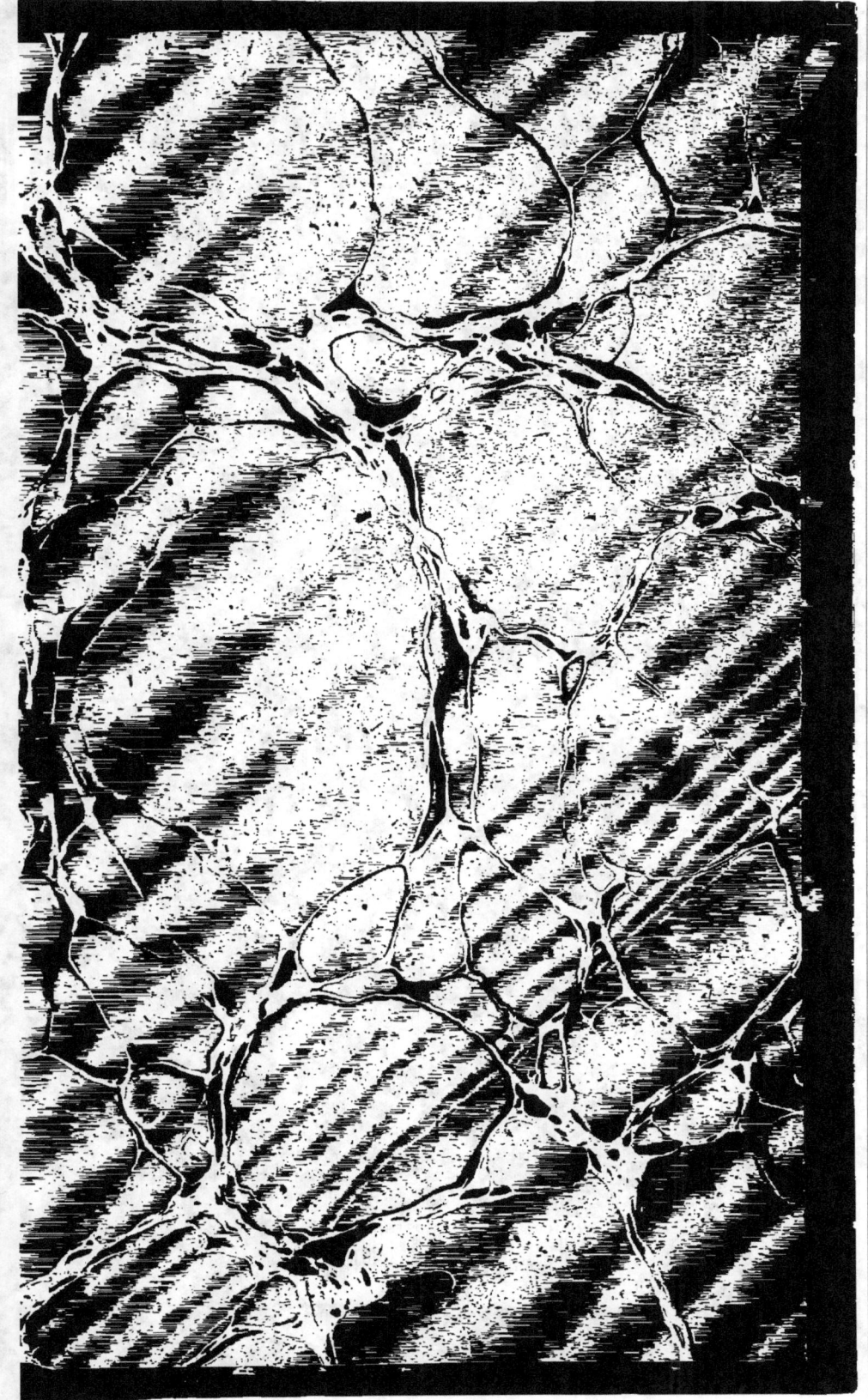

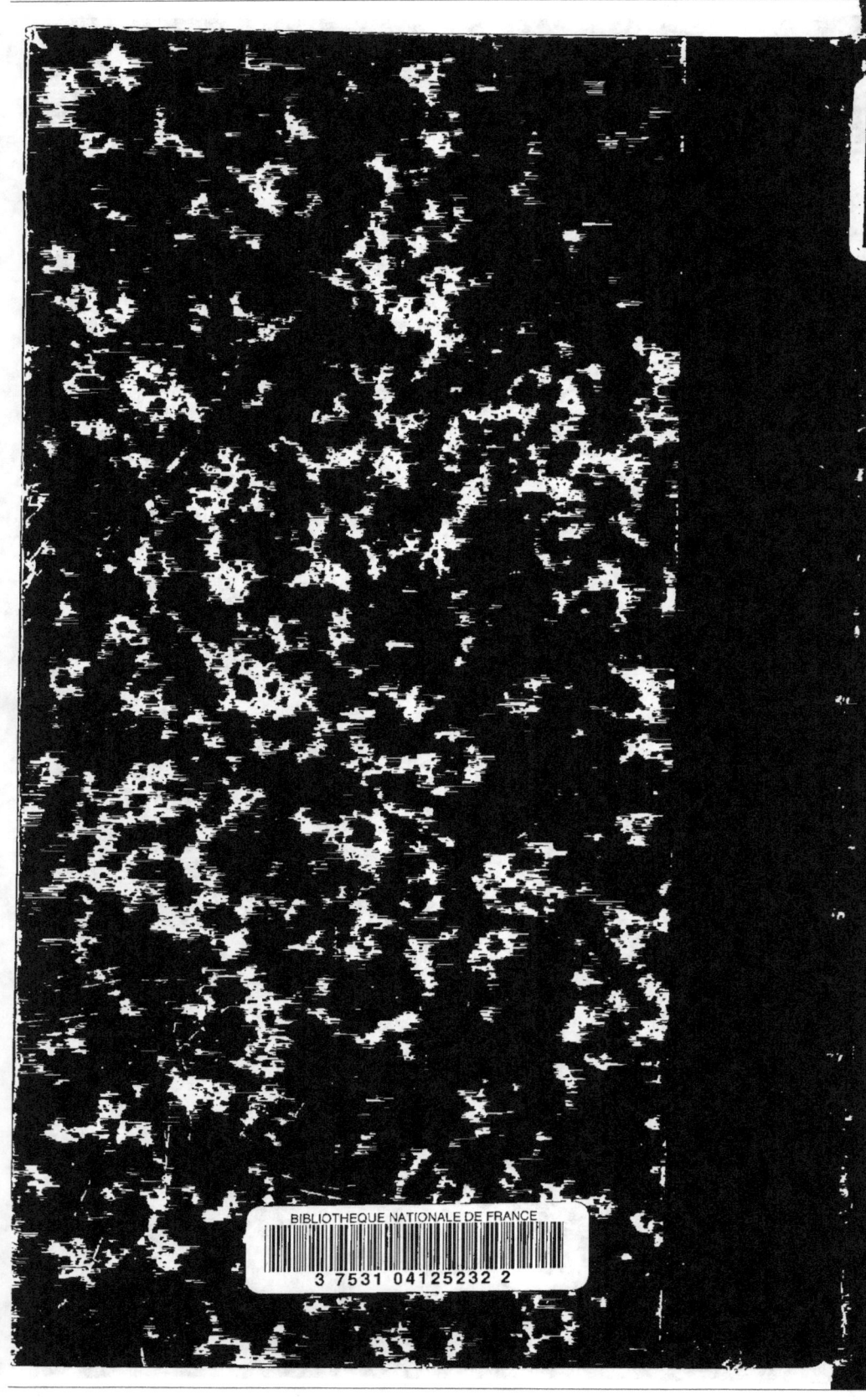

www.ingramcontent.com/pod-product-compliance
Lightning Source LLC
Chambersburg PA
CBHW071156240526
45470CB00016BA/74